紛争の海

水産資源管理の人類学

秋道智彌／岸上伸啓編

人文書院

紛争の海・目次

序・紛争の海……秋道智彌 9
——水産資源管理の人類学的課題と展望——
一 水産資源管理の人類学 9
二 北と南の水産資源利用——MU戦略とMS戦略 11
三 資源管理の政治学 14
四 資源管理と生態学的知識 17
五 資源管理と紛争——漁業から非漁業世界へ 22
六 漁業紛争の生態史 26
七 資源と海洋汚染 30

第一部 南の海の漁業紛争と小規模漁業

沖縄におけるパヤオ漁業の発展と紛争の歴史……鹿熊信一郎 39
一 パヤオ（浮魚礁）とは？ 39
二 沖縄のパヤオ漁業 41
三 パヤオ漁業の紛争の歴史 46
四 パヤオ漁業の管理 53

マラッカ海峡の資源をめぐるコンフリクト……田和正孝 60
――華人漁村パリジャワのかご漁――
一 はじめに 60
二 パリジャワ 62
三 内なるコンフリクト――トロール漁船による違反操業 68
四 内なるコンフリクトから外なるコンフリクトへ――かご漁業の変化 72
五 内と外とのコンフリクト――海賊行為と漁業者 78
六 まとめ 80

ダイナマイト漁民社会の行方……赤嶺淳 84
――南シナ海サンゴ礁からの報告――
一 はじめに 84
二 マンシ島 88
三 二〇〇〇年のマンシ島 94
四 まとめ 100

漁場境界のジレンマ……飯田卓 107
――マダガスカル漁民社会におけるナマコ資源枯渇への対応と紛争回避――
一 はじめに 107
二 調査地の概況とナマコ漁場の移動 109
三 新漁場における競合回避 113

四　漁場境界のジレンマ　118
五　漁民自身による意志決定にむけて　121

第二部　北の海の水産資源をめぐる紛争と先住民族

トランスボーダー・コンフリクトと先住民族……………スチュアート　ヘンリ　129
一　はじめに　129
二　先住民族と先住権について　130
三　先住民族とトランスボーダー・コンフリクト　133
四　考察　142
五　まとめ　144
カナダ極北地域における知識をめぐる抗争……………大村敬一　149
——共同管理におけるイデオロギーの相克——
一　はじめに　149
二　イヌイトの「伝統的な生態学的知識」（TEK）　150
三　共同管理の現場でのTEKとSEK　154
四　「戦術」のイデオロギーと「戦略」のイデオロギー　159
五　おわりに　162
カナダ北西海岸におけるサケをめぐる対立……………岩崎・グッドマン　まさみ　168
——ブリティッシュ・コロンビア州先住民族のケース——

一　はじめに　168
二　カナダ、ブリティシュ・コロンビア州先住民族の生業時代　171
三　カナダ政府によるサケ資源管理　172
四　先住民族の権利に関する変化　176
五　サケ資源の減少　179
六　対立から共同へ——サケ資源管理・利用に関わる新たな試み　182
七　おわりに　185

カムチャツカ半島における水産資源の利用と管理……大島稔　189
一　北方における水産資源の生態的特徴　189
二　先住民による水産資源の伝統的利用　191
三　水産資源の利用　194
四　水産資源の管理——先住民の管理と国家による管理　196
五　水産資源の危機　199
六　漁獲クォータ（割り当て）と入札制の導入　202

カムチャツカ半島の資源をめぐるパラドクス……渡部裕　208
——サケとトナカイの関係——
一　はじめに　208
二　伝統的資源利用のあり方　210
三　先住民と政治・経済体制　214

四　サケとトナカイの関係　222
五　資源をめぐる対立　225

第三部　資源をめぐる政治と環境汚染問題

政治的資源としての鯨……大曲佳世　231
——ある資源利用の葛藤——
一　はじめに　231
二　鯨は誰が管理しているのか？　232
三　捕鯨の現状——捕鯨国対反捕鯨国　234
四　鯨の利用と保護の言説　236
五　ＩＷＣ内外での攻防　240
六　対立の構造——政治的資源としての鯨　246
七　おわりに——鯨の未来　250
内分泌攪乱物質による海棲哺乳動物の汚染……田辺信介　256
一　はじめに　256
二　地球規模の海洋汚染　259
三　特異な生体機能と汚染　263
四　おわりに　268

シベリア・テチャ川流域の放射能汚染と生業……………ガリーナ・A・コマロバ 273
――「川の病気」にどのように対処するか――
一 はじめに 273
二 テチャ川災害の概況 275
三 テチャ川流域の現状 277
四 食習慣 281
五 予防法と自己治療 285
六 結論 288
カナダ極北地域における海洋資源をめぐる紛争……………岸上伸啓 295
――ヌナヴィク地域のシロイルカ資源を中心に――
一 はじめに 295
二 カナダ極北地域における食料資源問題 296
三 ヌナヴィク地域におけるシロイルカ資源の利用と管理の現状 300
四 シロイルカ資源をめぐる三つの紛争 303
五 結び 309
あとがき（秋道智彌・岸上伸啓） 316
執筆者紹介 318
索引 323

紛争の海

★水産資源管理の人類学

序・紛争の海
——水産資源管理の人類学的課題と展望——

秋道智彌

一　水産資源管理の人類学

海は地球表面の七割を占める広大な領域を形成する。人類はなぎさから水深六千メートルの深海まで、海を自らの食糧やエネルギー源として利用してきた。人類に有用な自然界の物質は天然資源と呼ばれる。このうち、魚や貝類、あるいは海草（藻）や海棲の哺乳類などの生き物は、人類が漁撈・狩猟や採集を通してある限度まで間引きしても、減った分だけ新たに再生産される。したがって、生物資源はふつう天然更新資源とも呼ばれる。これにたいして、海底油田の原油や天然ガスは、採掘し利用すればそれだけ埋蔵量は減少する。つまり、採掘した分だけ新たに再生産されることはない。こうした資源は天然非更新資源と呼ばれる。

漁業が対象としてきたのは、いうまでもなく更新性をもつ水産資源である。技術が未熟であったり、漁獲量が少ないときには、資源は間違いなく無制限に利用できた。つまり、人類がいくら漁獲しても減ることがないと考えられてきた。しかし漁獲の回数が増し、大規模あるいはより効率のよい漁法が導入され、資源が度を越して大量に獲られるようになると、今度は資源量が目に見えて減少に転じる。さらにその段階から引き続いて漁獲が続くと、その先には資源の枯渇が待ちかまえている。これが天然の更新資源と漁獲努力量の関係についての一般的なシナリオである（秋道　一九九二）。

人口の異常な増加と食糧危機、都市部からかけがえのない自然遺産までに蔓延する環境の劣化をはじめとして、現代の地球環境にとり深刻な問題が色々と起こっている。その解決や改善には、天然資源が鍵を握っているといってよい。なかでも、天然の更新資源をいかにしてうまく使っていくか、どのようにすれば持続的な利用が可能となるのか。これこそが本書で扱う資源管理の究極目標なのである。以下、とくに断らないかぎり、資源管理とは天然の更新資源を対象とした管理のことを指すものとする。

この場合の「管理」という言葉には、相手を押さえ込むとか言いなりにするなどの響きがある。しかし、それとおなじ意味合いで資源の管理を捉えることにはいささか抵抗がある。英語で資源管理のことは resource management と称される。管理にはマネジメント、すなわち「うまくやりくりする」ほどの意味が妥当する。したがって、management には管理よりは経営にちかい意味合いを付与しておきたい。いずれにせよ、更新資源の行く末は、まさに人類の経営手腕に委ねられているわけである。しかし、資源の管理・経営手法は一つや二つに限定されているのでは断じてない。また管理の方策は対象資源の種類によって千差万別であるし、国や地域によってもたいへん異なる。そのうえ、管理にたいする考え方や方法は、歴史的にも変化してきた。やっかいなテーマであるといわざるをえない。

水産資源管理の研究は、もともと水産学プロパーの分野から出発した。であるとしても、水産学だけでやりくり可能な課題ではけっしてなく、人類学的な統合と比較の視点から考察することが不可欠となる。それでは水産資源管理に関する人類学的アプローチには、どのような内容の項目が含まれることになるのであろうか。以下の論述では、（1）北と南における資源戦略、（2）資源管理の政治学、（3）資源管理と生態学的知識、（4）資源管理と紛争、（5）漁業紛争の生態史、（6）資源と海洋汚染、の六点にわけてそれぞれの論点を洗い出してみることにしよう。

二　北と南の水産資源利用――MU戦略とMS戦略

水産資源として利用される海洋生物の多様性や季節性は、地球の低緯度と高緯度とでは顕著に異なる。海洋生物の生物地理学的な区分では、北に位置する北海道までがインド・西太平洋区に属する（Vinogradova and Zerina 1998）。いっぽう沿海州、カムチャツカ半島、アラスカ、北アメリカの北西海岸は北方・寒帯区となる（図1）。海洋における生物の生産量からすると、植物プランクトンによる一次生産量（mg／m³）（Zernova 1998）、動物プランクトンによる二次生産量（mg／m³）（Bogorov *et al.* 1998）、底生生物（ベントス）の生産量（mg／m²）（Belyayev and Lukyanova 1998）の分布はいずれも北に高く南に低い。ただし、南といえども、フィリピンからインドネシア東部、インド西部、紅海周辺の動物プランクトンによる二次生産量は比較的高く、紅海内部のベントスの生産量は南方にしては高いという特徴がある。

つぎに海洋生物の多様性（種類数の多さ・少なさ）からすると、一般に北方では生物の種類数が少なく、南方では種類数が圧倒的に多いという特徴がある。世界的に見ると、東南アジアのサンゴ礁海域にもっとも多くの種類の魚類が棲息する（Nelson 1984）。また、海洋生物には生活周期に応じて、季節的に出現するものがある。北方におけるサケは数年を周期として回遊を行ったのちに母川回帰する。ニシン、オヒョウ、カレイなども産卵回遊を周期的に行う。大型のヒゲクジラ類は冬に低緯度で繁殖期を迎え、夏には索餌のために高緯度に達する。サ

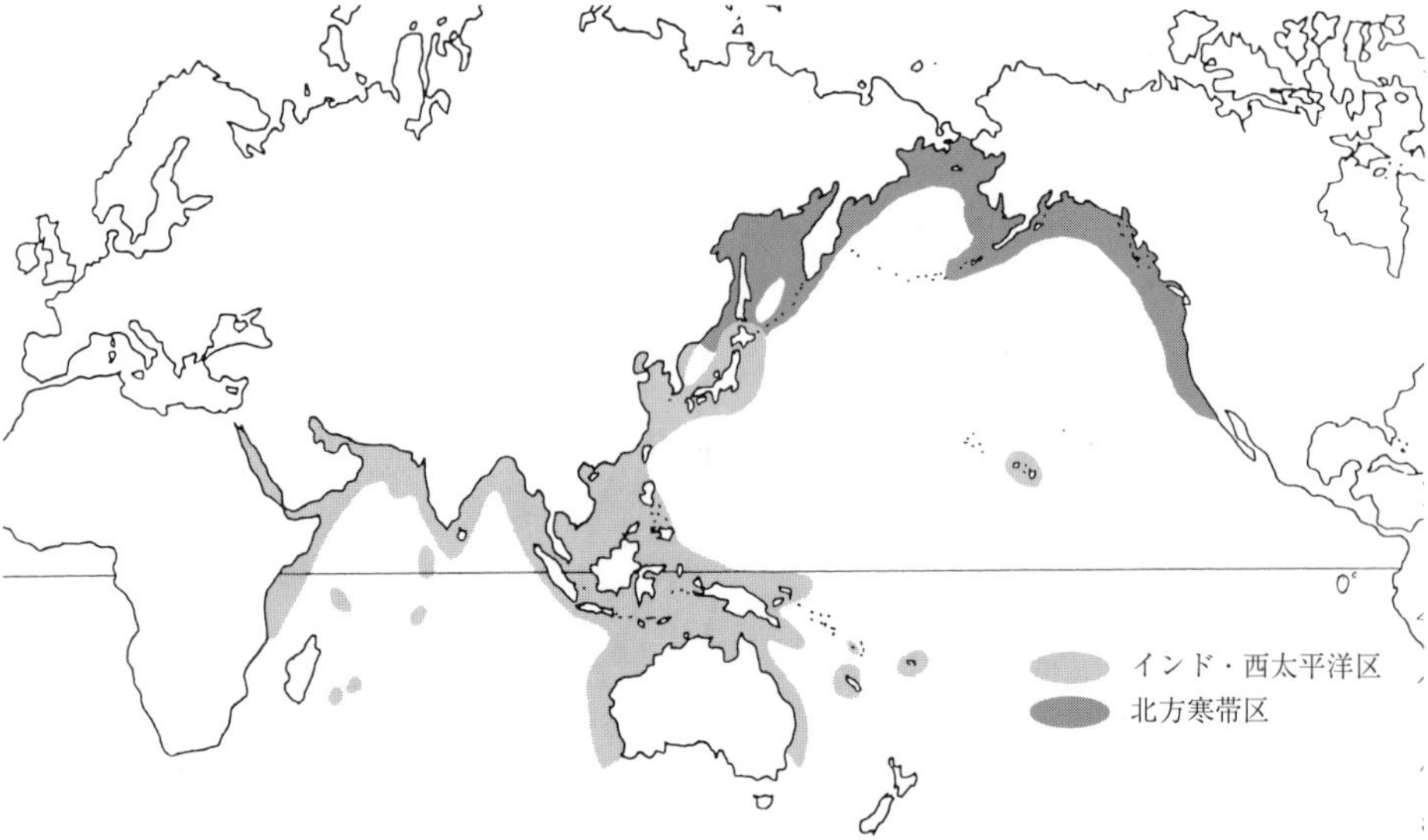

図１　海洋生物の生物地理学的分布（Vinogradova and Zerina 1998による）

ケは母川回帰の習性をもつので、安定した食糧の供給源になるとふつう見なされるが、回帰量自体の年変動も大きい点に注意しておく必要がある（秋道　一九九二）。いっぽう、南のサンゴ礁海域では海洋生物の出現や行動に季節性がないわけではない。ハタ類は産卵期に群生するし、フエフキダイ、フエダイ、ボラ、アイゴなどの産卵回遊が認められる。アイゴの稚魚の来遊、環形動物のイトメ（いわゆるパロロ：*palolo*）やオカガニ（*Cardisoma* spp.）のように、その出現が一年の特定時期だけに限られている例がある（Burrows 1955；Johannes 1981；秋道　一九九五）。産卵現象が何度にも分かれ、しかも数ケ月におよぶウミガメのような場合もある（McCoy 1974）。

以上のように、海洋生物の分布や生態には、季節性をのぞけば顕著な南北差を見いだすことができる。さらにこれらの点を踏まえて、人間が海洋生物を資源として利用するさいの戦略に注目して見よう。まず大型の海棲哺乳類に大きく依存する北方地域では、それらの動物を食糧としてだけではなく衣食住全般にわたって「あますところなく」利用する傾向がある。たとえば、鯨類やオットセイ、アザラシなどの鰭脚《ひれあし》類は、食糧として以外に、衣服、日常の道具、燃料、遊び道具、儀礼用具などとして多面的に利用されている。まさに捨てるところがないような利用が行われてきた（秋道　一九九九b）。南方においても、インドネシア・レンバタ島のマッコウクジラ漁（Barnes 1996）やソロモン諸島マライタ島のイルカ漁（竹川　一九九五）においては、捕獲された肉や脂肪だけでなく骨や歯も道具、婚資、装飾品などとして多面的に用いられる。資源利用の戦略が生活のさまざまな側面と密接に関わっている点が特徴といえそうだ。これを仮に多面的な利用に焦点をおいた生活戦略の意味で「MU戦略」（Multiple-Use Strategy）と呼ぼう。MU戦略の特徴として、利用する資源の種類と目的に着目してみようすると、興味ある仮説が浮かびあがってくる。すなわち北方では棲息する種類数が少ないこともあり、ある特定時期に採捕される資源は多目的に利用される。いっぽう、多種類の資源が分布する南方海域では、多目的に利用されるクジラのような例外もあるが、資源の利用が多面的でなくとも、結果として年間を通してみればMU戦略は実現されることになる。

これにたいして、MU戦略とは異なった性格の資源利用形態が存在する。たとえば、多種類の資源をできるだけ広範囲に利用する戦略がある。サンゴ礁海域で潜水活動によって手当たり次第に魚を突いて漁獲したり、浅瀬でさまざまな種類の貝類を採集する場合などがそうである。これを仮に多くの種を利用する資源戦略の意味で「MS戦略」（Multiple-Species Strategy）と呼ぼう。MS戦略を一年単位の時間軸でみると、意外と南北差が存在することが明らかになる。すなわち、南方海域では季節的な変化がそれほど顕著でなく、MS戦略は季節を通じて見られるといってよい。また北方では、資源の出現やその回遊量の季節変動が大きい。そのために、季節ごとに資源利用を組みあわせたMS戦略が重要となる。

MU戦略とMS戦略の性格を商業的な漁業を例としてみると、その異同点が明らかになる。たとえば、かつて一八―一九世紀の欧米捕鯨では、鯨油やクジラのひげだけが利用され、鯨肉は海上投棄された。現代のサメ漁においても、フカヒレや肝臓（肝油用）だけを利用し、その他の部分は捨てられる。このような資源利用のあり方は、MU戦略とは相容れないものであろう。商品価値の高い種類のナマコだけを採捕し、価格の安い種類には見向きもしないやり方も選択性の高い商業的漁業の常套手段であり、なるたけ多種類を獲るMS戦略とは異なる。

以上のように、MU戦略とMS戦略はたがいに異なった性格の資源利用戦略であり、北方と南方とではそれぞれ独自の展開をみせるといってよい。両者はたがいに排除しあう関係にあるのではもちろんない。冒頭でふれたように、生物の種類数の空間的な分布が地球上の南北地域で異なる。そのため、種類数の少ない北方では短期的なMU戦略と長期的なMS戦略の組み合わせが強調され、種類の多い南方では短期的なMS戦略と長期的なMU戦略の組み合わせが重要になると、大雑把に整理することができるだろう。

三　資源管理の政治学

前項で取りあげたMU戦略とMS戦略は資源の獲得量（数）を最大化するためのものではかならずしもない。むしろ、いかに最適化するか（opitimization）、つまり資源管理の問題に言及せざるをえない。そこでまず、海の資源を管理してゆくことにはどのような意義があるのかについて考えてみたい。

当然のことながら、管理をうまく実現すれば対象となる更新資源を持続的に利用してゆくことができる。ところが、一口に管理するといってもそう簡単なことがらではない。資源の種類によって、ほとんど動くことのない底生資源と、広い範囲を移動する回遊性の資源とでは、管理の方法も異なってくる。前者の代表が貝類やナマコ、海草（藻）などのベントス資源であり、後者の代表がマグロ、クジラ、オットセイなどの遊泳性のあるネクトン資源である（秋道　一九九二）。ある区域を決めて、その区域内にあるベントス資源について、採捕することのできる最大量や採捕時期を限定することによって資源の持続的な利用を行う方法がある。あるいは採捕できる最小の大きさをきめたり、産卵期には採捕を禁止するやり方も有効な資源管理の手法である。対象となる資源がほとんどあるいはまったく動かないために、範囲を限定して管理することが意味をもってくるのである。

回遊性の資源の場合も、原則としてベントスと同じ手法が行われる。漁獲量の総量規制（quota system）、単位漁獲努力量（cpue：catch per unit effort）の最適化、最小採捕サイズの設定（minimum harvestable size）、禁漁期（closed period）、禁漁区（closed area）、あるいは網目制限（mesh size restriction）、漁船数の上限（maximum number of vessel）など、資源自体や漁撈活動の時間・空間的制限、漁具・漁法・漁船など技術面での制限などを通じた管理手法がそうである（本書の大島論文参照）。

どのような手法で管理を行うとしても、地理的な範囲の適用は別の大きな問題である。たとえば、広域にわたって回遊するマグロやサケの場合、ある地域や国の内部で管理を行うとしても、別の地域や国でその資源の野放図な漁獲が行われたり、産卵期にも何の制限もないとすれば、資源管理の意味は半減する。その場合、資源管理はことばだけで、まったく意味をなさないことにもなりかねない。

ベントス資源についても、たとえばある村で資源管理を実施しても、隣接する村からの密漁者が資源を根こそぎ採っていったりすれば、元も子もない。産卵期に資源保護の目的で禁漁期を設定しても、誰も採らないのをいいことに他地域からの人間が採捕するような場合も事態は同じである。

このように考えてくると、生態学的なアプローチだけの資源管理の手法ではおのずと限界のあることは明白であろう。ベントス資源の例では、村単位の資源管理を行うとしても、村内部だけでなく、村を越えた範囲でも密漁や規則破りが起こらないようなシステムなり方策を立てることが資源管理に不可欠である。その実現には、村を超えて合意を取り付けるための政治的なヘゲモニーや、説得力をもつ論理や言説が必要となる。広域回遊性の資源についても、一地域、一国を越えて国際的な取り決めに委ねることが重要とならざるを得ない。いわゆる国際条約や規約の発効がその一例である。ここでも、善し悪しは別として国際的な合意形成や調整のしかた、意見をとりまとめる政治力が介在する。これが生態学的な政治、すなわちエコ・ポリティクス（eco-politics）によるアプローチであり、そのために利用される言説がいかなる意義をもつものなのかを検討することが必要となってくる（本書の大曲論文参照）。

科学的な説明が生態学的な根拠をもつとして具体的な政治に利用される場合もあれば、科学的に根拠がないので却下される場合もある。また、伝統的な知識のほうが資源管理に役立つとする意見が説得力をもてば、具体的な政治的決断に影響を与えることさえある。「生物多様性」、「先住民権」、「文化の持続性」などは、資源管理を実現するうえで頻繁に使われる言説である。この場合、生物学・生態学だけでなく、社会・文化的な領域にまたがって言説の操作がなされる点にもっとも注意を喚起しておきたい。

以上のように、生態学的なアプローチとは異なった、社会的・文化的・政治的な次元の問題として資源管理を扱うことが必要となる。国際的な条約の締結、あるいは村落間の合意、密漁防止のための相互監視と罰則の制定などは、究極的に人間社会に帰着する制度や慣行である。資源管理の上でこれらの問題の重要性が浮かび上がってくるのは当然のことであり、社会・文化的な要因を無視するならば、資源管理の問題もけっして解決には向かわない。この点でも、資源管理研究の人類学的な意義が大いに認められるのであり、水産学のテーマとしてだけ資源管理の問題を捉える認識はきっぱりとあらためる必要がある。

資源管理には、生態学的な側面からのアプローチと、社会科学的な側面からのアプローチがあり、そのいずれもが不可欠であることをおおよそ理解していただけたのではないかとおもう。しかも両者のアプローチはときとして融合し、分離不可能な結びつきをもつことがある。ある種類の資源を管理し利用規制することが、対象資源の持続的利用につながるとともに、社会自体の存続に貢献することになる。とすれば、資源管理は生態学的および社会科学的な重層的な機能をもつと見なすことができるわけである。もちろん、本書で赤嶺が指摘するように、漁獲の対象資源が変わると、漁民自体の行動や流通システムなども変化することがある。同時に、資源管理の方法や意味も流動的にならざるをえない。この点にも射程をあてながら資源管理の方法を考えていくことは、不可欠の作業となるだろう。

資源の管理を、人間の健康管理にたとえてみれば分かりやすいかもしれない。健康を管理するための生物学的な基礎がしっかりとしていると、心や精神の安定も保たれる。生物学的な基盤が危ういと、心のあり方も動揺をきたす。資源も健康もさしずめ、全体性、統合性に基礎をおいた理解が重要である。健康の危機は、資源の枯渇とおなじく生命の存続に対する赤信号である。病気は健康が損なわれたさいの身体反応にほかならない。資源の場合には、資源の個体数の減少や生殖異常、幼形成熟が生じる。

四　資源管理と生態学的知識

第一節でとりあげたように、資源管理の取り組みには生態学的、社会・文化的な観点を統合することが重要である。しかし、その場合の生態学や社会・文化的な見方は何に依拠しているのかと考えると、西欧の科学的な発想からなされてきただけではない。禁漁期や禁漁区、あるいは保護区の設定、禁止漁具や有害な漁法の使用禁止などの措置がさまざまな社会で行われてきた。たとえば、ヨハネスはオセアニアの島じまにおける事例をまとめている（Johaness 1978a）。

科学的な立場に立つ研究者は、自分たちのやろうとする方策ときわめて類似した方法がすでに先住民や現地の土着的な慣行として営まれてきたことに気づくことになった。土着の知識（indigenous knowledge）と科学的な知識（scientific knowledge）との関係についての議論が幅広くなされてきた（Berkes *et al.* 1993）。本書でも大村がカナダの事例に即してこの問題を詳しく取り上げている。資源管理の議論では、とくに資源をめぐる生態学的な知識が主要な研究対象となる。TEK（伝統的な生態学的知識：Traditional Ecological Knowledge）とSEK（科学的な生態学的知識：Scientific Ecological Knowledge）は重要な分析概念であると理解しておきたい。

従来の認識人類学や民族生物学の研究では、民俗知識の膨大な領域が主要な対象であった。とくに動植物の民俗分類においては、現地語とリンネの学名の対応関係が記述の基本とされてきた。またTEKの応用としての具体的な資源利用の活動を時間的・空間的に記述する研究が、生態人類学や地理学の分野で行われてきた（Kuchikura 1977；田和　一九九七）。時間自体や空間の認識についても、暦（秋道　一九九六）、地形区分などの研究がある。

SEKとTEKの関係に関する議論は本書のなかでの大村に譲るが、少なくとも認識人類学や生態人類学の分野では、TEKに関する調査研究はSEKを参照（レファレンス）として行われてきたといってよい。また、SEKとTEKを対立的にとらえる図式は、科学と民俗、近代と土着、西欧と非西欧などの二項区分に繋がるうえ、そのこと自体かならずしも生産的な議論を喚起することにはならない。SEKとTEKはまったく異なった（重ならない）性質のものではなく、本来、人間が自然認識と利用に関して育んできた知の体系として、ある程度の重なりをもつものと考えたい（図2）。また、つぎにふれる知識の応用として資源管理との関係を考えると、S

EKとTEKがたがいに影響をあたえあう状況や事例を想定することができるのである。

水産資源の管理において、知識（民俗知識と科学的知識）や経験をどのように有効に生かしていくことが可能であろうか。資源管理に関与する問題群はたいへんに錯綜している。したがってここでは、これまで国際的な議論の場でなされてきた主要な問題について整理をしておきたい。

図3は資源管理と知識の関係を示した概念図である。図にあるように、横軸には資源管理の基礎となる知識を、縦軸は資源管理による収益ないし経済効果を指標とする。

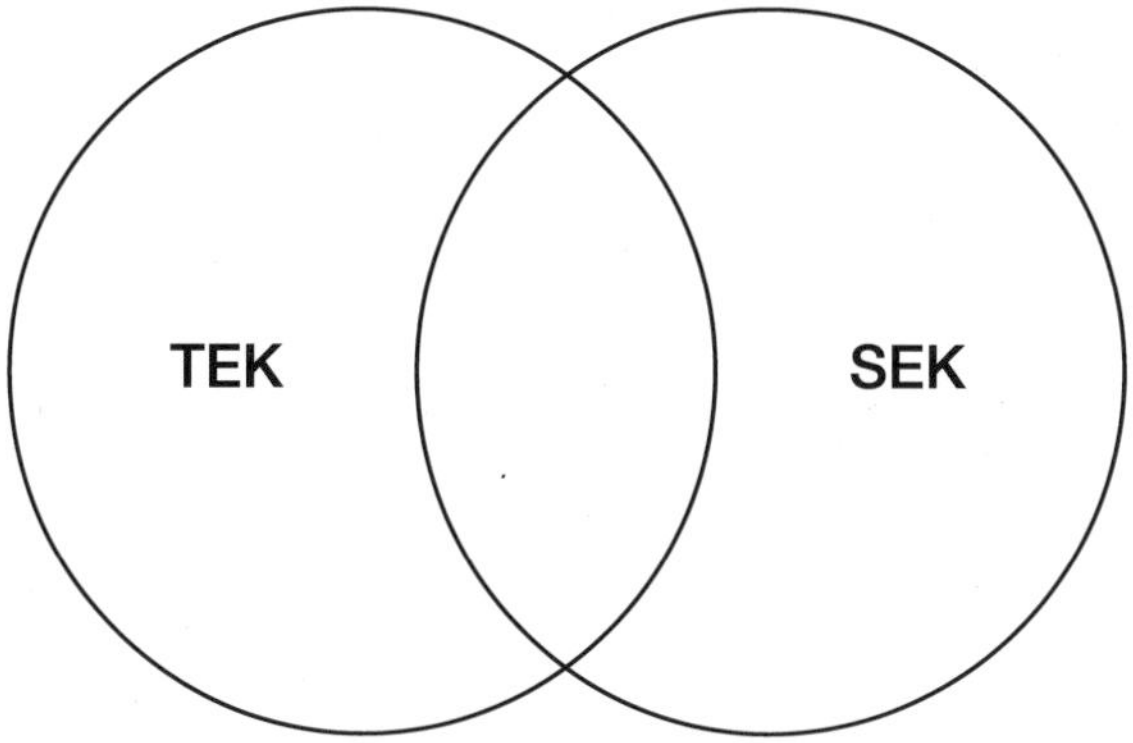

TEK : Traditional Ecological Knowledge
（伝統的な生態学的知識）
SEK : Scientific Ecological Knowledge
（科学的な生態学的知識）

図2　TEK と SEK の関係を示す模式図

横軸に注目すると、TEKは左側に、SEKは右側に配置されている。TEKとSEKをさまざまな形で組み合わせた資源管理の形態が存在する。なかでも近年とくに注目されているのが、共同体基盤型の資源管理である。この手法は英語でCBRMと呼ばれる。CBRMはCommunity-Based Resource Management の略である。その典型的な例が、日本の漁業協同組合による資源管理の諸事例や、インドネシア東部で広く行われているサシ（sasi）と呼ばれる資源管理の慣行である（Bailey and Zerner 1992）。サシについては、私はインドネシアのアンボン、ハルク、サパルア、ケイ、アルーなどで調査を行った。すでにいくつかの報告が世に出ている（村井　一九九八；Lore 1998；笹岡　二〇〇一）。

サシのなかで対象とされる資源の種類は村落によって異な

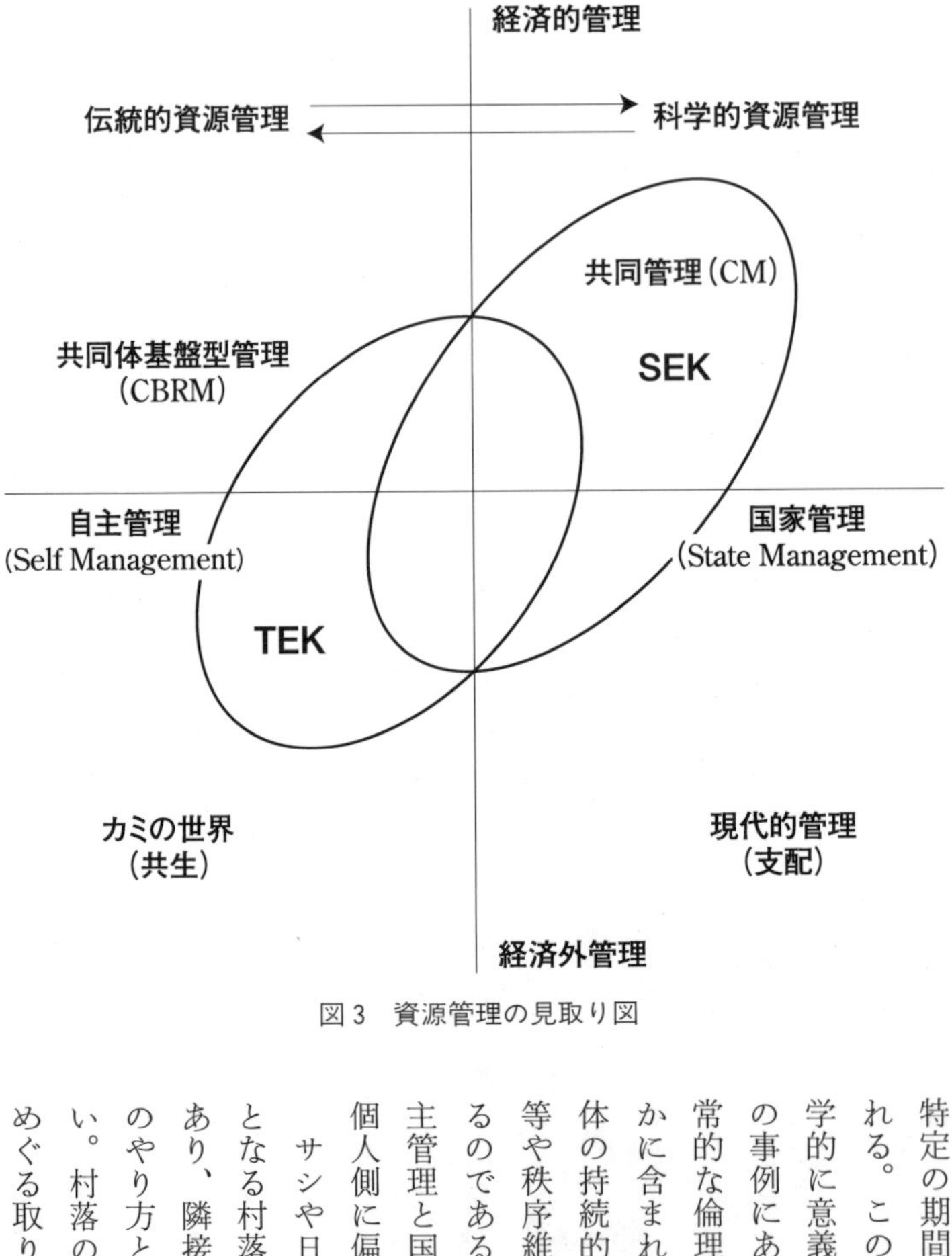

図3　資源管理の見取り図

っている。通常は資源利用を禁止し、特定の期間だけ解禁する方法が実施される。この慣行は資源管理の上で生態学的に意義をもつとともに、ハルク島の事例にあるように、村落の風紀や日常的な倫理にかかわる事項もサシのなかに含まれており、資源管理が資源自体の持続的な利用とともに社会的な平等や秩序維持などの機能もになっているのである。CBRMは個人による自主管理と国家管理の間にあって、やや個人側に偏った位置にある(図3)。

サシや日本の漁業協同組合は、単位となる村落や組合に基盤をおくものであり、隣接する村落や組合の資源管理のやり方とは、極端にいえば関係がない。村落の境界や組合間で資源管理をめぐる取り決めがなされているわけではない。そのために、資源管理や境界をめぐって紛争が発生するような事態が起こると、第三者による調整や紛争解決がなされるのがふつうである。サシの行われるケイ諸島の調査によると、境界争いが起こった村落の一方の村がのちにサシを解禁して高瀬貝の採集を行う許可を地方政府の郡長に申請した。しかし、郡長はサシの解禁を許可しなかった。その理由は、許可をあたえると、前に起こったような紛争が再発しないとも限らないというものであった。この場合の郡長は、サシと呼ばれるCBRMの矛盾と限界を超えて、資源管理や紛争解決を図る役割を演じている。このような、共同体基盤型の資源管理よりも上位の政治的な権威や組織を通じて資源管理を行う場合を「共同管理」、英語でCM（Co-Management）と称する。共同管理は図3では、共同体基盤型の資源管理よりも国家管理に近い右寄りに位置づけることができる。

共同体基盤型の資源管理や共同管理は伝統的な知識に大きく依拠して行われる。TEKの知が重要な役割をもつといってよい。しかし、共同管理にはTEKだけでなくSEKも取り入れた知識とその応用を含む。国家管理が一〇〇パーセントSEKに依拠したものであり、自己管理が一〇〇パーセントTEKに依拠したものとは言い切れない。国家管理がおおむねSEK側に、自己管理がTEK側に位置づけられると考えてよいだろう。

資源管理の果たす経済的意義を、図3の縦軸に注目して考えてみよう。国家による管理は経済効率を優先したものであるし、自己管理も経済性に配慮した点ではおなじである。CBRMとCMはともに経済効率を否定しないが、同時に非経済的な機能をもっている。CBRMは、カミの世界をまもるために資源の採捕が禁止されるような場合も含めて考えることができる（秋道　一九九九a、準備中）。

五　資源管理と紛争――漁業から非漁業世界へ

資源を獲得するためのＭＵ戦略とＭＳ戦略や、知識としてのＴＥＫとＳＥＫはいずれも水産資源の利用と管理を考えるうえでたいへん重要な視座を与えるものである。しかし、対象とする漁業自体がどのような性格をもっているかによって、具体的な獲得戦略や知識の運用が規定されることにも注意を払う必要がある。漁業社会には、自給的な漁業を営む社会だけでなく、さまざまな流通機構や交易システムを通じて外部経済との繋がりをもつ社会がある。さらに、商業的な漁業を専らとする社会や、魚介類や海藻を増養殖する栽培漁業を行う漁村、最近では観光用の漁業を営む地域までが登場してきた。それぞれの社会で、またそれぞれの過程で、水産資源の利用と管理がどのように進められているのであろうか。

まず、ほとんど外界から閉鎖された自給的な社会を想定してみよう。採集狩猟民社会では、南方と北方をとわず、漁撈とともに狩猟・採集が行われる。北方の採集狩猟民にとり、クジラ、アザラシ、ホッキョクイワナ、サケなど水産資源利用はＭＵ戦略として位置づけることができる。また、南方の採集狩猟民であるアンダマン諸島民、マレー半島内陸部のオラン・アスリやボルネオのプナンの例のように、ウミガメ、ジュゴン、サンゴ礁魚類、貝類、淡水魚などの水産資源は、ＭＳ戦略の対象としての意義をもつ。北アメリカ北西海岸や縄文時代などの中緯度地帯における漁撈も季節的な活動としての特徴があり、ＭＳ戦略といってよい。いわゆるカレンダー式に生業をつぎつぎと組み合わせる戦略である（小林　一九九四）。いずれの場合でも、潮汐、季節性、対象となる動植物の生態などの自然条件の変動に応じて漁撈活動が行われた。

先史時代の採集狩猟民社会で、資源管理の発想があったかどうか、議論の分かれるところだろうが、資源を利用するうえでさまざまな規制やタブーが適用されたものと推測できる。しかしながら、先史時代といえども、資源の種類によっては乱獲があった。オセアニアの島嶼部における鳥類の事例がそうであり、ミッスイなどのように何種類かの鳥類は絶滅している。しかし、水産資源の乱獲が自給経済的な社会において発生した確たる証拠はない。

ところが、採集狩猟民でも農耕民社会でも、まったく自給的であるわけではなく、外部社会との繋がりをもつのがふつうである。たとえば、漁撈民が主食となるデンプン質の食物を農耕民との食物交換を通じて獲得する経済システムが、東南アジアやオセアニア各地の島嶼地域でふつうに見られる。その場合、通常、漁撈民のもちよる魚介類と農耕民のもたらす農作物との交換レートが決まっている。私の調査したソロモン諸島マライタ島やパプアニューギニア・マヌス島では、漁撈民と農耕民との間で行われる食物交換で、タロイモやサゴヤシなどと魚の交換レートがいずれもおおよそ決められていた（Akimichi 1992；秋道 一九九五）。インドネシア東部のレンバタ島では、マッコウクジラの肉や脂がトウモロコシ、サツマイモ、キャッサバなどと交換されるレートがきまっている（小島 一九九七）。このような交易システムでは、水産資源は地域経済のなかで持続的に利用される。資源が枯渇すれば、農耕民から生活に必要なコメやイモなどを手に入れることができなくなる。食物交換は、漁撈民と農耕民がともに異なった種類の食糧を獲得するためのMS戦略であることは間違いない。

ところが、ナマコ、真珠母貝、高瀬貝、夜光貝などは、現地社会でも食糧や道具の材料として利用されることもあるが、中国や日本、あるいは欧米向けの輸出商品となっている。ミクロネシアのパラオでは、ナマコは食用とされるとともに、中国向けに輸出される。高瀬貝や夜光貝の肉は現地で消費されるが、貝殻はボタンや螺鈿《らでん》細工の原料として日本や韓国に輸出される。このように、いったん外部社会に商品として流通するシステムが導入されると、水産資源の利用や管理の方法にも変化が起こる。鶴見はこうした水産資源を特殊海産物と呼んで区別した（鶴見　一九九九）。

先述したソロモン諸島の例では、高瀬貝を採る漁場は本来、所有者が決まっていたので、所有者に依頼して漁場を開放してもらい、採集した高瀬貝の一部を謝礼として贈与することが行われた（Akimichi 1992）。ナマコも所有海域では入漁が制限されていたが、入漁が自由な海域となっているサンゴ礁の浅瀬では、大きさが大人の小指ほどの小さなナマコまでも採集された。早晩、資源枯渇に陥ることは明白であり、外部から導入された資源利用のあり方を社会が内部から規制する方策を打ち出すことがなかった結果である。現場では種類を選別せずに無差別でナマコの採集が行われていたが、熱帯産のナマコには種類ごとの価格差がある。フィリピンでは、高額なナマコと低価格のナマコとではじつに八〇倍もの価格の違いがあるという（赤嶺　二〇〇〇）。従来利用しなかったものも商品として売れるならば何でも獲るMS戦略は、とくに特殊海産物の交易において顕著にみられる。ソロモン諸島では、一九世紀にも中国向けのナマコ漁が外部から導入されたさい、集団間で漁場の境界争いが発生した事例がある。これなども、商品化される資源を獲得するために発生した社会的な事件といえるだろう（Baines 1985）。

ナマコのように採集が比較的容易であり、しかも高い商品価値をもつものが乱獲に至る別の例をあげよう。シャコガイは、中国向けの強精用の医薬・食材として、貝柱の部分だけを潜水によって採集する漁業が行われた。その結果、ミクロネシアの小離島のシャコガイが絶滅状態になった例がある（秋道　一九九四a）。北方では、アリューシャン列島からカムチャッカ半島の沿岸域にかつて棲息していた、体長一〇メートルにも達するステラー海牛は、肉が美味であるために乱獲され、絶滅してしまった。

さらに、商業的な漁業を専らとする社会の場合、漁業自体は市場経済と密接な関係をもつなかで行われる。そのため、漁業は市場における価格にもとづいて採算の取れるように選択されて操業が行われる。この場合も、典型的なMS戦略が採られることになる。

資本主義的な漁業が資源管理に配慮して行われているかどうかは、一概に決められない。生態学的な効果ないし効率よりも、経済的な効率が優先される場合が多く、資源がともすれば乱獲に陥る危険性をはらんでいる。たとえば、アワビ、ウニ、海藻など沿岸のベントス資源の場合、地域の共同体が資源管理を行う主体的な役割を演じることができる。しかし、公海上で操業される大規模なはえなわ漁やまき網、流し網、底曳網などの場合は、入漁が自由であり、漁業が競争的に行われる傾向があった。さらに水産資源の管理を行う主体がないに等しく、あったとしてもいくつかの関係する国家間での協定や調整にまかされることが多かった。ここでも、多くの漁業紛争が発生し、ときとして数百年以上の長い期間にわたり、解決をめぐる論争が続けられる事態にもなった。

以上のように自然から資源を収奪する漁業だけでなく、積極的な増養殖を通じて資源利用を安定化する試みが、魚類、貝類、甲殻類、海藻などを対象として実施されてきた。北方では、サケの人工孵化事業がもっともよく知られた例である。サケ以外にコンブ、ワカメ、ホタテガイなどの増養殖も着手されてきた。南方海域では、ミナミクロダイ、アイゴなどの魚類、クルマエビの仲間、ガザミ、ミドリイガイ、海藻など、多種類の生物が増養殖の対象とされてきた（諸喜田　一九九五）。増養殖は、とくに南方の途上国における沿岸漁業の振興政策として重視されている。ともすれば乱獲や海洋環境の劣化する傾向が顕著であるので、食糧の安定した供給、海洋環境の循環をうまく使った増養殖事業の果たす役割は大きい。また、漁民のなかからは、獲る漁業、栽培漁業とともに、見せる（体験する）漁業として、観光漁業を進める個人や自治体が登場した。世界的に見ると、ホエールウォッチングがその先駆けをなしたといえるだろう。日本でも地曳網漁、夜間の棒受け網漁、トビウオすくい網漁などが行われている地域がある。

観光とともに、生活のためだけでなく、娯楽や趣味として行う漁業がある。これらには、ゲーム・フィッシング（game fishing）、スポーツ・フィッシング（sports fishing）、リクリエーショナル・フィッシング（recreational fishing）などの名称が当てられている。ここでは一括して遊漁と称する。北方では、サケ、マスなどのルアー・フィッシングが代表的な遊漁であり、南方では外洋でのトローリングが顕著な例である。その場合、一般の遊漁釣り人が利用する漁場が万人に開放されたものであるのか、あるいは入漁が制限されているのか、その場合はその理由はなにか、一般の遊漁者による漁獲が資源管理にどのくらいの影響を与えるかなど、さまざまな議論がある。

漁業行為を伴わないが、海面あるいは海中におけるスポーツのプレーヤーと漁場者との間でトラブルが発生することがある。日本では、宮古諸島における専業漁民とダイバーの間で熾烈な対立があった。伊豆半島でも、刺し網漁業者とダイバーのあいだのトラブルが多く発生している。東京湾における釣り漁民とこませ（撒き餌）を使う遊漁者との間でも対立が発生している。

自給的な漁業から商業的な漁業、栽培漁業、観光漁業に至るまで、水産資源の利用と管理に着目して見ると、じつに多くの問題点が内在していることに気づく。そこでつぎに、資源管理の一般的な機能や意義について整理をしたうえで、管理の手法、知識、運用、紛争の処理、言説と政治について議論を進めていこう。

六　漁業紛争の生態史

最初に、資源の管理という枠組のなかで、漁業紛争について位置づけておきたい。漁業紛争（fishing dispute）は、さまざまな次元で発生する。個体間の漁場利用をめぐる争いから、村同士の境界論争、専業の漁業者と遊漁者の間のいざこざ、隣接する国家間の利権をめぐる紛争、公海上の取り決めをめぐる国際的な漁業紛争、さらには漁業に名を借りた、水産資源とは無縁の軍事的な覇権争いなどがそのなかに含まれる。

ここでまず漁業の種類に注目して、自給的漁業（S）、商業的漁業（C）、栽培漁業（A）、観光・遊漁業（T）の区分をもとに、それぞれの業種間、あるいは異なった業種間で生じる漁業紛争の事例を挙げ、全体としての見取り図を提示しておこう。

	S	C	A	T
自給的漁業(S)	(1)			
商業的漁業(C)	(2)	(5)		
栽培漁業(A)	(3)	(6)	(8)	
観光・遊漁業(T)	(4)	(7)	(9)	(10)

図４　異なった漁業種別における漁業紛争の事例
（1）～(10) の内容は本文中に説明

(1)　自給的漁業同士の間の紛争――ナマコの商品性が部族社会に知られるようになり、ナマコと交換に銃を入手できるので、紛争が勃発した（Baines 1985）。

(2)　自給的漁業と商業的漁業の間の紛争――原住民の生存のための捕鯨と商業捕鯨における対立が、国際捕鯨委員会において起こった（フリーマン　一九八九）。

(3)　自給的漁業と栽培漁業の間の紛争――タイ南部のマングローブ地帯における小規模な自給的漁業が、エビ養殖池の造成によって大きな打撃を受けた（秋道　二〇〇一）。

(4)　自給的漁業と観光・遊漁業との間の紛争――遡上するサケに依存してきたカナダ先住民の利用する河川に、レジャーのための釣り師が入ってサケを釣り始めた（本書の岩崎論文参照）。

(5)　商業的漁業同士の間の紛争――太平洋上におけるパヤオ（浮魚礁）の設置場所をめぐり、沖縄県、宮崎県、鹿児島県などの漁船同士が衝突した（本書の鹿熊論文参照）。

(6)　商業的漁業と栽培漁業の間の紛争――インドネシア・アラフラ海のアルー諸島で、小規模な真珠養殖業を営む海域に外国船籍の底曳網漁船が入漁し、真珠稚貝と養殖筏に打撃を与えた。

(7)　商業的漁業と観光・遊漁業の間の紛争――宮古・伊良部島における潜水漁業者とダイバー間で、漁場利用をめぐる争いが発生した（上田　一九九二）。

(8)　栽培漁業同士の間の紛争――宇和島沿岸において、フグ養殖に使用されたホルマリンのために、周辺で養殖されていた真珠母貝や真珠の稚貝が斃死し、業者間の争いが発生した。

(9)　栽培漁業と観光・遊漁業の間の紛争――京都府下の若狭湾でのマダイの稚魚を放流する増養殖事業で、遊漁者が大勢釣りにきて本職の釣り漁師よりも多くの釣果をあげた。入漁制限をめぐって争いが生じた。

(10)　観光・遊漁業同士の間の紛争――ホエールウォッチングの船同士がクジラに接近しようとしてトラブルが発生した。

以上、一〇の事例に示したように、漁業の種類をとわず漁場の占有権、入漁のルールをめぐる衝突がある。なかでも、漁場の境界をめぐる紛争、「なわばり」争いはもっとも頻繁に発生する（秋道　一九九九a）。日本の漁業では昔から紛争が頻繁にあった。とくに近世期における紛争の記録が文書として全国各地に残されており、歴史研究の対象とされてきた。第二次大戦後には漁業の近代化のなかで、従来からくすぶり続けてきた紛争の種に火がつき、大きく社会問題化する紛争も発生している（金田　一九七九）。

アジア太平洋世界を見回すと、東南アジアのマラッカ海峡では、インドネシア側とマレーシア側との入漁問題がある。これについては、本書でも田和正孝が扱っている。インドネシアとオーストラリアの境界域では、インドネシア漁民による「違法」の操業が問題視された（Fox 1992）。最後の例は、インドネシア漁民が資源を求めて越境したという単純な図式に帰着すべきではない。アラフラ海やアーネムランド周辺海域は、ナマコ、高瀬貝、フカヒレなど、中国向け資源の重要な漁場として利用されてきた。この歴史的な背景を十分に理解する必要があり、国際海洋法により容認された領海の範疇から逸脱するというだけで漁業紛争をとらえるべきではないのである。南シナ海では、多くの国ぐにが錯綜する利権争いが続いている。これには、ベトナム、中国、フィリピン、マレーシア、インドネシアなどの周辺諸国が関与している（Buchholtz 1987；浦野　一九九七）。

このように、海の境界をめぐって各地で勃発する漁業紛争は、歴史的に、あるいは地域的な特殊性を考慮して理解する必要がある。さらに口論や抗議、物理的な威嚇や暴力的な接触などが起こらなかった場合でも、境界をめぐる漁業紛争は潜在的にありうる（本書の飯田論文参照）。資源管理の枠組で広く漁業紛争を位置づけておく必要があるのは以上のような理由による（秋道　二〇〇一）。

現在、世界各地で起こっている漁業紛争は、グローバルな性格と複雑な「絡み合い」を特徴としている。つまり、ある地域で生じたのと類似の因果関係をもつ紛争が別の地域でも発生する。同時多発の現象が認められるのである。さらに、ある漁業紛争がまったく及びもつかない地域や世界と関係づけられる。そして、紛争が内包する問題群が、一地域内の漁業にかぎらず、漁業以外の要因との複雑な絡み合いとして顕在化しているのである。

漁業紛争の起こる要因には、資源の生態や分布などの自然的条件とともに、文化・法・経済・政治などの条件が複雑に関与している。資源観の文化的な相違、資源獲得の動機の相違、生活と余暇、経済格差と貧困、漁法別の漁獲効率のちがい、海面の利用権・所有権に関する主張の対立、越境による入漁の慣行と近代法との相克、資源管理をめぐる科学と政治の論争など、紛争の温床となる要因はじつに多種多様である。しかも紛争の範囲は、個人間、共同体、地域、国家から国際的な次元にまで及んでいる。さらには、本書でスチュアート　ヘンリや岸上伸啓、渡部裕が指摘するように、先住民と国家や国際社会との間に生じる相克がきわめて現代的課題として登場している。ローカルからグローバルまでを視野に入れた広角的な分析枠組みが必要となるゆえんである。

七　資源と海洋汚染

漁業紛争が局所的な問題から地球全体の問題にまで波及するとしても、地域と地球を結ぶ直接的な因果関係が認められる場合はそれほどあるわけではない。また、これまで取り上げてきた資源管理や漁業紛争の事例では、生物資源を「健康な」状態のものとして扱ってきた。しかし、海洋生物の乱獲傾向は、生物の個体群にもさまざまな影響を与えてきた。人間による過度な捕獲によって、性成熟に達しない段階でも生殖可能になるという変化が生じ、これが種の縮小再生産につながった。コククジラにおける胎児の奇形が見つかったことは、ほかの要因も考えられるものの、獲り過ぎによるクジラの生殖異常と考えられている。コククジラの激減は、前世紀のいわゆるヤンキー・ホエーリングが大きな要因となっている。

さらに二〇世紀の後半に明らかになったのは、海洋における汚染が生物体を通じて濃縮され、生物自体を汚染するとともに、その生物を摂取した人間にも多大な影響を及ぼすことであった。ローカルな次元で、汚染源から生物を媒介として人間自身が汚染される例としては、水俣病やチェルノブイリの原子力発電所の放射能漏れがある。水俣病は有機水銀の濃縮された魚を食べた漁民やその家族にもっとも悲惨な影響を与えた（原田　一九八九）。また、チェルノブイリにおける放射能漏れ事故は、周囲数キロメートル内のあらゆる生物を汚染する核の脅威のすさまじさをわれわれに見せつけた。そして、汚染源が特定化されていても、汚染の拡散や汚染の連鎖を認めようとしない権力や秘密主義、事大主義も同時に明らかになった（本書のコマロバ論文参照）。

船の防腐や養殖用の網の腐食を防止するために、船体や網に塗布された化学物質が、周辺の貝類や養殖魚に取り込まれた。その結果、インポセックスと呼ばれる貝類の生殖異常や、背の曲がったハマチが生まれた。汚染の犯人探しは、河川や排水路、ペンキ塗料、漁網などに集中できたので、認めようと認めまいと犯人のメーカーや工場の社会的責任を問うことができた。

ところが、見たこともないほど離れた地域を汚染源として、あるいは汚染源を特定できない状態で、生物や人間が汚染される事態が判明した。それが北極海や北太平洋における深刻な生物汚染である。本書で田辺信介が扱っているように、DDTや環境ホルモン（内分泌攪乱物質）が食物連鎖を通じて濃縮され、最終的に人間によって摂取されることになった。汚染源は、誰が流したとも特定することのできない多数の、そして悪意に満ちてはいない個人かも知れない。たとえDDTの使用地を特定できても、そこには貧困や病害虫に苦しむ農民の姿が浮かび上がるかも知れない。

北極海沿岸の先住民は古くから海棲の哺乳類に食糧を大きく依存してきた。その動物が汚染されていることがわかっても、食べることをただちにやめることはできない。緊急の代替策として別の食糧を供給することが可能としても、長い間にわたって育まれてきた先住民と哺乳類との関わりや、狩猟文化の伝統を否定することはできるだろうか。DDTの禁止や代替の農業や産業の導入は可能なのだろうか。汚染物質の拡散は、われわれに環境問題について考える思考の必要性をも突きつけた。しかし拡散と同時に、生物濃縮に見られるプロセスの存在は否定すべくもなく、そのもっとも深刻な影響を受けるのが北極海沿岸の先住民であることもまた明らかとなった。水産資源の汚染は、拡散と濃縮という生態学的なプロセスを媒介として各地域を結ぶ。このことを一つの有力な根拠として、資源の管理を考察する新しいモデルに向けての議論が広まることを望みたい。

資源を管理するためのさまざまな手法や、基礎となる知識の問題についてふれてきた。なぜ資源を管理するのか。どのような方法がもっともよいのか。その課題に向けて伝統的な知識や科学的な知識が総動員される。そして、資源管理を行うさまざまな論理やその論拠となる言説が生み出されてきた。それには、多くの人間を納得させるに足る、一見明快な論理付けがなされることもあるだろうし、説得力に欠ける理解不可能な場合もあるだろう。それぞれの言説を具体化するために政治的な決断が下される。資源の管理をめぐる諸問題の考察はじつは知識だけの問題ではなく（本書の大村論文参照）、知識の発露である資源に関する言説や政治的な決断に至るまでの一連のプロセスを考慮する必要がある。その点で、資源管理の問題は、複雑とはいえ人類学の新しい領域になりうる。本書を構成する各章が提示するさまざまな問題提起を、関連づけて読み続けていただきたい。この序論がそのためのガイドラインとなれば幸いである。

（引用文献）

赤嶺　淳　二〇〇〇「熱帯産ナマコ資源利用の多様化―フロンティア空間における特殊海産物利用の一事例」『国立民族学博物館研究報告』二五巻一号、国立民族学博物館、五九―一一二頁。

秋道智彌　一九九二「水産資源のバイオマスとその変動」小山修三編『狩猟と漁労―日本文化の源流をさぐる』雄山閣出版、五七―七五頁。

――　一九九四a「海の資源はだれのものか」大塚柳太郎編『講座地球に生きる3　資源への文化適応』雄山閣出版、二一九―二四二頁。

――　一九九四b「漁撈活動と時間認識」掛谷誠編『講座地球に生きる2　環境の社会化―生存の自然認識』雄山閣出版、四五―六六頁。

――　一九九五『海洋民族学』東京大学出版会。

――　一九九六「インドネシア東部における入漁問題に関する若干の考察」『龍谷大学経済学論集』三五巻四号、

龍谷大学経済学会、二一―四〇頁。
――一九九九a『なわばりの文化史』小学館。
――一九九九b『自然はだれのものか―「コモンズの悲劇」を超えて』昭和堂。
――二〇〇一「重点研究プロジェクト「トランス・ボーダー・コンフリクト」平成一二年シンポジウム「紛争の海―北と南の水産資源とその管理をめぐって」」『民博通信』九三号、国立民族学博物館、七五―八三頁。
――準備中『コモンズの人類学』人文書院。
上田不二夫　一九九二「沖縄の旅漁民―糸満漁民の歴史と生活」谷川健一編『海と列島の文化史6　琉球弧の世界』小学館、四七九―五〇二頁。
浦野起央　一九九七『南海諸島国際紛争史』刀水書房。
金田禎之　一九七九『漁業紛争の戦後史』成山堂書店、四〇二頁。
小島曠太郎　一九九七『クジラと少年の海：モリ一本でクジラを捕るラマレラ村より』理論社。
小林達雄　一九九四「縄文文化における資源の認知と利用」大塚柳太郎編『講座地球に生きる3　資源への文化適応』雄山閣出版、一五―四五頁。
笹岡正俊　二〇〇一「コモンズとしてのサシ―東インドネシア・マルク諸島における資源の利用と管理」井上真・宮内泰介編『コモンズの社会学―森・川・海の資源共同管理を考える』（シリーズ環境社会学2）新曜社、一六五―一八八頁。
竹川大介　一九九五「イルカが来る村―ソロモン諸島」秋道智彌編著『イルカとナマコと海人たち』日本放送出版協会、八九―一一四頁。
田和正孝　一九九七『漁場利用の生態―文化地理学的考察』九州大学出版会。
鶴見良行　一九九九『ナマコ』（鶴見良行著作集9）みすず書房。
原田正純　一九八九『水俣が映す世界』日本評論社。
フリーマン、M・R・M編著、高橋順一他訳　一九八九『くじらの文化人類学―日本の小型沿岸捕鯨』海鳴社。

村井吉敬　一九九八　『サシとアジアと海世界―環境を守る知恵とシステム』コモンズ。

諸喜田茂充編著　一九九五　『サンゴ礁域の増養殖』緑書房。

Akimichi, T.　1992　Sea tenure and its transformation in the Lau of north Malaita, Solomon Islands. *South Pacific Study* 12 (1): 7-22.

Bailey, C. and C. Zerner　1992　Community-based fisheries management institutions in Indonesia, *Maritime Anthropological Studies* 5 (1): 1-17.

Baines, G. B. K.　1985　A traditional base for inshore fisheries development in the Solomon Islands, In : K. Ruddle and R. E. Johannes eds., *The Traditional Knowledge and Management of Coastal Systems in Asia and the Pacific*. Jakarta : UNESCO and Regional Office for Science and Technology for Southeast Asia, Jakarta, pp. 39-52.

Barnes, R. H.　1996　*Sea Hunters of Indonesia : Fishers and Weavers of Lamalera*. Oxford : Clarendon Press.

Belyayev, G. M. and T. S. Lukyanova　1998　Benthos biomass (g/m^2) In Alexander A. Liouty *et al.*, eds. *Resources and Environment World Atlas* II, Vienna : Ed. Holzel, p. 116.

Berkes, Fikret, Carl Folke and Madhav Gadgil　1993　*Traditional Ecological Knowledge, Biodiversity, Resilience and Sustainability*. Stockholm : Beijer International Institute of Ecological Economics.

Bogorov, V. G., I. P. Kanayeva, I. A. Suyetova, M. E. Vinogradov, and N. M. Voronina　1998　Zooplankton biomass (g/m^3) In Alexander A. Liouty *et al.*, eds. *Resources and Environment World Atlas* II, Vienna : Ed. Holzel, p. 116.

Buchholtz, H. J.　1987　*Law of the Sea Zones in the Pacific Ocean*. Singapore : Institute of Asian Affairs and Institute of Southeast Asian Studies.

Burrows, W.　1955　"Palolo", notes on the periodic appearance of the annelid worm *Eunice viridus* (Gray) in the South-West Pacific Islands, *Journal of the Polynesian Society* 64 (1): 137-154.

Fox, J. J. 1992 A report on eastern Indonesian fishermen in Darwin, In : Fox, J. J. and A. Reid eds., *Illegal Entry*, Centre for Southeast Asian Studies, Northern Territory University, Occassional Paper Series 1 : 13-24.

Hester, F. and E. Jones 1974 A survey of giant clams, Tridacnidae, on Helen reef, a western Pacific atoll, *Marine Fisheries Review* 36 : 17-22.

Johannes, R. E. 1978a Traditional marine conservation methods in Oceania and their demise, *Annual Review of Ecological Systematics* 9 : 349-364.

——— 1978b Reproductive strategies of coastal marine fishes in the tropics, *Environmental Biology and Fishes* 3 : 65-84.

——— 1981 *Words of the Lagoon : Fishing and Marine Lore in the Palau District of Micronesia*. Berkeley : University of California Press.

——— 1982 Implications of traditional marine resource use for coastal fisheries development in Papua New Guinea, In : L. Molauta, J. Pernetta and W. Heaney eds., *Traditional Conservation in Papua New Guinea : Implications for Today*. Port Moresby : The Institute of Applied Social and Economic Research, pp. 59-72.

Kuchikura, Yukio 1977 An ecological approach to the fishing activity system of a coral island community in Okinawa. In H. Watanabe ed., *Human Activity System- Its Spatiotemporal Structure*. Tokyo : University of Tokyo Press, pp. 117-147.

Lore, M. Ruttan 1998 Closing the commons : Cooperation or gain or restraint ?, *Human Ecology* 26 (1): 43-66.

McCoy, M. A. 1974 Man and turtle in the central Carorine Islands. *Micronesica* 10 : 207-221.

Nelson, Joseph S. 1984 *Fishes of the World*. New York : John Wiley & Sons.

Vinogradova, N. G. and O. N. Zerina 1998 Zoogeographic regions. In Alexander A. Liouty *et al*., eds. *Resources and Environment World Atlas* II, Vienna : Ed. Holzel, p. 109.

Zernova, V. V. 1998 Phytoplankton biomass (mg/m^2). In Alexander A. Liouty *et al*., eds. *Resources and*

Environment World Atlas II, Vienna : Ed. Holzel, p. 116.

第一部　南の海の漁業紛争と小規模漁業

沖縄におけるパヤオ漁業の発展と紛争の歴史

鹿熊信一郎

一　パヤオ（浮魚礁）とは？

現在、全世界マグロ・カツオ漁獲量の四分の一にあたる約一〇〇万トン／年が浮魚礁を利用して漁獲されている。浮魚礁は、回遊魚が流木に集まる習性を利用した漁具の一種で、錨《いかり》とロープで固定するアンカー式のものと海面に流すドリフト式のものがある。日本では、シイラ（*Coryphaena hippurus*）を対象としたものは古くから存在したが、マグロ・カツオ類を対象としたものは一九八〇年代始めに海外から導入された（マリノフォーラム二一　一九九三）。沖縄では浮魚礁は「パヤオ」と呼ばれる。フィリピンから導入した経緯があり、現地で筏《いかだ》を意味する payao がそのまま呼び名として使われた。

なぜマグロ・カツオ類はパヤオに集まるのだろうか。実は、これがまだよくわかっていないのである。沖縄での主要対象魚であるキハダ（*Thunnus albacares*）を例に考えてみたい。いくつかの説が過去出されたが、主要なものは「餌場《えさば》説」と「隠れ場説」である。餌場説は、パヤオについた付着生物や集まった小魚を求めて中型の魚が集まり、それを求めて大型の魚が集まるというものである。しかし、パヤオ漁場とそれ以外の漁場におけるキハダの胃内容物は、パヤオ漁場のほうが多いという報告（Lehodey 1996）もあるが、逆に少ない（Brock 1985）、有意な差はないという報告（Buckley & Miller 1994）もある。沖縄（前田・金城　一九九二他）では、パヤオ漁場で漁獲されたキハダの胃内容物は少なく、空胃か撒《ま》き餌《え》のミンチが多かった。[1] パヤオに蝟集するマグロ・カツオのバイオマス（生物重量）は、時に数十トンに達し（大嶋　一九八八；Preston 1982）、これを支えるだけの餌料生物がパヤオに依存して存在するとは考えられない。また、パヤオに蝟集しているキハダの胃内容物の多くが、その海域に生息するものではなく沿岸に生息するものだった、という報告もある（Lehodey 1996）。これらの結果を総合すると「餌料を求めて集まってくる」とは考えにくい。隠れ場説も、海上に浮いている小さなブイや細いロープが十分な隠れ場を提供するようには思えない。[2] 世界の浮魚礁研究者の間では、両説ともに肯定的にはとらえられていないようだ。

想像の域を出ないが、キハダ等の回遊魚がパヤオに集まるのは、その行動が本能に組み込まれているためだと私は思う。特に目的があって集まるのではなく、大洋に何か浮いていると「つい集まってしまう」のではないか。流木等に集まる性格をもったキハダは、集まらない性格をもったキハダよりも、餌場《えさば》や隠れ場の条件がわずかに有利なので生存の確率が高くなる。それがたとえごくわずかであっても、何千・何万世代を経るうちに、生き残ったキハダの性格が遺伝子プールに蓄積され（ドーキンス　一九九五）、本能として否応なしにパヤオ等に集まるのではないかと思う。しかし、集まった後の行動には環境が大きく影響していると思う。そこに大きな群を支えるほどの餌料がなかったり（Josse *et al.* 2000；Dagorn *et al.* 2000）、害敵が多かったりしたらパヤオを去るかもしれない。水温や流れが適当でなければ、やはり去るであろう（Kakuma 2000b）。また「何を目的に集まるのか？」でなく「どんな刺激を頼りに集まるのか？」も興味深い。効果的なパヤオの構造や配置を検討できるからである。いくつかの調査結果から視覚が最も重要だと考えているが、視力ではとても探知できない遠方からパヤオをめざす行動が数多く観察されており（Holland 1997）、磁場感知等の特殊な能力があるとも言われている。

二　沖縄のパヤオ漁業

パヤオ導入当時、底魚を対象とする釣り漁業が漁獲過剰で、資源が減少傾向にあったことも背景として重要である。沖縄農林水産統計年報（沖縄総合事務局）によると、マチ類、タイ類、ハタ類、ブダイ類、アイゴ類、アジ類、タカサゴ類等沖縄の重要な底魚の漁獲量は、一九八〇年まで急激に増加したが、その後急激に減少傾向に転じ、資源の減少が心配されていた（Kakuma 2000a）。パヤオ漁業の導入・発展は、沿岸漁業者の経営安定に貢献するとともに、底魚資源に対する漁獲圧の緩和にもつながったことがうかがえる。

糸満漁協の垂直型のパヤオ

一九八二年、沖縄県水産試験場（以後、沖縄水試）はパヤオ設置試験を実施した。ほぼ同じ時期に、宮古島でも漁業協同組合（以後、漁協）による試験的な設置が行われた。結果が予想以上に良かったことから、パヤオの設置は全県に急速に広まった。二〇〇一年三月時点で、漁協設置のパヤオは一八九基、県設置のパヤオは一四基が承認されている。設置前や流出してしまったものがあるため、実際には一五〇基程度が現在海にあるものと考えられる。当初は二、三のメーカーが製作したパヤオを設置していたが、漁業者自らが製作する事例も多くなっていった。

沖縄県が設置した大型浮魚礁「ニライ１号」（知念沖）

このため、沖縄のパヤオの構造には様々なものがある。前頁写真は沖縄本島南部の糸満漁協が使用しているパヤオである。設置の経費は構造によって大きく異なり、一九九九年の聞き取り調査結果（Kakuma 2000a）では、四〇万円から五〇〇万円まで様々であった。経費を下げるため、設置作業も漁業者が実施しているところが多い。パヤオの設置に対して地元市町村から補助金を受けている漁協も多いが、これがなければパヤオ漁業を継続できないわけではない。

台風による流出が当初最大の課題で、設置後平均して一・五年しかもたないと言われていた。このため流出防止の工夫がいくつかなされた。ダブルアンカーシステム、痛みの激しい海面付近の部材の交換、シャックルは使用しないこと、アンカーロープの材質の改善等である。この結果、持続期間は平均二・五年程度まで延びたと言われている。一九九五年から、国の補助を受け、沖縄県は大型鋼製浮魚礁「ニライ」(3)の設置を開始した。鋼製浮体の海上部直径が七メートル、水中部直径が一六メートルと巨大で、チェーンと補強したワイヤーで係留されている。設置費込みで一基一億円以上かかるが、少なくとも一〇年は持続する設計となっている。二〇〇一年現在、沖縄周辺に一四基設置されている。

台風の被害などはパヤオの海面付近に多いので、浮体が海面下五〇メートル程度にある中層パヤオにすれば流出の危険を大幅に減らすことができる。「蝟集効果は表層も中層も変わらない」と言う漁業者が多い。しかし、中層パヤオは、発見することと望んだ水深に浮体を設置することが困難であるという欠点があった。最近、GPS（人工衛星を使った測位装置）の普及により中層パヤオを発見することは容易になり、また、浮体の設置技術も飛躍的に向上した。今後、沖縄のパヤオが中層化していく可能性は高い。

　図1に沖縄本島周辺のパヤオ設置承認位置を示した。パヤオからの漁獲量は設置位置に大きく左右される。一九九五―一九九七年、糸満漁協の一四のパヤオからの漁獲量では、よく釣れるパヤオと釣れないパヤオとでは五〇倍もの差があった。三基のパヤオだけで全漁獲量の約六〇%を占めていた。パヤオの構造は同一であり、漁獲量の差は位置が違うためと言われている。このため、設置位置の決定は重大事項であり、水深、海流、海底地形、港からの距離等から判断して漁業者が決めている。通常、沖のほうが良いとされ、当初水深一〇〇〇―一五〇〇メー

図1　沖縄本島周辺のパヤオの位置

トルの海域に設置されていたものが、最近は二〇〇〇—二五〇〇メートルの海域にも設置されるようになっている。

パヤオ漁業が盛んな一二漁協の過去一〇年間の漁獲量を調べたところ、キハダ、シイラ、カツオ（*Katsuwonus pelamis*）、クロカジキ（*Makaira mazara*）、カマスサワラ（*Acanthocybium solandri*）、メバチ（*Thunnus obesus*）、ビンナガ（*T. alalunga*）の順に漁獲量が多かった。クロマグロ（*T. thynnus*）が漁獲されることもある。キハダが全体の六八％を占め、沖縄のパヤオ漁業の最重要種となっている。(4) ほとんどの魚種は春—秋が漁期となっており、南方から来遊してくることが示唆される。

パヤオでの代表的な漁法は、曳縄、ジャンボ曳縄、かじき曳縄、まぐろ流し釣り、石巻き落とし、竿釣り等である（沖縄県漁業振興基金・沖縄県水産試験場　一九八六）。パヤオの導入により、それ以前には曳縄でリーフのすぐ外や曽根（水深五〇—二〇〇メートル程度の周辺より浅い海域で、好漁場となる）においてカマスサワラやカジキを漁獲していた漁業者が、中大型のキハダも漁獲できるようになった（マリノフォーラム二一　一九九三）。パヤオ漁船は、一—四トン程度の和船タイプや、伝統的な「サバニ」と呼ばれるクリ船タイプの船が使われている。沖縄の年間パヤオ漁業生産量は二五〇〇—四〇〇〇トン、生産金額では一二—二〇億円で、沿岸漁業全体の一〇—二七％を占める。パヤオ漁業を単独で営む漁業者は少なく、他の漁業を複合的に営むことが多い。この漁業経営体数は一〇〇〇程度と考えられ、養殖を含めた沖縄の全経営体数約四〇〇〇の二五％に達する。平均年間漁獲量を三〇〇〇トン、平均設置数を一五〇基として単純に割ると、一基あたり二〇トンになる。一九九四—一九九五年の糸満、港川、知念、沖縄市、久米島漁協の漁船一隻・一日あたり漁獲量（CPUE）は七三キログラム／日・隻だった。設置数が増えるにつれパヤオ漁業の漁獲量は急激に伸びた。しかし、一九八九年以降、漁獲量は大きく変動するようになった。この理由は、海洋環境の変化に伴う来遊量の変動によると考えられているが、

漁協設置のパヤオ

まだよくわかっていないのが実状である。

沖縄のパヤオ漁業は、発展したものの、いくつかの課題をかかえている。漁獲物の流通もその一つである。まず「ヤケ」の問題がある。ヤケとはキハダ等の肉質の低下現象で、ヤケたキハダの市場価格は通常の三分の一以下になってしまう。漁獲時の体温が高いほど、水素濃度指数が低いほどヤケると言われている。ヤケを防止するため様々な方法が漁業者によって試された(5)。どの方法もそれなりの効果をあげたが、どこでも、いつでも効果がある方法はいまだに開発されていない。

供給過剰による魚価の低迷も大きな問題である。沖縄島南部で水揚げされたキハダの月別漁獲量と単価の関係をみると、明らかに漁獲量が多いときは単価が下がる傾向が認められる。沖縄では、中大型の肉質の良いマグロ類は本土に出荷され、肉質のあまり良くないもの、小型のものは地元で消費される(6)。小型魚の価格は、その日の自分たちの漁協や他の漁協の水揚げ量によって大きく変動し、大量の水揚げがあると暴落する。離島ではこの問題はさらに深刻で、小型のマグロが大量に漁獲されると地元市場でさばけなくなる。

三　パヤオ漁業の紛争の歴史

パヤオの効果が高かったため、導入当初より漁場利用をめぐる紛争があった。この紛争は、（一）県内パヤオ漁業者間、（二）県内パヤオ漁業者対他の漁業者間、（三）沖縄のパヤオ漁業者対他県カツオ一本釣り漁業者間、（四）パヤオ漁業者対遊漁者間に分けられる。

県内パヤオ漁業者間の紛争

魚のよく集まるパヤオには漁船も多く集まる。沖縄水試の調査では、一基のパヤオで最大二四隻の漁船の操業が確認されている（大嶋　一九八八）。この結果、自分達のパヤオでの操業方法にルールを定める必要が生じた。糸満漁協を例にとると、一九八八年の浮魚礁操業注意事項には、操業許可旗の掲揚、曳縄は時計回り、ジャンボ曳縄の制限、流し釣りの潮登り方法、[7]ワイヤー漁具使用禁止、パヤオ係留禁止等があげられている。

パヤオ導入初期は、設置に関して制限がなかった。パヤオの設置者（漁協）は、良い設置場所を「早い者勝ち」で占有できた。また、一般にマグロ等は沖から来遊してくると信じられていたため、ある漁協の設置したパヤオの沖側に別の漁協がパヤオを設置し、「沖で先取り」する動きも見られた。[8]パヤオ設置を完全に自由にしたらどうなるだろうか？　フィリピンやインドネシアの事例が参考になる。この二国はアンカー式パヤオの設置数が世界で最も多く、これを利用した漁業が最も発達している国である。しかし、パヤオの設置に制限はなく、数は過剰であるとみられている。[9]フィリピンはパヤオの英名であるＦＡＤ（Fish Aggregating Device）発祥の地であり、現在パヤオと、より簡易な竹を材料としたアロンをあわせると、四〇〇〇～五〇〇〇は設置されている（Dickson & Natividad 2000）。インドネシアにも少なくとも三〇〇〇のルンポンと呼ばれるパヤオが設置されている（Monintja & Mathews 2000）。

沖縄では一九八五年一一月五日、沖縄海区漁業調整委員会の指示（以後、委員会指示）によってパヤオの設置の承認が必要となった。また、パヤオを利用するには、そのパヤオの設置者の承認が必要となった。委員会指示は漁業法第六七条に定められた規則である。漁業調整、資源管理の手段としては、県漁業調整規則と漁業者の自主規制の中間にあたるようなものである。違反に対する罰則等を直接定めることはできないが、県知事に罰則付きの命令（裏付け命令）を出させることは可能で、実効力があり、かつ、柔軟性のある手段である。沖縄では、ソデイカ（*Thisanotheuthis rombus*）の禁漁期や延縄漁業承認制についても委員会指示を出しており、有効に機能していると考えられている。委員会指示によるパヤオ設置の承認は、沖縄本島北西、南西、東、先島（宮古・八重山）地区の四つのブロックに分けて行われる。[10]沖縄県全体のパヤオ設置承認枠は、一六四基でスタートしたが、その後一七七基、二〇〇基と増加された。沖縄海区漁業調整委員会だけで総枠を決めることはできず、宮崎県、鹿児島県との調整のもとに総枠を決定している。共同漁業権内に設置される簡易パヤオ、県が設置するニライは枠の対象外である。このブロック式設置承認制により県内パヤオ漁業者間の紛争はほぼ終息した。[11]

県内他業種との紛争

パヤオの周囲をある程度排他的に利用するにもかかわらず、パヤオ漁業の調整に関し漁業法には明確な規定はない。一九八八年の沖縄県公報「浮魚礁敷設承認取扱要綱」第七（一）（ア）には、「浮魚礁を利用して営む漁業の範囲は、大方半径二キロメートルの周辺海域とし、いたずらに他の漁業の操業を妨げないよう留意しなければならない」と定められている。また、底魚を対象とする漁業との紛争をなくすため、曽根への設置は制限された。しかし、南西諸島の周辺海域はマグロ延縄漁場としても利用されていた。数十キロメートルに及ぶ縄を展開するため、パヤオ漁業と漁場競合をおこす危険性があった。このため、両漁業の代表が話し合い、紳士協定として、パヤオは陸からおよそ二〇マイル以内に設置することになった。

現在問題となっているのは、ソデイカ旗流し漁業である。ソデイカ漁業は、沖縄では一九八九年に始まった新しい漁業で、現在、パヤオ漁業と並んで沖縄の基幹漁業の一つとなっている。漁場はパヤオ漁場と一部重なっている。旗流し漁法は、疑似針二〜三を水深五〇〇メートル程度まで縄で下ろし、浮きと目印の旗を付けて流す方法である。パヤオ漁業にはワイヤー漁具の使用制限がなされているが、ソデイカ漁業にこれはなく、縄にワイヤーを使う漁業者が増えている。縄を上げる時は、釣機で高速に巻き上げるので、もしパヤオの係留索に接触するとこれを切断する恐れがある。糸満漁協では、ソデイカ漁具によると考えられるパヤオの流出事故が何回か起きている。このため、ソデイカ漁具の最大到達深度である六〇〇メートルまでの係留索に、高価であるが強度の高い材質のものを使用している。

他県カツオ一本釣り船との紛争

沖縄のパヤオをめぐる紛争では、他県カツオ一本釣り船、特に宮崎船との紛争が最も激しかった。新聞紙上を何回もにぎわし、刑事事件にも発展してしまった。パヤオの設置数が急増していた一九八五年には、すでに他県の漁船が沖縄のパヤオで操業するようになった。正確な数は不明であるが、沖縄県農林水産部漁政課の資料（以後、漁政課資料）では、一九八五年七月〜一九八七年四月の間に、沖縄漁船が操業を確認した他県船は延三三隻、パヤオ周辺を徘徊していたものが九四隻となっている。しかし、他県船は沖縄船よりも大型であるため、沖縄船が出漁できない荒天時にパヤオで操業していたという意見もあり、実数はもっと多かったと思われる。

沖縄漁民は他県船の操業を「パヤオ荒らし」と呼んでいたが、これは沖縄側の見解であり、宮崎側の見解はずい分異なっていた。彼らの主張では「沖縄周辺の漁場は、近海カツオ船が明治時代から利用してきた漁場、かつ公海であり、ここにパヤオを設置して近海カツオ船を排除するということは認められない」、「パヤオの設置により、カツオはパヤオに集中し、それ以外の漁場では釣れなくなった」というものであった。これに対し、沖縄側の主張は「零細な沿岸漁業者が、多大な経費と労力を費やして設置したパヤオに集まった魚を他県の漁船が獲ってしまうことは許せない」というものだった。

両者の漁船の規模が大きく異なることも問題を複雑にしていた。沖縄のパヤオ漁船は、三トン未満がほとんどで、乗員は一―二人、一日の漁獲量は平均約七〇キログラムだった。宮崎の漁船は五九トン、乗員は一二―一五人、一日の漁獲量は平均約一トンだった。パヤオ漁業に限らず、漁船規模や漁法が異なる漁業が同じ資源を利用する場合は紛争がおきやすい[12]。一九六二年に「しいらづけ漁業」が漁業法の対象外となって以来、浮魚礁漁業の法的位置づけは明確ではない。パヤオ漁業に関する委員会指示は、地元漁民間の紛争防止には効果的であったが、他県漁業者は対象としていなかった[13]。

他県カツオ船と沖縄船の紛争に関する漁政課資料は膨大で、この問題が沖縄の水産行政にとっていかに重大であったかがわかる。沖縄の漁業者や漁業団体は何回も行政に陳情・要請を行っている。宮崎県や鹿児島県にも出向いて要請を行ったが、問題は解決しなかった。宮崎県側でも大きな問題であったため、一九八五年一二月、宮崎県農政水産部長から沖縄海区漁業調整委員会長あて、委員会指示について「県外船に対しても承認するか」、「沖合何マイルまで適用されるのか」等について照会があった。これに対する回答は「県外船には承認は控える」、「沖縄県漁業調整規則の及ぶ範囲（これは沖合二〇マイルをはるかに越える）に適用する」であった。その後も両県漁業者・行政代表による調整は続き「宮崎漁船は沖縄のパヤオでの操業を自粛する」、「宮崎側もパヤオを設置する」という方向で進んでいた。しかし、パヤオ設置位置の同意が得られない段階で、一九八六年一二月に宮崎側が一〇基のパヤオを設置してしまったため、沖縄でこの撤去を求める漁民大会が開催された。また、日本共産党より沖縄県知事等へ宮崎側パヤオの撤去の申し入れがあった。水産庁を仲介した両県の調整は本格化したが、なかなか最終合意にいたらなかった。

一九八八年四月二日「第一祐徳丸事件」が起きてしまった。知念漁協のパヤオで、宮崎県近海カツオ一本釣り船「第一祐徳丸」が操業しているのを知念漁協所属の漁船が発見し、僚船とともに逃走する同船を追跡した。このうち「栄進丸」は同船に接舷し、乗員三名が乗り移った。停船をめぐって争いとなり、この際に暴力行為が発生した。その後第一祐徳丸は知念村海野漁港へ回航させられ、漁協ホールで同船代表者と知念漁協漁業者との話合いがもたれた。この事件は海上保安庁の事情聴取を受け、新聞でも大きく報道される大事件であった(14)。

一九八八年九月七日、水産庁の仲介でようやく両者の調停申合せが成立した。内容で重要な点は「近海カツオ漁船は、沖縄の漁業者が設置したパヤオでの操業を自粛する」、「宮崎側は一〇基、沖縄側は一七七基を限度としパヤオを設置する」、「この数を増加する場合は両者で協議する」というものであった。一九八八年一二月、宮崎側はこの申合せに従い、沖縄のパヤオ漁業に重大な影響を及ぼさないと考えられた海域に一〇基のパヤオを設置した。

二〇〇一年現在、沖縄周辺海域に宮崎側の設置したパヤオはない。二〇〇〇年一〇月にパヤオ漁業の盛んな一〇漁協に聞き取り調査を実施したところ、宮崎船による沖縄のパヤオでの操業は最近ほとんどみられなくなった、とのことだった。この一番の理由は、水産庁の認可法人である海洋水産資源開発センターが奄美群島周辺に設置を続けている中層パヤオの効果と考えられる。同センターは、沖縄、鹿児島、宮崎の三県との綿密な連絡のもとに、一九八八年から「沖合漁場造成開発事業」を実施している。これまでに中層パヤオだけで七〇基以上設置しており、そのほとんどが今も残っている。宮崎船はこれらの中層パヤオをよく利用していると聞いている。

遊漁との紛争

遊漁との調整は、今沖縄のパヤオ漁業がかかえる最優先の課題であろう。パヤオでは、設置者の承認を得なければ釣りをすることはできない。しかし、漁業者によると、ニライには承認を得ていない遊漁船が数多く来ているようだ。また、漁協の設置したパヤオでも遊漁船をよく見かけると言う。

遊漁者に対する漁業者の理解は低い。その理由は、「遊漁」つまり遊びであり生活がかかっていない、経費を度外視して高価な優れた道具を使い、餌も過剰なほど使う、地元に魚を過剰に供給し、市場価格を下げる、ルールを守らない、等が考えられる。沖縄県農林水産部水産振興課（ニライ設置事業の所管課）は、一九九九年にパヤオ漁業者に対して遊漁に関するアンケート調査を実施した。二九四名から回答があり、結果は興味深いものであった。その一部を紹介すると、遊漁船から使用料をとり、ルールを守らせニライを利用させることに「反対」が六五％、漁協設置のパヤオで遊漁船が釣りをしているのを見たことが「ある」が六〇％、漁業者がお客を乗せてニライを利用することに「反対」が四八％だった。

一方、遊漁を兼業することでパヤオ漁業者の所得が向上し、この漁業の新たな発展につながる可能性も高い。沖縄の県都、那覇に近い豊見城村与根漁港で二〇〇一年に聞き取り調査を行ったところ、よくパヤオ漁を行う一〇隻の漁船のうち九隻は遊漁案内業を兼業としている。遊漁者一人の料金は一日一万円、一隻なら六―七万円が相場とのことである。六月―一〇月の土日、年二五―三〇日の遊漁案内を行っている。残念ながら個々のパヤオ漁業者の経営を詳細に調査した事例は少ないが、一九九二年の沖縄水試の資料（東京水産振興会　一九九六）では、三名のパヤオ漁業者の平均収入は約一三〇〇万円、支出は約五〇〇万円、粗収益率は六三％だった。遊漁案内では漁協に年一〇万円、または一回につき七〇〇円を支払う必要があるが、餌代、氷代、道具代、市場手数料等が経費の約四五％を占めており、これらは不要となる。那覇沿岸漁協の漁業者M氏によると、沖縄でのクロカジキ（英名 blue marlin：トローリングの最高のターゲット）のヒット率は、有名なハワイ島の二倍はあるのではないか、とのことだった。遊漁の漁法制限の問題、船の整備等の課題はあるが、トローリング案内業はハワイでは大きな産業であり、沖縄に導入できれば有望な新産業になると思う（観光産業にも貢献できる）。

アメリカ、オーストラリア等と日本や他のアジア諸国とでは、遊漁に対する考え方がずいぶん違うように思う。ハワイでは現在約五〇のパヤオがあるが、利用者の大半は遊漁者であり、パヤオの設置費用も遊漁用品にかかる税金でまかなっている（Holland 2000）。沖縄の水産行政、特に中堅以上の職員には、遊漁に対する根深い嫌悪感があるように感じられる。私自身、遊漁をとり込んだ観光漁業は、今後沖縄の水産業の発展に必須であると信じているが、高い技術を持った優秀なウミンチュ（沖縄では漁業者をこう呼ぶ）が、お客さんを乗せて釣りをさせている姿を見るのは寂しい気がする。

一九九八年七月、ハワイ島でゲームフィッシングに関する国際シンポジウムが開かれた。当時、カジキ類の資源状態が心配されており、オーストラリアでは、遊漁者団体の強い圧力で、政府はマグロ延縄船が港にカジキ類を水揚げすることを禁止したと聞いている。オーストラリア、ニュージーランド、アメリカの研究者からしきりに、釣ったカジキの放流（キャッチ＆リリース）が提唱されていた。しかし、伝統的にカジキを食料として利用してきた南太平洋島嶼国の代表からは、これに反発する意見も出された。私も、与那国島でカジキ漁をしているウミンチュを題材にした映画「老人と海」の話をあげ、ここのウミンチュに「釣ったカジキを放流しなさい」とはとても言えない、と発言したことを憶えている。[15]

四　パヤオ漁業の管理

パヤオ漁業の対象であるマグロ類の資源管理は、サンゴ礁域の底魚資源管理とは様相が異なる。高度回遊性資源であるため、沖縄だけで生物学的な資源管理をしても意味がない。キハダを例にとると、沖縄に来遊するキハダは中西部太平洋系群に属すると言われている（遠洋水産研究所　二〇〇一）。これが事実なら、資源管理は中西部太平洋全域で考えなければならず、沖縄のパヤオ漁業で漁獲される二〇〇〇トン／年は中西部太平洋全体の約四〇万トン／年と比較してはるかに小さく、資源に与える影響はほとんどないと言える。[16] したがって、パヤオ漁業の資源管理は、生物学的なものよりも、より経済学的、社会学的なものが重要となる。流通を考慮した漁獲管理や、費用・効果を考えたパヤオの材料・構造の選択、最適配置計画、紛争防止、等である。[17]

パヤオ漁業の管理は政府主導でいくべきだろうか、それとも漁業者主体でいくべきだろうか。沖縄のパヤオ漁業の特徴は、パヤオのデザインから利用方法の管理まで、運用のほとんどを比較的規模の小さい漁業者集団が行い、政府の援助が二次的である点である。熱帯・亜熱帯の沿岸水産資源管理は、政府主導ではなく漁業者主体、あるいは政府と地域が協力して管理を行う共同管理（Co-Management）（Pomeroy & Williams 1994）のほうが優れていると思う。その理由は、熱帯・亜熱帯では全般に、魚種の数が多い、離島・遠隔地が多い、研究者の数が少ない、自給漁業の比率が高い、共同体の意識が強い、という条件があり（鹿熊　一九九九a）、共同管理に頼らざるを得ないためである。マグロ類の資源管理を狭い地域が主体的に行うには無理があり、おのずと政府の役割は大きくなるが、それでも漁業者が主体的に管理を行う沖縄のパヤオ漁業の特色は残していくべきだと思う。熱帯・亜熱帯の沿岸水産資源は厳しい状況に追い込まれているが、沖縄の事例が示すように、パヤオ漁業は代替漁業として有望である。大会社が行うドリフト式パヤオを使った巻き網と異なり、熱帯域沿岸の零細漁民が、アンカー式パヤオを使って行う釣り漁業なら、マグロ・カツオ資源を圧迫する恐れは少ない。これら地域住民の収入源、食料源となりうる。ただし、パヤオ漁業が持続的であるためには、適正数のパヤオを維持していくシステムの開発とともに、紛争防止等適切な漁業管理が不可欠であろう。(18)

(注)

(1) キハダは、遭遇する餌料生物を選択することなく摂餌すると言われている（Brock 1985）。このため、水平垂直行動が世界各地のパヤオ漁場で似ているのに比べ、食性は地域で異なっている（Holland 1997）。

(2) フォントノーとハリアー（Fonteneau & Hallier 1996）は、パヤオへの蝟集パターンを魚種別に三つのタイプに分けている。キハダは、このうちパヤオから最も遠い距離で蝟集するタイプである。ホランドら（Holland 1990）の追跡調査では、イルカの群が現れた直後、発信器をつけたキハダはパヤオを離れ岸側の曽根に逃げた。

(3) ニライという名は、沖縄の信仰にある「海の向こうの神様の島」を意味するニライカナイから来ている。

(4) 魚種組成には地域性がある。伊良部や本部ではカツオの比率が相対的に高く、与那国ではクロカジキの比率が高い。八重山ではビンナガ、沖縄市ではメバチの比率が高い。

(5) 鰓《えら》と尾を切除し、口から海水を流し続け血を抜いてしまう方法、循環式「シークーラー」で強制的に魚槽内の海水を冷やす方法、遊漁で時間をかけて釣り上げられたマグロがヤケにくいことから、釣ったマグロを船上に上げずにしばらく船のそばを泳がせておく方法、等である。

(6) 小型のキハダ、メバチは、カツオ、カマスサワラ、シイラとともに価格が安く、漁業者は積極的にターゲットとすることはない。パヤオ漁場に中大型のキハダがいる時はこれをねらい、いない時はしかたなく小型のキハダを釣ることになる。このため、中大型キハダと小型キハダの漁獲量には負の相関が表れることもある。

(7) ジャンボ曳縄漁業は、抵抗体を船尾から数十メートル離して曳くため、一カ所のパヤオで三〜四隻が同時にこの漁法を使える限度である。潮登り方法とは、パヤオの潮上側に魚が蝟集することが多いため、この位置に漁船を流していった後、再度潮上に移動する方法のことである。

(8) この沖合化の競争は経済的に好ましくない。沖合化し漁場の水深が深くなると、それだけ係留索の経費が大きくなる。また、漁場が遠くなることで往復の燃料費もかかり、労働時間当たりの生産性も低くなる。小型漁船はアクセスさえできなくなる可能性がある。

(9) ある地域の適正なパヤオの設置数はどれくらいなのだろうか？　これは、対象魚の生態、海底地形、海況、漁法、漁船の規模・数、等様々な要因が関係するため、簡単には決めれない。これまでの知見では、一基のパヤオの効果範囲は五マイル（約九キロメートル）程度、よって二基のパヤオは一〇マイル程度離すのが効果的と考えられている（Kleiber & Hampton 1994；Holland 1997；Dagorn *et al.* 2000）。

(10) 個々の漁協からバラバラに申請があがるのではなく、ブロックごとにあらかじめ希望数、位置の調整を行い、その後ブロックの代表が集まって再度調整を行う。このため、漁業調整委員会の場で細かい調整をする必要はあまりなく、手続きがスムーズに運ばれるようになっている。

(11) パヤオ漁業者間の新たな紛争の種に、「集魚灯を使用したメバチ漁」があげられる。沖縄のパヤオ漁業では中大型メバチの漁獲は少なかった。これは、キハダより深い層を泳ぐメバチを効率的に釣る漁法がなかったためと思われる。しかし、近年、沖縄本島東岸のある漁協でメバチを集魚灯で浮かせて釣る漁法が導入されて以来、メバチの漁獲量は増加している。パヤオのそばで灯をともし、集まったメバチ・キハダとともに流れにのってパヤオから離れ、ある程度離れたところで漁獲を開始する。この漁法は効率的過ぎる恐れがある。一隻の漁船がこの漁法を用いると、その後しばらく、そのパヤオではメバチ・キハダは釣れなくなるそうだ。このため、禁漁期を設定する漁協、全面禁止にする漁協がでてきている。ニライでの集魚灯漁業に対し、すでに一部の漁業者からクレームが寄せられている。沖縄県漁業調整規制第三七条では「一漁船につき、集魚灯に使用する電球は五キロワットを越えてはならない」とされている。

(12) しかし、宮古や八重山地域では一〇トン程度のカツオ竿釣り船とより小型の漁船がパヤオ漁場で共存している。また、フィリピンでは、大手の巻網漁業会社が設置したパヤオで、地元の小型漁船が手釣りでキハダを釣ることを認めている事例がある(Gorospe & Pollnac 1997)。

(13) 漁政課資料には、当時、水産庁で漁業法に詳しかった浜本幸生氏の見解もみられる。「基本的に委員会指示は他県漁業者にも尊重されるべきであるが、制度的に排他するものではない」というものだった。

(14) 当時の新聞記事では、沖縄の新聞には「パヤオ荒らしに怒り」、「ホゴにされた紳士協定」、「動かない官庁」等の見出しが見られ、宮崎の新聞には「油津の船長殴られる」、「祐徳丸負傷者四人」、「沖縄近海の縄張り争い」等となっている。

(15) 「老人と海」の主人公を含め、伝統的に与那国島のウミンチュは、誇りをもってカジキを釣っていると感じるためである。ここでのクロカジキのCPUE(資源水準の指標となる)を調べたところ、減少傾向にあったものが近年上昇し始めた(鹿熊 一九九九b)。マグロ延縄漁が、より価格の高いメバチをねらって縄を深く入れるようになったため、表層を泳ぐクロカジキの混獲が減ったためと考えられている。

(16) 大西洋でパヤオに集まるメバチ若齢魚を大量に獲ることが問題となっており、一部使用禁止となった。今後、太平洋でも使用が制限されることになるかもしれない。これらのパヤオは海面を流すドリフト式のものである。

(17) フィリピン、インドネシア等では、ヴァンダリズムと呼ばれる故意のパヤオ切断が頻繁に起こるらしい。理由は、浮体を盗むため、嫌がらせ、浮体を巻き網で巻きやすくするため、等が考えられる。このヴァンダリズムを防ぐことも管理の一つである。

(18) インドネシア東部のマンダールでは、パヤオをめぐる紛争が多発し裁判沙汰にまでなった。ここでは、パヤオ設置の資本が地元漁業者から都市の資本家へ移る等、パヤオの導入が必ずしも地域漁業者の生活を豊かにしていない(Zerner 1997)。

（引用文献）

遠洋水産研究所　二〇〇一『平成一二年度マグロ資源調査研究経過報告』、七二―七六頁。

大嶋洋行　一九八八「パヤオ調査」『昭和六一年度沖水試事報』、三四―四七頁。

沖縄県漁業振興基金・沖縄県水産試験場　一九八六『沖縄県の漁具、漁法』

鹿熊信一郎　一九九九a「南太平洋諸国と沖縄の水産技術交流に関する研究―沿岸資源管理とパヤオに主眼をおいて」『国内・国外派遣研究員研究報告書第八号』、三〇―五三頁、沖縄県人材育成財団。

鹿熊信一郎　一九九九b「与那国島のクロカジキ漁獲動向」『平成九年度沖水試事報』、三九―四〇頁。

東京水産振興会　一九九六『地域水産業活性化診断事業：平成七年度事業報告』、一二六―一四四頁。

ドーキンス、R　一九九五『利己的な遺伝子』日高敏隆・岸由二・羽田節子・垂水雄二訳、紀伊国屋書店。

前田訓次・金城武光　一九九二「パヤオ漁場調査」『平成二年度沖水試事報』、三五―五六頁。

マリノフォーラム二一　一九九三『人工礁漁場造成効果調査事業報告書』

Brock, R.E. 1985 Preliminary study of the feeding habits of pelagic fish around Hawaiian fish aggregating devices or can fish aggregating devices enhance local fisheries productivity. *Bull. of Mar. Sci.* 37 (1). 40-49.

Buckley, T. W. & B. S. Miller. 1994 Feeding habits of yellowfin tuna associated with fish aggregation devices in American Samoa. *Bull. of Mar. Sci.* 55 (2-3), 445-459.

Dagorn, L., E. Josse & P. Bach. 2000 Individual differences in horizontal movements of yellowfin tuna（*Thunnus albacares*）in nearshore areas in French Polynesia, determined using ultrasonic telemetry. *Aquatic Living Resources*, Vol.13-No. 4. 193-202.

Dickson, J. O. & A. C. Natividad. 2000 Tuna fishing and a review of payaos in the Philippines. Proceedings : *Tuna Fishing and Fish Aggregating Devices*, Oct. 1999, Ifremer, Martinique, 141-158.

Fonteneau, A. & J. P. Hallier. 1996 Fishing for tuna around floating objects. Abstract of an article in French magazine *La Recherche*, In : *SPC fish aggregating devices information bulletin*, No. 2, 25-28.

Gorospe, M. L. G. & R. B. Pollnac. 1997 The Tabao of Atulayan: Communal Use of Private Property in the Philippines. *Fish Aggregating Devices in Developing Countries : Problems & Perspectives*. 13-26. ICMRD.

Holland, K. N., R. W. Brill & K. C. Randolop. 1990 Horizontal and vertical movements of yellowfin and bigeye tuna associated with fish aggregating devices. *US Fish. Bull*. 88, 493-507.

Holland, K. N. 1997 Biological aspects of the association of tunas with FADs. *Fish Aggregating Devices in Developing Countries : Problems & Perspectives. 117-125. ICMRD.*

Holland, K. N. 2000 The Fish Aggregating Device (FAD) system of Hawaii. *Proceedings : Tuna Fishing and Fish Aggregating Devices*, Oct. 1999, Martinique, 55-62.

Josse, E., L. Dagorn & A. Bertrand. 2000 Typology and behavior of tuna aggregations around fish aggregating devices from acoustic surveys in French Polynesia. *Aquatic Living Resources*, 13 (4), 183-192.

Kakuma, S. 2000a Synthesis on moored FADs in the North West Pacific region. Proceedings : *Tuna Fishing and Fish Aggregating Devices*, Oct. 1999, Martinique. 63-77.

Kakuma, S. 2000b Current, catch and weight composition of yellowfin tuna with FADs off Okinawa Island, Japan. Proceedings: *Tuna Fishing and Fish Aggregating Devices*, Oct. 1999, Martinique, 492-501.

Kleiber, P. & J. Hampton. 1994 Modeling effects of FADs and islands on movement of skipjack tuna (*Katsuwonus pelamis*), estimating parameters from tagging data. *Can. J. Fish. Aquat. Sci*. 51, 2642-2653.

Lehodey, P. 1996 Fish aggregating devices and feeding habits of tuna in French Polynesia. In: *SPC fish aggregating devices information bulletin*. 1, 29-30.

Monintja, D. R. & C. P. Mathews. 2000 The skipjack fishery in eastern Indonesia : distinguishing the effects of increasing effort and deploying rumpon FADs on the stock. Proceedings : *Tuna Fishing and Fish Aggregating Devices*, Oct. 1999, Martinique, 435-448.

Preston, G. L. 1982 The Fijian experience in the utilization of fish aggregating devices. Information paper for the 15th South Pacific Commission Regional Technical Meeting on Fisheries.

Pomeroy, R. S. & M. J. Williams. 1994 *Fisheries co-management and small-scale fisheries : a policy brief*. ICLARM.

Zerner, C. 1997 Shares, Sites, and Property Rights in Mandar : Changes in an Indonesian deep water raft fishery. *Fish Aggregating Devices in Developing Countries : Problems & Perspectives* 27–63. ICMRD.

マラッカ海峡の資源をめぐるコンフリクト
——華人漁村パリジャワのかご漁——

田和正孝

一　はじめに

一九九一年、私は、マレー半島西海岸、ジョホール州北部のパリジャワという華人漁村で沿岸漁場の利用形態について調査を行っていた。漁業活動を観察することによって、漁業者が時間的・空間的にいかに漁場を利用しているのかを解明したいと考えていた（田和　一九九二）。

かご漁船の船長U氏が、乗船調査の許可を与えてくれた。八月一日の早朝、六人の漁業者とともに漁船に乗り込み、マラッカ海峡へと出漁した。漁船はポートディクソンの沖をめざした。四時間近くの航行の後、方向探知機（以下GPS）と魚群探知機（以下魚探）を使って新たなかごの敷設場所を決定し、そこに、甲板いっぱいに積んできた新しいかごを全部放り込んだ。すこし移動してから、今度はすでに敷設してあったかごの場所を探した。鉄製のフックを海底に落とし、これでカゴを結わえた幹縄をひっかけるのである。幹縄がうまくひっかかり、漁業者たちは船首右舷側からかごをひっぱり揚げはじめた。

しかし、まもなく、漁業者たちはひき揚げ作業をやめた。怪訝な顔をしている私に、一人が遠くを指さして、

「インドネシア・ポリス」と叫んだ。我々の乗った漁船は、マレーシア領海を越え、インドネシア領海に侵入していたのである。船長は、身振りでフィールドノートとカメラをバッグの中にしまうように私に指示し、自らもGPSと魚探をバスタオルでくるみ、船室の奥の方へ押し込んだ。

豆粒ほどにしか見えなかったインドネシア警備艇の姿はみるみる大きくなり、ついには我々の漁船に近づき、船の周辺を反時計回りに回りはじめた。停船した警備艇から縄ばしごがおろされ、船長は警備艇へ乗り移るように命令された。彼は乗組員から金を集め、これをポケットに押し込んでから縄ばしごに飛び移り、船内へと消えていった。

約一時間後、船長は解放された。警備艇はとれたてのフエダイ数尾を譲り受けてから、去っていった。我々の漁船は、もう大丈夫だといわんばかりに他の場所でかごを敷設し、ひき揚げを続けた。帰港後聞いたところによると、船長は罰金三五〇リンギット（当時、日本円で約一万四〇〇〇円）を支払ったという。

二〇〇〇年八月の調査でU氏と当時の思い出話をした。我々の乗った漁船は、スマトラ島沖約五カイリで操業していたのであった。

国境をはさむ漁業や越境による新たな漁業空間の利用に私が関心を抱き始めたのは、このインドネシア警備艇による拿捕事件がきっかけである。

国境は、多賀（一九九〇）によれば、国家という行為体を地理的に区分する境目である。たとえば国際海峡に面する漁業地域では、国家あるいは地域によって境界線が設定されており、通常は他国（地域）内への入漁が規制されている。しかし、国境（境界）自体が確定されていなかったり、国家間の漁業協定が未整備であることによって生み出される漁場利用や、国境（境界）が設定される以前から続く伝統的な入漁形態が存続している場合がある（田和　一九九六：一五九）。境界の定め方や形態は国家による一元的なものだけでなく、地域によって多様であり、国家（地域）を単位とする思考だけでは分析し難い（加藤　一九九三：一三二）。したがって国家によって決められた境界と地域ごとの境界との関係について、歴史的な経緯を含めて細かく検討し（秋道　一九九三：二二一―二三）、その中で漁場利用とは何かを把握し、資源利用を考える必要がある。

幅の狭いマラッカ海峡南部では、漁業種類によってはマレーシアとインドネシア両国間の国境線を意識しながら漁業活動を行わなければならない。国境によって入漁が規制されているにもかかわらず、越境が繰りかえされることもある。そこで本稿では、パリジャワのかご漁業を事例に、主として一九九一年から二〇〇〇年までの一〇年間の操業をとりあげ、どのような漁場利用形態が展開し、水産資源をめぐるコンフリクトがどのようにして形成されてきたのかを明らかにしたい。その際、現地調査で得た観察や聞き取り資料に加え、マレーシアの主要な英字新聞『ニュー・ストレイツ・タイムズ』紙（New Straits Times、以下、NSTと略記）に掲載されたパリジャワの漁業に関連する記事も分析の対象とする。

二　パリジャワ

パリジャワ漁村

パリジャワは、ジョホール州北西部の中心都市ムアー市の南十数キロメートルに位置する人口約一万人の町である。ムアーからバトパハへのびる二本の主要道路が交差する場所が町の中心である。華人が経営するショップハウス様式の商店街が続く。周辺は農業地帯で、アブラヤシやゴム、ココヤシ、ドリアン、ランブータンなどの果物の栽培地が広がる。主要道路沿いの農地の一部は華人が居住する新興住宅地と変化しつつある。農業地帯に

水路を開削して造られたパリジャワ漁港（1998年）

点在する集落はマレー人が居住するいわゆるカンポンである。

漁港は中心商店街から約一キロメートル西にある。パリジャワ川を開削して造られた河口港である。付近には砂泥干潟とマングローブ湿地がひろがり、その間の細い澪すじがマラッカ海峡へ続く漁船の航路となっている。

このあたりは、かつてはマレー人の小規模な家屋が散在したにすぎなかった。そこに華人が流入して漁業を開始した。その人口が増加するにともなって、現在のような漁港周辺がかたちづくられていった。漁港周辺の成立は一八六九年といわれている。ここには百余年の歴史をもつ、清水祖師[1]をまつる翠美古廟や天后宮（媽祖廟）がある。

ジョホール州西海岸の漁業地帯はムアー、バトパハ、ポンティアンの三漁業地区（*Daerah Perikanan, Fisheries District*）に区分されている。パリジャワは、ムアー川河口のムアー漁港やパリバカル、スンガイバランなど海岸沿いの水路にある多くの船溜りとともに、ムアー漁業地区に含まれる。この漁業地区を代表する漁港である。

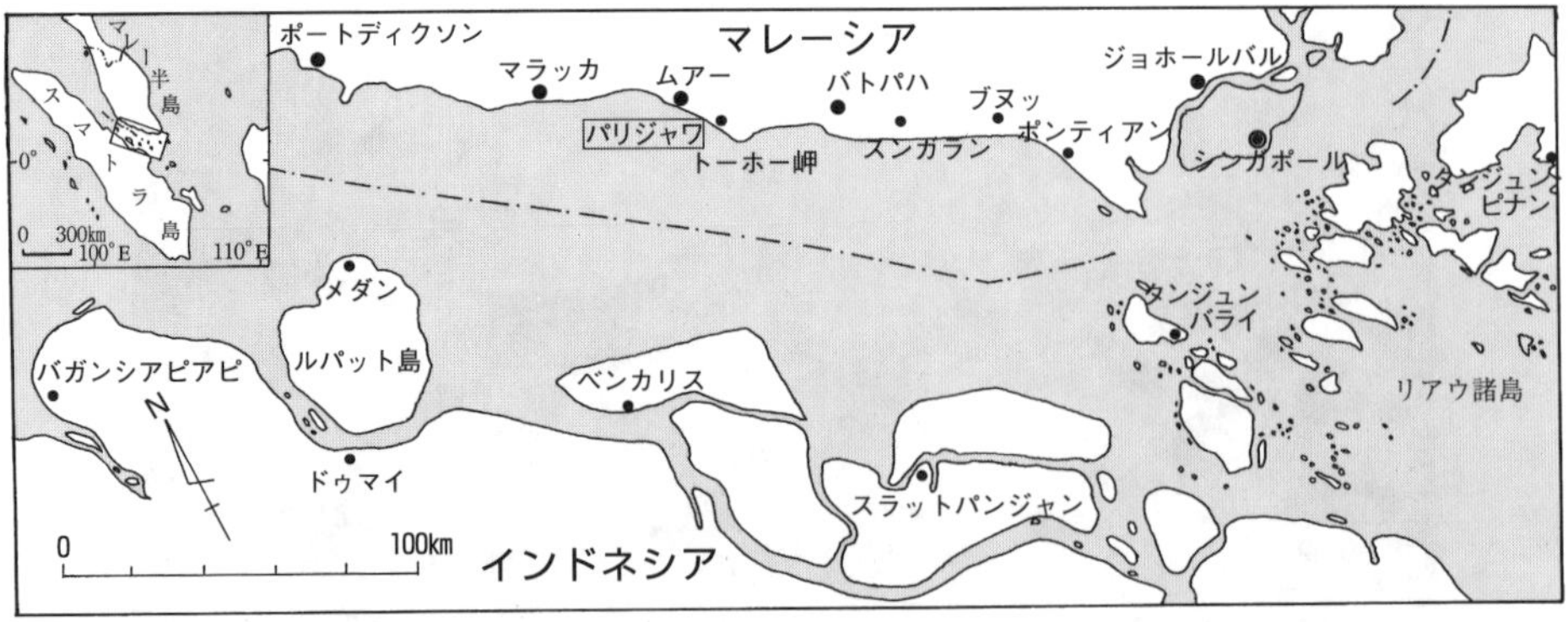

図1　マラッカ海峡南部

各地区の漁業を行政的に管理するのは農業省漁業局の漁業管理事務所である。ムアー漁業地区の管理事務所はムアー市内に設けられている。漁業統計類は、この事務所に整備されてはいるものの、漁業地区全体として公表されているにすぎず、漁港ごとの港勢はわからない。パリジャワに組織されている漁業公会[2](the Parit Jawa Fishermen's Association)も漁業の実態を十分に把握してはいない。以下では、漁業管理事務所での聞き取りに一部推定をまじえて、一九九七年のパリジャワ漁港の状況を示しておこう。

漁業者はムアー漁業地区全体で九三〇人を数える。このうちマレー人が五九二人(六三・七%)、華人が三三八人(三六・三%)である。パリジャワの漁業者数は約三〇〇人で、このうちの八〇%以上にあたる約二六〇人が華人である。とくに潮州、福建系華人が多い。主要な漁業種類は、浮刺網(流網)、かご、ケーロン(漁柵)である。これらはいずれも、マレーシアの官製統計上では伝統的な漁業種類に含まれる。漁業種類別の経営体数は、浮刺網が約一〇〇、かごが八、ケーロンが一五である。かご漁業が操業されているのはムアー漁業地区内ではパリジャワだけである。ケーロンは漁業地区内に五五統あるが、このうちの二八統をパリジャワの漁業者が所有している。船内機付漁船は一〇八隻ある。これらはすべて浮刺網およびかご漁船である。一方、船外機付漁船数は約二〇隻で、ケーロン漁、エイの流し針漁、小型刺網漁で用いられている。無動力漁船はマレー人が干潟近くで行う小型刺網漁の数隻を数える程度である。漁獲量、漁獲高はムアー漁業地区全体の六〇％をしめ、一九九七年には一一〇〇トン、金額にして六五七万リンギット（約二億円）に達した。

漁場

パリジャワが面するマラッカ海峡南部は非常に幅が狭い。たとえばマラッカの北西部と対岸のスマトラ島沿岸部にあるルパット島のメダン岬との間は、わずか二〇カイリにすぎない。マレーシア、インドネシアの両国は、一九六九年、マラッカ海峡における領海および大陸棚の境界設定に関する条約を締結しており、海峡南部の国境線は両国沿岸部の複雑な地形にも関わらず、単調な直線でほぼ中間に設定されている。両国の沿岸から中間線にいたるまでの海域はそれぞれの領海（territorial sea）にあたる。他方、シンガポールからインドネシアのリアウ諸島にかけて、境界が未設定な国際水域がわずかに残されている（図1）。

マレーシアの漁業管理は一九八一年に施行された漁業許可制度（Fisheries Licensing Policy 1981）によってゾーン制を採用している。海岸から沖合五カイリ（約八キロメートル）までのゾーンAは、小規模な漁業者が伝統的な漁具・漁法を用いて操業する区域である。さらにその沖合側五カイリから一二カイリまではゾーンBとして、主として四〇トン以下の船主操業のトロールとまき網に割り当てられている。ゾーンAに該当するパリジャワの漁場は、ムアー漁業地区内の沿岸漁場、すなわち北部はマラッカ州との州境近くから南部はバトパハ漁業地区との境界にあたるトーホー岬沖までの範囲である。なお、マレーシアでは漁船登録制を採用しており、パリジャワのかご漁船と浮刺網漁船はゾーンBまでの出漁が可能なBライセンス、ケーロンで使用される船外機付漁船にはAライセンスが与えられている。

ムアー川の河口部からパリジャワの沿岸部にかけては海底が砂泥質からなる好漁場が広がっている。南部に突出するトーホー岬の沖は特によい漁場である。マラッカ海峡を北から南へ流れる上げ潮流と逆方向に流れる下げ潮流のいずれもが岬先端部にあたり、複雑かつゆるやかな潮流をつくりだすとともに、潮流が沖側から陸側へ寄せるかたちとなり、魚群が集中し、産卵場所が形成されているからである。とはいえ、マラッカ海峡の水産資源の枯渇は著しい。沖合漁場は一九六〇年代後半からトロール漁業、まき網漁業の導入によって開発が進み、すでに最大持続生産量をはるかにしのいで乱獲の状態に陥っている（Ooi 1990; Jomo 1991）。パリジャワのゾーンAでも資源枯渇は深刻である。漁業者は、後述するように、その主たる原因が入漁が許可されていないはずのトロール漁船による違反操業にあると考えている。

かご漁業

東南アジアの各地で使用されている筌《うけ》のなかに、ハート型で出入り口が一カ所のかごがある。これは伝統的な漁具にしては珍しく、起源地ならびに主要な伝播経路が明らかな漁具である。海洋人類学者ホーネル（一九七八）も指摘するように、インド南部のゴア地方を起源地とし、ポルトガル植民地の拡大とともに大西洋を越えてマデイラ島、ブラジル北東岸へと伝えられた。マレー半島へは、一六世紀に東南アジアへ進出したポルトガル人によってインドから直接伝えられたと考えられている（Burden 1954 26–27; 1955 10）。

パリジャワのかご漁は、聞き取りによれば一九〇〇年代の前半にマラッカ方面から導入されたらしい。やはりハート型のかごであったという。当時は比較的水深の浅い海面に、幹縄にかごを一個つけて敷設した。漁場の認知には、簡易三角測量の技法を用いた。その後、幹縄に複数のかごをつけて敷設するようになり、一九七〇年代後半には材料が割り竹から金網に代わり、さらに動力によるかご巻き揚げ機や漁場を探索するためのＧＰＳ、魚

新しいかごを積み込んで出漁の準備にとりかかる漁業者（1998年）

探の導入によって、漁具・漁法は変化をとげてきた。

現在使用されているかごは、縦一〇〇―一一〇センチメートル、横一七〇―一九〇センチメートル、高さ六〇―七〇センチメートルの直方体に近い形をしている。側面一カ所に漏斗型の落とし口が設けてある。二枚の金網を使って漁業者自らで組み立てている。フレームとして、底部には角材、側面には籐が用いられたが、近年は底部が金属製のパイプ、側面が塩化ビニールパイプで作られるようになってきている。

一〇個ほどのかごを約五〇メートル間隔で一本の幹縄に取り付け、水深二〇～九〇メートルの海底に一〇日から二週間ほど敷設する。この時、かごの中に餌を入れる必要はない。かごは小魚にとって格好の生息場所になる。目合が五センチメートルと大きいので、小魚はかご周辺の内外を自由に遊泳することができる。その小魚をねらって集まった大型のフエダイ、フエフキダイ、ハタ類などが落とし口をこじ開けるようにしてかご内に入ってくるのである。揚げるときには、敷設場所の海上でまずフックをゆわえたロープを投入し、これで幹縄の一部をひっかけて船上に手繰りよせたのち、動力巻き揚げ機と人力でひき揚げる。かご漁船の乗組員数は一隻あたり三～六人である。

三　内なるコンフリクト――トロール漁船による違反操業

パリジャワの沿岸部では、トロール漁船の違反操業があとをたたない。その状況は、地元の漁業にどのような影響を及ぼしてきたのであろうか。

表1は、一九九一年から二〇〇〇年の一〇年間にNST紙に掲載された、パリジャワ沖を中心とした海域でのトロール漁船の違反操業に関連する記事（記事の総数は三六）から、違反操業があった日時と違反の場所あるいは漁船数を確認できる事例をとりだしたものである。

ここ一〇年は毎年のように違反操業がみられる。パリジャワ漁業公会は、トロール漁法が海底を平らにしてしまい、魚群の産卵場所と生息場所を奪うという理由から、ジョホール州のマラッカ海峡側におけるトロール漁の全面禁止を長年主張している。漁業者はトロールによる乱獲のために自らの漁獲量が減少しているとして、出漁に積極的でないともいわれている。

パリジャワの主要漁種とトロールとの競合関係は、表2のようになる。定置式のケーロンは直接の影響は少ない。漁船漁業である浮刺網とかごは海上で競合する関係が発生する。敷設されている浮刺網がトロール漁船によって切断される事故が起きているし、海底のかごがトロールの曳網行動によって別の場所へ移されたり、破壊されたりすることが生じている。

表 1　パリジャワ沖を中心とするムアー海域でのトロール漁船の違反操業

年　月　日	場　所	漁船数	備　考
1992.02.26	トーホー岬沖	5	漁船の登録番号をひかえようとしたパリジャワの漁船にトロール漁船2隻が激突
1992.02.28	トーホー岬沖	?	2/29：違法トロール漁船はここ2日間、ムアーの水域にはみられない
1992.05.01	バガン沖2カイリ	7	
1993.02-03	トーホー岬沖	30	最近の侵漁で数百のかごに被害
1993.04.11-17	トーホー岬沖	7	ポンティアン、ブヌッ、スンガランから入漁
1996.03.10	トーホー岬沖	8	ポンティアン、ブヌッ、スンガランから入漁
1997.02.06	ムアー沖3カイリ	2	ブヌッ、スンガランから入漁、パリジャワの漁業者の漁船に激突
1997.05.05	パリウナ沖	3	ブヌッから入漁、漁船の登録番号をひかえ、警察に届けた
1997.06.04	バガン沖3カイリ	11	
1997.06.10	バガン沖3カイリ	10	
1997.06.11	トーホー岬沖	10	バガンの漁業者が確認
1997.08.15	トーホー岬沖	8	警備の強化によって1カ月間、違反操業は途絶えていた
1997.11.20	トーホー岬沖	14	
1998.01.28	スリムナンティ沖7カイリ	?	
1998.02.21	バガン沖7カイリ	6	沿岸漁場への侵入により、漁業局の警備艇によって拘束された
1998.06.19	トーホー岬沖	12	インドネシア漁船団
2000.06.26	トーホー岬沖	6	乗組員総数は25名、3隻15名が拘束され、残り3隻はインドネシア領海へ逃亡

NST のパリジャワ関連記事（1991～2000）より作成

表 2　パリジャワの主要な漁種とトロール漁業との競合関係

	ケーロン(漁柵)	かご	浮刺網
漁具の使用域	×	○	×
海上での競合	×	○	○
漁獲対象	○	○	×

○：関係する　×：特に関係しない

海上警察や海軍、州漁業省の取締りは、強化されてきているが、いまだ不十分であり熱心とはとても思えない、というのがパリジャワの漁業者の一貫した考え方である。一九九二年頃の記事によると、海上警察や州漁業省などは、地元漁業者とともにマラッカ海峡でのパトロールを強化していることがわかる。しかし、違反トロール漁船は、絶えず新しい戦略を工夫し、地元漁業者を混乱させてきた。たとえば、船の脇部分に大きく表記されている漁船の登録番号を識別されることを避けるために、その箇所に布を張ったり、板を打ち付けたりしている（NST 13 March 1992）。また、地元の漁業者による監視に対して、トロール漁船側は「見張り番」を置き、逆にこれらの漁業者を漁場から追い立て、場合によっては地元漁業者が敷設した漁網を切断してしまうこともある。一九九二年二月二六日には、違反トロール漁船二隻が、登録番号を控えようとしたパリジャワの漁業者の漁船に自船を故意に激突させるという事件がおきた。パリジャワの漁業者によれば、「当局は、我々に、違法なトロール漁船の登録番号を控えるように求めているが、それは命がけ」（NST 29 February 1992）であり、「トロール漁船は装備がよく、エンジンの馬力も強いので、近づきたくはない」（NST 23 April 1993）のである。

一九九二年六月には、パリジャワ漁業公会は、違反操業を解決する道をさぐるために、農業大臣と対話を進めたいと考えていた。ムアー漁業地区の沿岸海域に侵入するトロール漁船は、ジョホール州南部のポンティアン、ブヌッ、スンガランから来ているといわれている。これらの侵漁を阻止するための方策として、漁業公会は以下の三点を考えた。すなわち、①トロール漁船にムアー漁業地区の海域を理解させるために、パリジャワからおよそ四八キロメートル離れたバトパハのスンガランに境界を定める浮標を設置する、②侵漁の物的証拠を関係当局に提出する目的で違法漁船の写真を写す、③取締官との綿密な連絡を可能にするために、パリジャワの漁業者にトランシーバーを提供する、の三点であった（NST 16 May 1992）。

一九九三年三月には、違反操業に対する罰則が強化された。漁業局は、漁船と漁具のライセンスなしに操業する者に対して、最高一〇万リンギットの罰金、二年以上の懲役、漁船・漁具の没収を定めた。この背景には、関係当局によって強化されたパトロールが半年くらい前から緩和され、その結果、再びムアー漁業地区の海域にトロールの違反操業がふえはじめたことがあった。

トロール漁船と関係当局の取締りとは、ある面においては「いたちごっこ」の様相を呈している。トロール漁船は、警備艇にみつかることのないように、各漁村の近くまで入ってくる。そして、通常午前六時から漁を開始する。この時刻は警備艇がバトパハにある基地へ報告のために戻った後である。トロール漁船は警備艇が再び任務につく午前八時には漁を終え、その漁場から離れる。トロール漁船は「地元の沿岸漁業者から魚を盗むために」作戦を絶えず変更しているのである（NST 14 March 1996）。

マラッカ海峡は、一九九七年にはスマトラ島南部およびカリマンタン島の森林火災によるヘイズ（煙害）をこうむった。この時期、トロール漁船がトーホー岬でヘイズを逆手にとって違法な操業を続けていたことが報告されている。各漁船は性能のよい航行システムを搭載しているので、視界の悪い海上でも操業が可能であったという。なかには、中間線を越え、インドネシア領海にまで侵入した漁船も多かったと推定される。

一九九七年一一月には、バトパハ漁業地区のバガン、パリシミン、スムラー、ムアー漁業地区のスンガイバラン、パリジャワの漁業者がパリジャワ漁業公会の企画によって集会を催し、ひき続くトロールの違反操業と関係当局のパトロールの無力さに抗議する行動を展開した（NST 21 November 1997, NST 22 November 1997）。また、彼らの伝統的な漁場を侵入者から守るために、ムアー・バトパハ漁業者実行委員会（the Muar-Batu Pahat Fishermen's Action Committee）を立ち上げた。約三〇隻の違反トロール漁船が、一〇〇〇人以上の地元漁業者にとっての「稼ぎの場」を侵害することは許せないというのである（NST 9 April 1999）。

沿岸漁場で資源を求めてひき起こされるトロールの違反操業とこれによる資源枯渇に対して、漁場ならびに漁獲対象が競合するかご漁業は、どのように対応してきたであろうか。次に、一九九一年から二〇〇〇年までのかご漁業にみる漁場利用の変化をあとづけながら、この問題について考えたい。

四　内なるコンフリクトから外なるコンフリクトへ——かご漁業の変化

資源枯渇への対応

私がパリジャワで調査を開始した一九九一年、沿岸のかご漁場では資源の枯渇がすでに顕在化していた。漁業者は、漁獲量減少の原因として違法に入漁するトロール漁船の操業を第一にあげた。前述したように、漁獲対象が競合するだけでなく、トロール漁船が目合の細かい漁網で幼魚までも捕獲し、産卵場所を破壊し、資源の再生産システムを傷つけてきたというのである。しかも海底を袋状の漁網でひっぱりまわす漁法の性格上、トロール漁船はすでに敷設してあるカゴをその場所から移動したり、破壊することもあった。

沿岸漁場の荒廃に対応する措置として、一部のかご漁船のなかには、水深が深い未利用の沖合漁場へ入漁するものがあった。豊度の大きい漁場へと利用域を変更して、既存の沿岸漁場の荒廃に対応したのである。水深の浅い沿岸部の漁場利用とは異なるこの操業を支えたものは、漁業者がコンピューターとよんで崇めるGPSと魚探であった。漁業者はかつては陸域に見える丘や山の形状を後方の目標物とし、海岸部の近くにあるさまざまな構築物や高木を前方の目標物として、これらを利用した簡易三角測量技術を用いてかごの敷設場所を認知していた。この技術を華人は看山景《カンサンチン》、(3)マレー人はコンパスを意味するペドマンとよんだ。簡易三角測量技術は一九八〇年代の後半に導入されたGPSによってほとんど不要になった。しかも魚探の使用によって水深および海底の起伏の

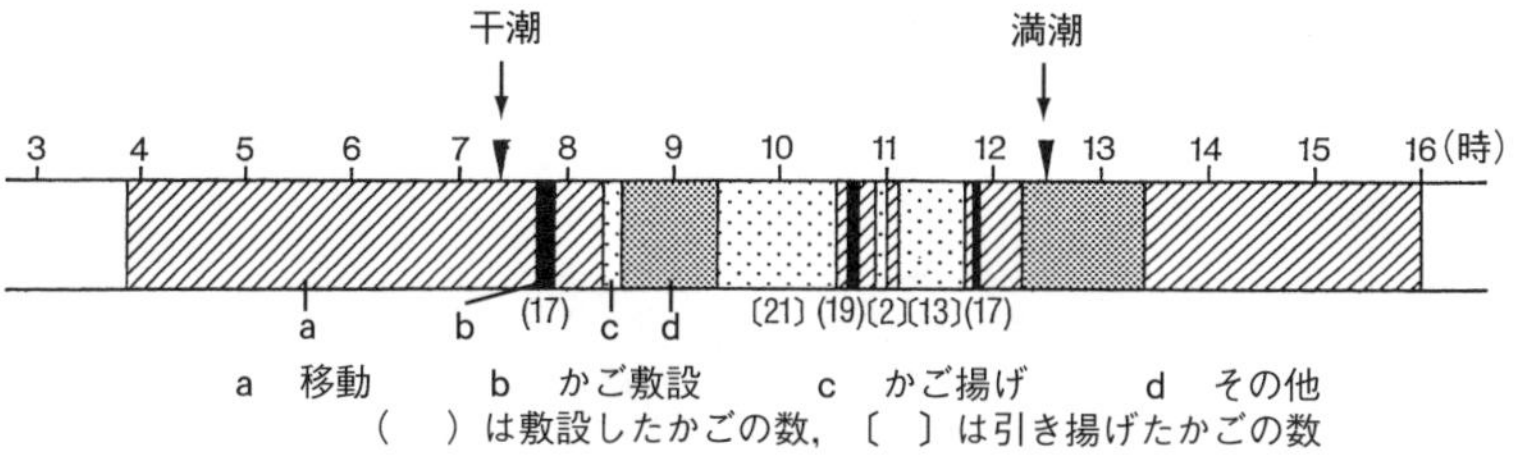

図2　かご漁業活動（1991年8月1日）

状態を容易に読み取ることができるようになり、漁業者が好漁場と考える、周囲よりも深くなった場所を容易に見出し、かごを敷設できるようになったのである。しかし、幅の狭いマラッカ海峡における沖合出漁は、他方においてインドネシア領海を侵犯するという国際的な問題をはらむことになった（田和　一九九六）。そこはマレーシア領海より豊度が高く、多くの漁獲が期待でき、しかもインドネシア漁業者の入漁があまりみられない、彼らにとっては好都合な場所であった。

一九九一年当時のかご漁業の実態を、漁業活動を通じて分析してみよう。

図2は、冒頭に記したかご漁船の海上での漁業活動を示したものである。この漁船は新しいかご一七個を船上に積み込んで出漁した。出漁域はインドネシア領海であった。まず、積んできた新しいかごを新規の漁場へ投入した。その後、別の漁場において敷設してあった二一かごをあげ、次にこのうちの一九かごを新たに投入、さらに別の漁場で一五かごをあげた。漁船を移動させた後、船上に残しておいた二かごを加えた一七かごを次の漁場で投入した。その後、一二時一五分から一三時二五分までの七〇分間、かごを探している。しかし、結局かごを探すことはできなかった。この理由として、トロール漁船がかごをひっかけ、敷設してあった場所から移動させてしまったことが、乗組員によって説明された（田和　一九九二）。インドネシア領海においてもマレーシア側から進出したかご漁とトロール漁との競合関係が発生していたと考えられるのである。

八時三〇分から九時三〇分にかけてインドネシア警備艇による取調べを受けている。

沖合でのかご揚げ作業（1998年）

漁業者は、それまでにも越境する行為を繰りかえしていた。それは、拿捕された時には罰金の支払いで釈放されることが日常化していたため、出漁に際して現金を携えていくという行為からも明らかである。当時、マレーシアでは魚価が高騰していた。したがって、沖合でインドネシア官憲の取り調べに会い、たとえ罰金を支払ったとしても、帰港して漁獲物を販売すれば十分に採算があった。パリジャワの全てのかご漁船がインドネシア領海へ出漁していたこともあったという。

漁業者たちは、警備艇に拿捕されないために操業に工夫をこらした。それは、幹縄につなぐかご数を少なくしたことであった。華人漁業者は一本の幹縄を一串と表現する。図2からも明らかなように、このかご漁船は、一串に一五～二一かごを敷設していた。その後、一串を九かご前後に減らしたという。一串のかごが多いほど幹縄の長さが長くなり、その分、縄をフックでひっかけるには有利である。しかし漁業者たちは、すでにGPSを所有し、高い精度で敷設場所を認識することができるようになっていた。そこで、ひき揚げるかごの数を少なくし、一漁場での操業時間を短縮することによって、警備の目をかいくぐろうと考えたのである。

この間、かご漁船主の中には、一九九三年から一九九五年にかけての一年半、インドネシア側の漁業者と共同操業の許可を得て、スマトラ島北部のインド洋側沿岸部にかご漁を導入したものがあった。正式な許可に基づく新規の漁場開拓である。北スマトラ州のシボルガに根拠地を置き、地元の四隻の漁船を使い、漁業技術を指導しながら操業した。操業域は、北はアチェ州南部のシンキルバルー沖から南は西スマトラ州のパダン沖までの四〇〇キロメートル以上にわたる沿岸部であった。しかし、周辺海域の潮がわりがよくないために魚の入れ替わりが少なく、資源はすぐに枯渇したという。一年半で撤退したのはそれが原因であった。一九九四年、漁業許可を得て、正規にインドネシア海域で操業した別のかご漁業者もいた。彼の場合には、二年目に法外なライセンス料を要求されたことから採算があわないと判断し、一年間で撤退している（田和　二〇〇〇）。

一九九七年一〇月、マラッカ海峡でヘイズによる被害が大きくなった頃、インドネシア当局は自国領海に侵入するマレーシアの漁業者に対して、警備を強化した。視界の悪さから誤ってインドネシア領海に侵入したものも含めて、パリジャワの漁業者が拿捕される事件が新聞紙上で報道されるようになったのはこの頃である。一九九七年一〇月のNST紙は、この海域で操業していた九隻のかご漁船が不必要な危険を望まず、安全性を考えて出漁を見合わせたと伝えている。漁業者はインドネシア官憲に捕まるよりも、漁船や漁具を修理していたほうがましであると考えたのである（NST 27 October 1997）。聞き取りによれば、インドネシアの警備艇がマレーシア領海内に入り、マレーシアの漁業者を拿捕していたこともあったという。漁業者は、インドネシア当局による「いやがらせ」によって出漁に不安をいだいていることから、マレーシア政府に対して、警備艇による拿捕を軽減するようにインドネシア政府と話し合ってほしいと訴えた（NST 27 October 1997）。この頃から治安の悪さを理由に、かご漁船はインドネシア領海へ出漁することをやめ、従来のマレーシア側海域での操業に戻っている。

表3　かご漁業活動（1998年5月13日）

識別番号	漁場の緯度	漁場の経度	水深（m）	開始時刻	終了時刻	活動時間(分)	かご数	漁獲尾数
かご揚げ①	1°54′23″N	102°30′91″E	22	10：11	10：30	19	8	10
かご敷設①	1°54′06″N	102°30′74″E	24	10：37	10：40	3	8	
かご揚げ②	1°54′21″N	102°30′89″E	21	10：44	11：26	42	6	8
かご敷設②	1°54′03″N	102°31′07″E	26	11：32	11：35	3	6	
かご揚げ③	1°53′52″N	102°30′76″E	24	11：41	12：07	26	9	5
かご敷設③	1°53′93″N	102°30′89″E	26	12：12	12：15	3	9	
かご揚げ④	1°49′08″N	102°33′01″E	26	12：50	13：00	10	0	0
かご揚げ⑤	1°48′84″N	102°32′67″E	26	13：07	13：35	28	9	48
かご敷設④	1°48′92″N	102°32′80″E	25	13：40	13：42	2	9	
かご揚げ⑥	1°49′01″N	102°33′03″E	24	13：45	14：07	22	0	0
かご揚げ⑦	1°48′98″N	102°33′25″E	25	14：11	14：52	41	10	10
かご敷設⑤	1°49′14″N	102°33′22″E	22	14：55	14：57	2	10	

緯度、経度は方向探知機から、水深は魚群探知機からのデータに基づいている

ふたたび沿岸域での操業

マレーシア領海沿岸部にもどったかご漁船はどのようにして操業を続けているのであろうか。乗船調査による観察例を中心に、そのことについてあらためて考えてみたい。

調査を行ったのはY氏兄弟が所有する一〇トン未満の漁船においてである。一九九一年にも乗船調査をしたことがある。当時は、浮刺網とかごを併営していた。浮刺網を投網した後、魚群の罹網を待ち揚網するまでの時間帯を、すでに敷設しておいたかご揚げにあてていた。GPSを搭載していなかったために、簡易三角測量によって敷設場所を確認する必要もあった。

一九九八年の調査結果から、かご揚げおよびかご投入の場所、時刻などを示したものが表3である。緯度、経度と水深はGPSと魚探の数値をもとにした。漁場域は、パリジャワ沖合の緯度、北緯一度四八分八四（かご揚げ⑤）から一度五四分二三（かご揚げ①）まで、経度、東経一〇二度三〇分七四（かご敷設①）から一〇二度三三分二五（かご揚げ⑦）までの範囲であった。北西から南東へ向かってかご揚げ、敷設をくり返した。すなわちパリジャワの沖合約一五、一六キロメートルをほぼ沿岸部に沿って操業したのである。水深はおよそ二〇メートルから二六メートルであ

った。ひき揚げたかごは敷設してから二～三週間おいたものである。すべての敷設日について正確な資料は入手できなかったが、かご揚げ⑤でひき揚げたかごは、陰暦（農暦）三月二六日に敷設したものであった。乗船調査をした五月一三日は陰暦の四月一八日にあたる。したがってこれらのかごは二〇日間以上敷設されていたことになる。

ひき揚げたかご数は合計四二（七漁場）、敷設数は、ひき揚げたものをすべて再投入しているので、同じく四二（五漁場）であった。一串のかご数は六～一〇であった。一串につけるかご数が少ないのは、沿岸に多くのかごが敷設されており、他人の敷設したかごの幹縄と自分のものとが重なってしまうことを回避するためという。

一隻が一日にひき揚げるかごの敷設場所は五～七ヵ所である。一ヵ月の操業日数はかごのひき揚げに支障をきたさない小潮時分を中心とした半月間(4)であるから、各漁船がかごを敷設している場所数は五〇～七〇ヵ所となる。したがって、八隻のかご漁船によるかご敷設場所の総数は四〇〇～六〇〇ヵ所にのぼると推定される。

Y氏の漁船のかご揚げ活動は、順調にはすすまなかった。かご揚げ②の活動時、一〇時四九分に幹縄がフックにうまくひっかかり、すぐさまかご揚げが開始された。一〇時五二分には一かごが揚がってきた。しかし、それはY氏の漁船が敷設したものではないことが、かごの形状と付着した海草の量から判断された。すなわち、前述したように漁場に複数の幹縄が重なっていたのである。このようなことは頻繁に起こるらしい。漁場自体の狭溢化とともに、漁業者がねらう敷設場所が限定されていることが漁業活動を通じて明らかとなった。かごは、中に入っていた魚を取り出したあとすぐに海中へ戻された。

かご揚げ④では、一二時五〇分に漁場に到着し、幹縄をひっかけるためにフックを投入した。しかし一〇分間フックを引いても幹縄をひっかけることができなかった。かご揚げ⑥においても同様の行動が見られた。二漁場とも結果的にかごを揚げることができなかった。トロール漁船がかごをひっかけて別の場所に移動させてしまったか、幹縄を切断してしまったかのいずれかと考えられた。マレーシア領海でもトロール漁船の違反操業が依然として続き、かご漁業にも影響をおよぼしていたのである。

一九九八年六月には一二隻のインドネシアのトロール漁船団がマレーシア領海で違反操業していたことが報道されている。この年からインドネシア漁船によるマレーシア領海での違法な操業が始まったという。その理由は明らかではないが、かご漁業者は数カ月の間に六〇〇以上のかごを破壊され、金額にして約九万リンギットの被害を受けた[5]。六月二〇日には四人のかご漁業者が二三六かご（被害額三万五四〇〇リンギット）を破壊されたとの被害届を提出している（NST 20 June 1998）。

五　内と外とのコンフリクト——海賊行為と漁業者

ここまで、マレーシア領海内でおこるマレーシアの漁業者同士の漁場紛争を「内なるコンフリクト」、そしてマレーシアの漁業者がインドネシア領海に出漁することによって発生した漁業問題を「外なるコンフリクト」として基本的にとらえ、かご漁の漁場利用を分析してきた。本節では漁場をめぐる最近の新たな問題を指摘したい。それは、「内なる／外なるコンフリクト」という概念ではとらえにくい、ねじれた現象ということができる。

パリジャワの漁業者は、海賊行為におびえている。その行為は物品の略奪さらには誘拐にまで及んでいる。一九九八年五月までの過去二年間に、五〇人の漁業者が漁網三〇〇〇セット（一セットは網丈約一二〇センチメートル）とエンジンを奪われ、被害総額は四〇万リンギットにのぼっている（NST 4 June 1998）。二〇〇〇年六月までの過去三年間においても、少なくとも五〇人の漁業者が漁船、エンジン、漁網、漁具などの窃盗被害にあって

表4　海賊行為による漁業者の被害

年　月　日	場　　所	被害者数	備　　考
1998.04.18	パリジャワ沖10カイリ	6	銃で脅されて誘拐、ベンカリス近くへ連行、RM 6,000/人で解放
1998.05.23		2	RM 2,000/人で解放
1998.05.25	パリジャワ沖10カイリ	2	RM 4,000を支払い解放
1998.05.27	パリブラット沖10カイリ	3	漁船を捕まえ、銃で脅す。漁業者は身代金要求に応じず、逃走
1998.05.30	パリブラット沖10カイリ	3	4人組に襲われ、ベンカリス近くへ連行、RM 14,000を支払い、翌日解放
2000.06.19	パリバキ沖10カイリ	2	4人組、漁網を強奪し、漁業者を海中へ放り投げたあとインドネシア側水域へ逃走
2000.09.18	スンガイプライ沖2カイリ	2	5人組、ピストルとナイフで武装。漁船ほかを盗まれる。犯人はインドネシア語アクセント

NST のパリジャワ関連記事（1991～2000）より作成

いる。一方、誘拐は身代金目的である。海上で漁船ごと強奪され、スマトラ島沖の小島に連行される。そこで船長が拘束され、残りの船員は、漁船とともにパリジャワに戻される。船員は身代金を用意して再びインドネシア領海まで行く。海上で船長と身代金との受け渡しが行われるのである。

表4はパリジャワの漁業者がこうむった海賊行為にかかわる新聞記事である。海賊事件が記事として扱われるようになったのは一九九八年以降である。一九九八年四月から五月にかけて一一人が武装した海賊に襲われ誘拐され、結果として合計五万四〇〇〇リンギットの身代金が支払われた。四月一八日に誘拐された六名は、パリジャワ沖一〇カイリの海上で、銃で脅されている。彼らはスマトラ島沖のベンカリスに近い小島バンタントゥンガーへ連行され、身代金の支払いを強いられた。一人につき六〇〇〇リンギットの支払いに応じている。五月三〇日には三人の漁業者が、ムアーのパリブラット沖一〇カイリのマレーシア領海内で、武装した海賊に捕えられ、バンタントゥンガー沖三カイリに連行された。彼らは茹《ゆ》でバナナ、コーヒー、タバコなどを与えられたという。海賊は最初二万リンギットを要求したが、結局一万四〇〇〇リンギットで同意した。解放され

てパリジャワに戻った二人は、準備した一万四〇〇〇リンギットを携えて再び出港し、パリジャワ沖二七カイリの海上で海賊のリーダーに身代金を手渡した（NST 29 May 1998）。

漁業者によれば、海賊による被害はもっと多いという。犠牲者は海賊からの報復を恐れて事件を速やかに報告しないのである。漁業者は、沿岸から一〇カイリ内で事件に遭遇している。彼らは、中間線を越えてインドネシア領海へは決して入漁していないと主張する。パリジャワ漁業公会は一九九八年五月に、海賊行為をなくすために二〇〇人の漁業者による自警団を立ち上げた。漁業者は集団で、しかもできるだけ沿岸域で操業するという自衛手段を講じている。またマレーシア政府は、一九九八年六月には漁業者からの要請に応じて、領海に侵入する外国船を阻止するために、マラッカ海峡のパトロールを強化することを関係諸機関に命じた。海上警察は、海だけでなく空からの取締りも強化している（NST 4 June 1998）。

マラッカ海峡沿岸部に暮らす人々の間には経済的な格差が厳然として存在する。持たざる者が、持てる者から金品を奪い取る行為が漁業の背後にたち現れている。本来の漁業とはほど遠い、ゆがんだ構造が出現してきているのである。

六　まとめ

マラッカ海峡南部に展開する最近一〇年間のかご漁業を振り返ってみた時、漁業者が、資源の枯渇に対してさまざまな対応をしてきたことがわかる。マレーシアにおける漁場のゾーニングは、沿岸漁業者の権利を守り、資源を管理する制度である。しかし、本来、伝統的な漁法による利用だけに制限されていた沿岸漁場ゾーンには、ジョホール州南部からトロール漁船の侵漁が横行した。トロール漁船も資源枯渇の影響をうけているとはいえ、漁業制度をまったく遵守していない。すなわち国家による資源管理体制自体が破綻しているのである。パリジャワの漁業者はトロールの侵漁に対して、沿岸漁場を守るために様々な対応策を検討してきた。コミュニティーやローカルな地域を基礎単位とした資源管理の運動はその実例である。しかし、それらは漁業権域の排他的利用の主張に終始せざるをえず、自らの資源を自らが持続的に利用してゆく資源管理論とはほど遠い。

他方において、漁業者のなかには、豊度が高い、あるいは未利用資源が残されている沖合漁場へと進出した者がいた。漁場を変更することによって資源を確保し、漁業を持続させる方策である。しかしマラッカ海峡の漁場は狭隘である。沖合出漁は越境という行為につながる。結果的にパリジャワの漁業者も、自らの沿岸漁場を排他的に利用する主張とは矛盾する侵漁行為を行っていたのである。

パリジャワの中心をなす華人漁業者たちは、漁業資源の管理についてどのような考えを抱いているのであろうか。二〇〇〇年八月の調査で「将来、この仕事を子供に継がせるのか」と尋ねた私に対して返答した浮刺網の船主の言葉は象徴的であった。「子供には教育をつけさせ、良い仕事につかせたい。資源が少なくなって、漁業の将来もよくない。あとはマレー人たちがやればいい」。資源を持続的に利用するという認識は薄く、彼にとって漁業はいわばビジネスチャンスのひとつに過ぎないのである。エスニシティーに関係するマレーシアの漁業の実態も読み取ることができる。すなわち、商業的漁業を掌握している経済的に強い立場にある華人と、小規模漁業者か漁業労働者の位置にあるマレー人という、マレー半島西海岸に顕著な漁業構造である。

国境を越えてマラッカ海峡に暮らす人々全体が、少なくなりつつある漁業資源を共有しなければならない。パリジャワ漁業公会の役員は、「我々は技術と専門性を有している。他方、インドネシアの漁業者は豊かな資源を有している」、「我々は漁業を開発するために協力してゆくことによって、利益を享受することができる」と発言している（NST 27 October 1997）。パリジャワの漁業者の中には、一九九六年からスマトラ島沿岸で鮮魚を集荷し輸入している者や、漁具材料をスマトラ島で調達している者もいる。ここでもインドネシアはマレーシアの漁業者にとって、よいビジネスチャンスを提供する存在であるにすぎない。この構造をかえ、マレーシア・インドネシア両国の住民による主体的な資源管理、流通機構の整備などを考えてゆくことが、海賊行為もなくしてゆく近道であると思うが、その道すら険しいといわねばならない。

（注）

（1）清水祖師は、清水岩祖師、烏面祖師、落鼻祖などとも呼ばれる漢民族の民間信仰神である。一説には宋代の人であるともいう。かつて台湾で流行した（中国風俗辞典編輯委員会編、一九九〇：七七二）。

（2）漁業公会の正式な設立時期は一九六八年である。

（3）GPSの普及は、当時すでに発生していたヘイズ（煙害）とも関係していた。漁業者は、沖合に出漁したとき、たとえ沿岸近くであっても「山が見えなくなった」のである。そこで漁業局がこの機器を紹介した。導入時には、かご漁船の船主が、当時すでにこれを使用していた東海岸トレンガヌ州へ視察に出かけている。現在ではすべてのかご漁船がGPSを装備している。

（4）華人の漁業者が日常的に使用する陰暦（農暦）で小潮（小流）にあたるのは、初五日から一二日までと二〇日から二七日までである。

（5）聞き取りによれば、一カ月間に約三〇〇かごをトロール漁船にひっかけられて失った漁業者もいた。

（引用文献）

秋道智彌　一九九三「インドネシア東部における入漁問題に関する若干の考察」『龍谷大学経済学論集』三五（四）、二一一－四〇頁。

加藤剛　一九九三「民族誌と地域研究—「他者」へのまなざし」矢野暢編『講座現代の地域研究一　地域研究の手法』九七—一三七頁、弘文堂。

多賀秀敏　一九九〇「主権国家体系の構造変動」『季刊　窓』五、三九—五〇頁。

田和正孝　一九九二「マレー半島西海岸の商業的漁業地区における漁場利用形態—ジョホール州パリジャワの事例」『人文地理』四四（四）六九—八五頁。

——　一九九六「国際海峡の漁業景観—小規模漁民による水産資源利用の諸相」杉谷滋編『アジアの近代化と国家形成』一五九—一七三頁、御茶の水書房。

——　二〇〇〇「変わる海ロ—半島マレーシア、ジョホール州パリジャワ漁村の変貌」『人文論究』四九（二）、八七—一〇四頁。

中国風俗辞典編輯委員会編　一九九〇『中国風俗辞典』、上海：上海辞典出版社。

ホーネル、J　一九七八「漁撈文化人類学の基本的文献資料—J・ホーネル：漁撈文化人類学」藪内芳彦訳、藪内編著『漁撈文化人類学の基本的文献資料とその補説的研究』一—三一一頁、風間書房。

Burden, T. W.　1954　The fishing methods of Singapore. *Journal of the Malayan branch royal Asiatic society* 27（2）6-76.

——　1955　*The fishing industry of Singapore*. Singapore : Donald Moore.

Jomo, K. S.　1991　*Fishing for trouble : Malaysian fisheries, sustainable development and inequality*. Kuala Lumpur : Institute for Advanced Studies University of Malaya.

Ooi, J. B.　1990　*Development problems of an open-access resource : The fisheries of Peninsular Malaysia*. Singapore : Institute of Southeast Asian Studies.

ダイナマイト漁民社会の行方
――南シナ海サンゴ礁からの報告――

赤嶺　淳

一　はじめに

黄金の島。

この島の存在を知ったのは、一九九〇年代初頭のことであった。隣国マレーシアとの貿易や南シナ海における商業漁業によって、経済的な繁栄を謳歌しているのだという。

マネーアイランド（Money Island）ともよばれるこの島は、正式な名称をマンシ島という。周囲およそ三キロメートルにすぎない隆起サンゴ礁島である。

「パラワン島南端から船がでているらしい」というあやふやな情報を頼りに、パラワン州の州都であるプエルトプリンセサへ飛んだ。一九九七年七月のことだ。プエルトプリンセサのバスターミナルで、同島南端のリオトゥバ港から船がでていることを確かめた。

プエルトプリンセサ―リオトゥバ間の距離は、わずか二五〇キロメートルである。最初の二〇〇キロメートルの旅は快適だった。遠く山々の中腹に焼畑を望む一方で、道路の脇まで拓かれたばかりの水田がせまっていた。

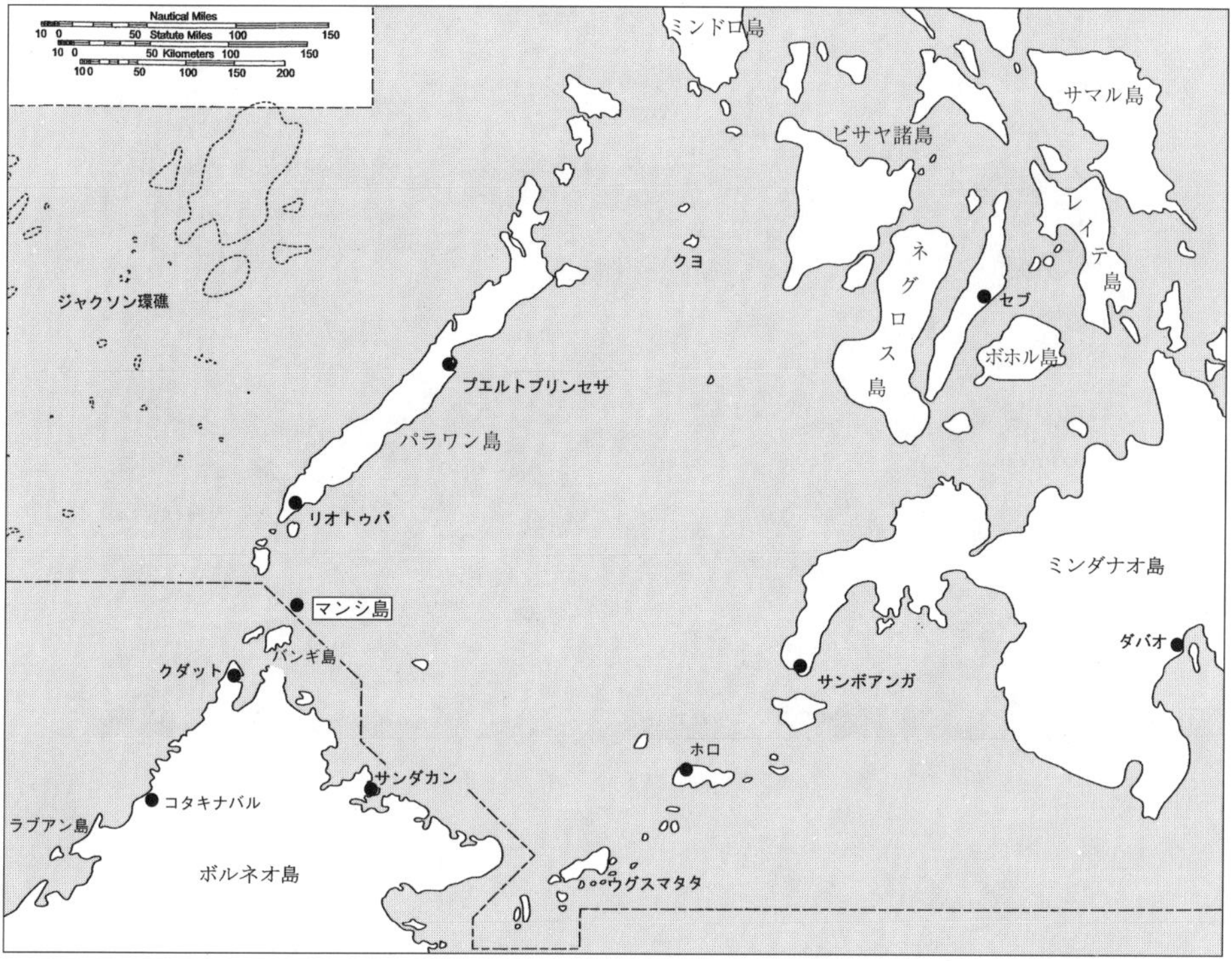

しかし、残り五〇キロの道のりはひどかった。舗装されていないだけではなく、直前に降った雨で、橋は流され、道は分断されていた。濁流のなかで立ち往生することもしばしばであった。プエルトプリンセサを朝五時に出発したにもかかわらず、リオトゥバに着いた頃には、すでに薄暗くなっていた。

目標とするマンシ島は、リオトゥバの南方およそ一二〇キロメートルに位置し、マレーシアとの国境まで二キロも離れていない。一九九五年の国勢調査におけるマンシ島の人口は、およそ六〇〇〇人である。その九五パーセントをイスラム教徒のサマ人が占めている。マンシ島における非サマ系住民のほとんどは、フィリピン中部ビサヤ諸島出身のキリスト教徒である。島の臨海部全域に杭上家屋が散在し、島の中央部には公立の小学校と中学校が一校ずつ存在し

マンシ島は、物質的に豊かである。

ている。島には上水道はないが、島のどこでも湧水が利用できる。自家発電機による電気で、マレーシアのテレビ番組、フィリピン映画、香港映画などのビデオをみることもできる。近年では、VCDやDVDも普及した。

マンシ島は、その小ささ、アプローチの困難さに不釣合いなほどに物質的に豊かである。このちぐはぐさは、いったい何に起因しているのか。以来、わたしは、マンシ島の経済活動とその形成史に関心をいだき、今日にいたっている。[1]

この繁栄のおおくは、南シナ海におけるダイナマイト漁とナマコ潜水漁、マレーシアとの国境を跨いで行われる「跨境《こきょう》貿易」におっている。[2] マンシ島でみられるダイナマイト漁とナマコ潜水漁の特徴は、漁獲物、漁法、漁場の視点から、次の三点に要約できる。

第一に、漁獲物は自家消費用ではなく、商業目的で捕獲されることである。ダイナマイト漁はタカサゴ（*Caesio* spp.）を漁獲対象とし、漁獲物のほとんどすべては塩干魚に加工され、ミンダナオ島で消費される。

他方、ナマコは乾燥させたのち、プエルトプリンセサ、マニラを経て海外へ輸出される（赤嶺　一九九九）。

第二の特徴は、資源利用の「収奪性」である。タカサゴは爆薬をもちいて漁獲するため、サンゴ礁の破壊を前提としている。とうぜんながら、ダイナマイト漁は、タカサゴのみならずそのほかの魚類の生態基盤をも破壊する。他方、遊泳能力をもたないナマコは、素手で拾いあげるだけでよい。したがって人びとが潜水器をもちいるようになると、それだけ乱獲がすすむ危険性がある。マンシ島では一九九〇年代初頭より潜水器が普及した結果、浅い海底のナマコ資源はほぼ獲り尽くされており、一九九八年の潜水深度は五〇メートルに達していた。そのため減圧症にかかるものも少なくなく、死亡例もみうけられるほどに、資源の減少は深刻であった（赤嶺　二〇〇〇a、二〇〇〇b）。

三点目は、だれもが自由に資源を利用できるオープンアクセス制にある。ふたつの漁業が行われる南沙諸島海域は、総面積一八万平方キロメートルにおよび、豊富な漁業資源にめぐまれている。しかも、領有権がいまだ確定していないため、フィリピン人のみならず中国やベトナムなど近隣諸国の漁民たちも操業している。近年では、乱獲や環境負荷のおおきな漁法（destructive-fishing）のため、漁業資源の枯渇が危惧されている（Aliño *et al.* 1998）。

オープンアクセスのもとでは、いっぱんに乱獲に陥りやすい。なかでも一九六八年にハーディンが「コモンズの悲劇」とよんだシナリオが有名である（Hardin 1968）。ハーディンは、オープンアクセス制の問題点を整理したうえで、資源の枯渇を未然に防ぐには、公的機関による管理が必要であると主張する。ここで問題となるのは、管理する対象は、資源（自然・環境）なのか、それとも資源の利用者なのか、ということである。たしかに、「生物多様性を尊重しよう、自然環境を保全しよう、人類全体の利益を護ろう」などといった主張はもっともなことである。しかし、マンシ島民たちが、みずからの「生活」や「社会」の維持に関心を示すのも、同様にもっともなこととといえる。資源をいかに管理するのか、住民をいかに教育するのか、といった議論は、地域住民の生活観や環境観を明らかにしたうえで、地域社会の未来像を描いた後の作業であるはずだ(3)。

資源管理論における視点転換を喚起するための端緒として、本論では、開拓から三〇年近くたったマンシ島の歴史を、資源利用という観点からふりかえる。そして、一九九八年から二〇〇〇年の二年間におきた資源利用の変化についてふれ、その意味を「フロンティア」としての東南アジア海域世界論とからめて考察したい。

二　マンシ島

マンシ社会は、一九七〇年代初頭にスル諸島西部(タウィタウィ州東部)のウグスマタタ村のサマ人によって建設された「新しい社会」である。とはいえ、当時のマンシ島が、まったくの無人島であったわけではない。国境までわずか一海里(およそ一・八五キロメートル)という戦略的な立地条件の故、フィリピン国軍が駐屯していたのである(4)。国軍施設以外には、ココヤシが植えられているだけであった。これらのココヤシ林は、マレーシアのバンギ島民によって、第二次世界大戦以前から開拓が行われ、戦争中の一時中断を経て、戦後まもなく島のほとんど全域に植付けが完成したと聞く。

ウグスマタタ人の移住前史

ウグスマタタ村のサマ人たちは、一九五〇年代よりインドネシアのスラウェシ島やマレーシアのラブアン島へおもむいて、交易や漁業を行っていた。スラウェシへはコプラを買付けに行くことが多かった。また、スラウェシではワニ皮採取を目的に、夜間にワニ漁を行うこともあった。自由貿易港のラブアンでは、生活日用品だけでなく外国産タバコや香水など奢侈品も買付けた。商業目的の航海といえども、航海途中でよい漁場にさしかかると、魚を獲り、干魚に加工し、それもまた商品とした。マンシ島は、ラブアン航路における悪天候時の避難場所として、あるいは漁業基地として、サマ人たちに利用されてきた。

ところが、一九六〇年代中頃以降、マンシ島の近海でダイナマイト漁を行い、マンシ島で干魚に加工し、サンボアンガに移出し、ウグスマタタ村へ戻ってくるといった「三角漁業」が生じるようになった。この航海は、十数名が、二〜三週間にわたって行うものであった。当時は七馬力のエンジンが多かった。そのための燃油はマレーシアのクダットで調達した。なかにはクダットから仕入れた日用品をサンボアンガへ「密」輸出するものもいた。

三角漁業が軌道にのってくると、マンシ島へ移住するサマ人がでてきた。一九七〇年代初頭、ウグスマタタ村から六世帯が移住したのが、その最初である。ウグスマタタ村近海の漁場よりも、手つかずな漁場の多い南シナ海に注目したためである。移住当初、船上に生活しながら、島の沿岸部に住居を建築したという。住居は、現在見られるような高床家屋ではなく、砂の上にじかにパンダヌスの蓆蓙を敷いただけのものであった。木材や建材、その他の必要物資は、クダットで調達した。

その後、一九七二年九月に故マルコス大統領によって戒厳令が布告されると、マンシ島の状況は一変した。治安維持のため国軍や警察に絶対的権力が賦与されると、国家権力との衝突を避けるため、ウグスマタタ村からさらなる人口移入が生じたためである。

同時期、ホロ島のタウスグ人を中心に組織され、分離独立をもとめるモロ民族解放戦線（ＭＮＬＦ：Moro National Liberation Front）とフィリピン国軍の対立が深刻化し、スル諸島の各地で両者の衝突が生じるように

マンシ島近海で獲れたクリイロナマコ（*Actinopyga* spp.）を煮た後に天日で干す。竹ひごを用いて日光にあてる。

なった。一九七四年六月には、ウグスマタタ村でモロ民族解放戦線と国軍が戦闘をまじえ、家屋のほとんどが焼け落ち、数名の住民が死亡する、という惨事が生じた。そのため、島民のほとんどが一時的に島外へ避難を余儀なくされた。サンダカンを中心とするボルネオ島東岸へ避難したものもあったが、それ以外のほとんどはマンシ島に避難した。国勢調査によると、一九七五年のマンシ島人口は二四二九人であり、過去五年間で一〇倍以上に増大した計算となる。

一九七〇年代半ばまで─複合的漁業活動

一九七〇年代中葉の漁業活動は、南沙諸島でタカセガイやパイプウニ、シャコガイを獲りながらダイナマイト漁も行うといった複合的なものであった。しかし、タカセガイはラブアン市場、パイプウニとシャコガイはセブ市場、干魚はサンボアンガ市場、というように商品によって出荷先が異なっていた。帰路には、それぞれの港からさまざまな商品を仕入れ、マンシ島で転売した。

一九七〇年代中頃には、ナマコ潜水漁がはじまった。南沙諸島海域ではなく、パラワン島近海を漁場とした母船式漁業で、四～五名が母船で寝起きし、漁場を移動した。潜水作業は各自が持参したくり舟から素潜りで行った。漁獲対象となったナマコは、唯一チブサナマコ（*Holothuria fuscogilva*）のみであった[5]。ナマコの煮炊きを専門に行う係がいて、ナマコを浜で加工した。一週間ほどの操業がふつうであった。

一九八〇年代―ダイナマイト漁への専業化

一九八〇年代に入ると、南沙諸島海域ではダイナマイト漁の専業化がみられるようになった。これは爆薬剤として硝安油剤（ANFO：ammonium nitrate fuel oil）が採用されるようになり、それまで使用されていた自家製造の爆薬にくらべ、安価で安全な操業が可能となったためである。また、シャコガイがワシントン条約（CITES）に指定され、輸出入禁止となったことも無関係ではない。

一方、ナマコ漁の漁場は、パラワン島のスル海側を北上してクヨ諸島あたりまで到達した。その頃、クリイロナマコ（*Actinopyga* spp.）のほかバイカナマコ（*Thelenota ananas*）の商業価値が生じたため、それらも捕獲するようになった。この時期、コンプレッサーに直結させたチューブから空気をじかに吸うフーカー型（hookah）の潜水器が導入され、長時間の潜水が可能となった。漁民によると、海底には踏みつけそうになるほど、たくさんのナマコがいたそうである。豊かな漁場と新技術の導入によって、ナマコの水揚げは急増した。しかし、潜水病の予防対策を知るものがなかったため、腰や関節の痛みなど減圧症の症状を訴えるダイバーが続出した。そのため、潜水器の使用は下火となった。それだけではなく、ダイナマイト漁の隆盛におされ、ナマコ漁じたいにかげりがさしてきたのであった。

一九九〇年代―ナマコ漁の隆盛

一時、下火となっていたナマコ潜水漁は、一九八〇年代末から九〇年代初頭にかけてふたたび活況を呈するようになった。その背景としては、第一に、ナマコ潜水漁も南沙諸島海域に出漁できるようになった点があげられる。これは、同海域におけるダイナマイト漁の操業規模が大型化し、それまで使用されていた漁船が中古船としてナマコ潜水漁へ転換されたことによって可能となった。第二に、潜水器の使用にたけたビサヤ人たちがマンシ島へ移動してきて、潜水器の安全な使用法が広まったためでもある。最後に、商業価値をもつ種の数がそれまでの三倍以上に増加したことも、ナマコ熱に火をつけた。当時のナマコ漁は、およそ三～四週間の出漁にたいして、邦貨にして二〇万円もの高報酬を得ることもめずらしくなかった。ナマコ熱に湧くマンシ島がゴールドラッシュにたとえられ、「黄金の島」として知られるようになったのは、この時期のことである。おりしもスル諸島南端でサマ語の調査中であったわたしがマンシ島の存在を知ったのも、この頃のことであった。

一九九〇年代半ば以降—資源減少

ナマコ狂乱は、しかし、長続きしなかった。資源の枯渇がすすみ、作業深度は深まるばかりであった。一九九〇年代半ばの作業深度は、水深三〇メートルに達していた。これはアマチュアのスクーバダイバーたちが潜水限界と教えられるギリギリの深さである。しかも、水深三〇メートルともなると、暗くて視界がよくない。そのため事前に魚群探知機をもちいて海底地形を計ってから、ナマコのいそうな岩場やサンゴ礁を捜さねばならない。また、熱帯といえども、ダイバーたちが「海底には氷が張っている」と形容するほどに、海底の水温は低くなる。実際、わたしもウェットスーツを着用せずに潜ったことがある。水深二〇メートルでも十数分間の潜水で指先が自由に動かなくなるほどに体が冷えた記憶がある。ウェットスーツをもたないダイバーたちは、古着の体操服や長袖のTシャツを何枚も重ね着して寒さを和らげている。

一九九七年に初めてマンシ島を訪れたとき、作業深度はすでに水深四〇メートルに達していた。六週間の操業にたいする報酬は四万円たらずであった。(6) 九〇年代初頭のナマコバブル期にくらべ、漁期が一・五～二倍長くなったのと反比例して、報酬は五分の一に減少していた。もっとも高価なチブサナマコの漁獲量が減ったうえに、操業経費が増大したことがその理由であった。

　潜水深度の深化は、さらに進行しつづけた。一九九八年七月にマンシ島を再訪すると、一年間に三名が潜水病で亡くなったほか、下半身不随などの後遺症に苦しむダイバーが少なくとも十数名はいた。なかには、水深七〇メートルまで潜ったものもいた。なぜならば、水深三〇メートルほどの「浅い」海底には、チブサナマコはほとんどいなくなっているからだ、とダイバーから説明をうけた。他方、潜水深度の深化に活路を見出すのではなく、他国軍が実効支配する島じまへ出漁するものもいた。調査当時、ベトナム軍が実行支配しているアレキサンダー堆《たい》（Alexandra Bank）が注目をあつめていた。南沙諸島の最西端に位置するアレキサンダー堆までは、マンシ島から直線距離でもおよそ三一〇〇キロメートルあり、漁場に到着するまで五日はかかる。

　同時期のダイナマイト漁も、操業期間の長期化と機動力を強化するための経費増大の問題が表面化していた。南沙諸島海域は、国際法上は領有権がはっきりしていないものの、実際には関係各国の軍隊によって実効支配されている。マンシ島漁民によると、同海域に関係各国が施設を建造するようになったのは一九八〇年代のことであり、現在もっとも多くの礁（reef）、州島（cay, sand cay）、堆（bank）を実効支配するのはベトナム軍であるという[7]。国によって漁業への寛容度も異なり、ベトナム軍はナマコ潜水漁には寛容であるが、ダイナマイト漁には厳しいし、中国やマレーシアは、漁法のいかんにかかわらず、漁民が領域に近づくことさえも警戒しているという。航海途中に、中国軍から威嚇射撃をうけた漁船も珍しくない。

　そのため、マンシ島漁民が安全に操業できる海域は、おのずとフィリピン軍が実効支配する同海域東部にかぎられてくる。同時に、漁民らがジャックポット（jackpot）とよぶ、博打的要素の強い密漁を行うものも少なからずでてくる。もちろん、ジャックポットはつねに成功するわけではない。たとえば、一九九八年七月からの二ヶ月間に、マレーシアに拿捕された船は三隻におよんだ。

発見された場合に、高速で逃げきるためには、高い機動力が必要である。そのためエンジンの大型化がはかられ、一六五馬力のものが標準となりつつあった。そして、船主たちは、性能向上のために、干魚の仲買人から高額な借金を抱え込むようになった。操業費の高騰は、漁民たちの、干魚仲買人への従属を強化するきっかけとなった。

調査地をひきあげるにあたって、わたしは、マンシ島の将来に暗い印象を抱かざるをえなかった。原野が拓かれ、安定した農地に転換される様子とは異なって、マンシ島で見聞きする「開拓」の様子は、まさに有限な鉱脈を掘り尽くしていくゴールドラッシュのひとこまのように感じられた。

三　二〇〇〇年のマンシ島

二〇〇〇年八月、マンシ島を再訪した。ダイナマイト漁のその後の展開について知りたかったからである。また、事故が多発していたナマコ潜水漁はどうなったのか。

ダイナマイト漁の衰退

島を再訪して驚いたことは、ダイナマイト漁が衰退していたことである。一九九八年当時、少なくとも二、三〇隻の漁船がダイナマイト漁に従事していた。それが、おおく見積もっても、一〇隻に満たないのだ。資源量の低下にともなう操業経費の増大が理由であることは間違いない。しかし、根本的な原因は、二ヵ月にもおよぶダイナマイト漁が、経済的にも精神的にも「割に合わない」と判断されたことにある。

その背景には、サンボアンガの干魚問屋が、干魚の代金支払いを遅滞するようになったことがおおきく影響している。干魚問屋は、一九八〇年代中頃から自前の袋網漁船でアジやイワシを漁獲し、鮮魚の流通販売に進出するようになった。鮮魚の需要がおおきいため、一九九〇年代にはいっても積極的に投資を続けた。なかには、九七年に缶詰会社を設立した問屋もあった。それらの袋網漁船は、ほとんどすべてが台湾から購入した中古漁船であった。ところが、ドル建てで購入した漁船代金を支払うにあたって、アジア通貨危機に端を発したペソ安が障害となった。鮮魚部門の経営が苦しくなったのはいうまでもなく、マンシ島漁民への干魚代金の支払いまで遅滞するようになった。このことが原因で、船主たちは、ダイナマイト漁の操業を中止したのである。

では、ダイナマイト漁に従事していた漁民はどうなったのか。

かれらを吸収したのが、ハタ漁であり、ナマコ漁なのである。

ハタ漁の隆盛

ハタ科のなかでもスジアラやサラサハタは、高級海鮮中国料理の食材として人気がある。これらの魚は、「清《チン》蒸《ヂョン》」という調理法で料理される。これは、姿蒸しにした魚に、上湯《シャンタン》（スープ）をベースにした餡《あん》をかけ、ネギ、ショウガ、香草などをつけあわせた料理である（秋道　二〇〇二）。一九九〇年代初頭より東南アジアでは、ハタ科の魚類が活魚のまま流通するようになった。香港やシンガポールに輸出されるほか、マニラやジャカルタなど大都市の高級海鮮中国料理店で消費されるのである。

マンシ島でハタ活魚の買付けがはじまったのは、一九九一、九二年のことである。香港に本社を構えるセブンシーズ社（以下、セ社と略称）が、パラワン島やミンダナオ島の各地で買付けを行うようになった際、マンシ島

集団漁から来島したハタ漁師たち。17名が3日間で100kg近いハタを漁獲した。

でも生簀《いけす》経営をはじめたのであった。ところが、一九九三年にパラワン州が活魚の移出を禁止したため、セ社はパラワン州の買付けから撤退した。セ社の生簀を管理していたマンシ島在住の代理人(サマ人)は、その後、マレーシアのクダットで新たな問屋をみいだした。セ社が撤退した九三年当時、マンシ島ではセ社以外にも一統の生簀が経営されており、クダットへ活魚は輸出されていた。

二〇〇〇年八月現在、マンシ島では四統の生簀が経営されていた。(8) いずれもサマ人が管理しているが、生簀や運搬船は、クダットの華人問屋が所有している。管理人は、漁民から買付けた活魚を生簀に蓄養し、二、三日に一度、クダットへ出荷する。一回の出荷は、だいたい一〇〇キログラムていどである。買付けと生簀の維持や運搬にかかる費用は、すべて問屋が負担する。管理人は、華人問屋から月給をもらって生活している。

ハタの買付け価格は、一九九七年当時一キログラムあたり三三〇ペソであったが、九八年には一キログラムあたり三五〇ペソに値上がりしていた。そして、二〇〇〇年の相場は一キログラムあたり四五〇ペソであった。このようにハタの価格が年々上昇してきた原因として、需要の増大が第一に考えられる。くわえて島内における買付け競争の激化も、値上がりの一因である。生簀の管理者によると、以前は競争らしい競争はなかった、という。九七年と九八年には、ダイナマイト漁がマンシ島における中心的な漁業活動であった。ところが、ダイナマイト漁が下火になった九九年頃より、ハタ活魚の買付け競争が激化した、というのである。たとえば、ダイナマイト漁だと、二ヶ月間操業しても、手にする報酬はせいぜい一万ペソにすぎない。ところが、ハタ漁だと、一日で一〇〇〇ペソを手にする漁民も少なくないため、ハタ漁に注目が集まったというのだ。

二〇〇〇年の調査時でも、買付け競争は激化する一方にみうけられた。わたしは、島の沖あい一〇〇メートルほどに設置されている生簀Aで、生簀に搬入される活魚の量と捕獲した漁場についての聞き取りを行った。傍らで管理人のAは、ほかの生簀の買付け状況について漁民に尋ねていた。「大量に搬入したら、お前さんからは特別価格で買わせてもらおう」などとも言っていた。買付け価格は、実質上の経営者であるクダットの華人が決定するが、五〇〇ペソを上限とする範囲で、Aに価格設定は任されていた。実際に、Aは、たくさん納入した漁民からは四六〇ペソで買付けるようになった。最初の数名には、「これは特別価格なのだから、他の人びとには公言しないように」と念をおしていた。しかし、この情報はすぐ島中に広まり、四七〇ペソで購入することを検討する生簀Bもでてきた。すると、その情報さえも漁民たちのあいだで交換され、AのもとにもBの動向が即座に届いたのである。

ナマコ漁の変化

次にナマコ漁の変化についてふれよう。二〇〇〇年の調査時、南沙諸島におけるナマコ漁もダイナマイト漁と同様に衰退していた。一九九八年一二月にジャクソン環礁(Jackson Atoll)で操業していたナマコ漁船三隻が熱帯低気圧に遭遇して沈没し、三〇余名の死亡者をだす惨事が生じた。出漁していなかった船主一名をのぞき、ほか二隻の船主も死亡した。この事件を契機として、南沙諸島海域に出漁するナマコ漁船はなくなった。

ナマコ漁は、現在、マンシ島の周辺やマレーシア領のバンギ島周辺で行われているのみである(Akamine 2001)。しかも、潜水器をもちいず、防水の懐中電灯をもちいた夜間の素潜り漁が中心である。夕刻に出漁し翌朝帰島する個人単位で行うものと、操業期間が一、二週間程度におよぶ四、五名による共同漁の二種類の形態がみられる。前者は翌朝の出荷が可能なため、活きたトコブシとロブスターも捕獲対象となる。後者はナマコ専門であり、ナマコの煮炊きから燻乾までの作業を船上で行っている。報酬分配は、南沙諸島で行っていたのと同様の代分け制度を採用している。

漁民に南沙諸島海域で操業していたころと比較してもらうと、チブサナマコといった高級種の漁獲は少ないが、トコブシやロブスターなどの漁獲物の多角化による収入機会の増大にくわえて、操業経費の軽減した分だけ収入はよい、とのことであった。なによりも、出漁期間の短さが魅力と指摘する声が多かった。

トコブシ漁の栄枯盛衰

トコブシ漁は、トコブシが餌をもとめて夜間に活動する習性を利用して、夜間に行われる。膝まで水につかって、灯油ランプで海面を照らしながら、リーフを渉猟するのである。一九九七年の調査時点では、女性や子どもが参加することもめずらしくなく、数時間で一、二キログラムほどの収穫があり、殻付きのまま島内の仲買人に一キログラムあたり八〇ペソで売却されていた。

ところが、翌一九九八年には、一キログラムあたり七〇ペソと買付け価格が下がったため、トコブシ漁は下火になった。そのトコブシ漁が復活していたのである。住民によると、トコブシ熱の再燃は、二〇〇〇年五月あたりからみられるようになった、という。島内の買付け価格は、大きさに関係なく、殻つきで一キログラムあたり一五〇ペソが相場であった。価格も九七年当時の相場よりも二倍ちかく高い点が注目される。

しかも、変化は、漁法にもみうけられた。防水の懐中電灯をもちいる素潜りが普及していたのである。このことによって、潮位に関係なく毎晩操業できるようになったし、ロブスターやナマコも複合的に捕獲対象となった。結果として女性が参加することはなくなった。

トコブシの加工法も出荷先も九七年当時とは異なっていた。九七年、島の仲買人は、トコブシは塩漬けにしプエルトプリンセサへ、トコブシの殻はサンボアンガへ移出していた。しかし、現在では、塩漬けではなく、かれらがハーフクック（half cook）と表現するように、ごく簡単に水煮し、氷水にひたし、冷蔵した「半加工」の状態でマレーシアのクダットへ輸出されている。殻は商品価値がないとの理由で、海に捨てられていた。(9)

これらの変化は、資源開発という点からも興味深い。そもそも、塩漬けからハーフクックに加工法が変化したのは何故なのか。マンシ島でハーフクックを最初に開始した仲買人によると、クダットの華人から、供給の依頼をうけたのがきっかけだという。(10)

ハーフクックの料理のしかたも、その華人に指導をうけたという。まず、買付けたトコブシを入れた盥《たらい》に海水を張り、紙タバコをちぎって撒く。六、七分もたつと、盥の縁に付着していたトコブシは、一斉にもだえはじめる。もだえる過程で収縮していた筋肉が弛緩し、結果的に筋肉が伸びきった状態で死亡する。その後、摂氏五〇～六〇度の海水で五分間ほどゆがく。この際、硬くなりすぎないように、手でトコブシの弾力を確かめる。ゆがき終わると、殻をはずし、内臓をとりのぞき、海水で洗って、氷を詰めた発砲スチロールの箱に保存しておく。こうして加工されたトコブシは、ハタを出荷する船に便乗して、二、三日に一度の割合で出荷されていた。(11)

トコブシはクダットで調べたかぎりでは、洗浄後に冷凍されるようである。冷凍トコブシは、香港などへ輸出されるほか、州都のコタキナバル空港などでもサバ土産として販売されていた。このようにシンガポール、香港、台湾などから観光やビジネスでサバ州を訪れる人口の増大も、トコブシ熱の背景には存在していると思われる。コールドチェーンの発展にともなって、消費形態にも変化が生じ、そのことが生産地を刺激しているのである。

四　まとめ

以上、マンシ島住民による資源利用の変遷について素描した。一九九七年以前の資源利用の実態については、今後、より細かな聞取り調査が必要である。そのことを前提としたうえで、三〇年間ちかくにわたって、かれらの生活が維持されてきたのはなぜなのか、について考えてみたい。

まず、南沙諸島という広大な漁場と豊富な資源が存在したことが指摘できる。この漁場は、まったくのオープンアクセスであったため、だれもが自由に操業できたのである。

次に、新たな技術を導入していく漁民の積極性もあげられる。一九八〇年代、より安全性の高いANFO爆薬を採用したことによって、ダイナマイト漁はさかんとなった。一九九〇年代初頭、ビサヤ人たちから潜水器の使用法を学んだことによって、ナマコ漁は急展開した。近年、トコブシやロブスターを夜間の素潜り漁で捕獲することがさかんとなったのは、かれらが防水の懐中電灯を採用したからである。潜水器や魚群探知機などをもちいた「近代的」操業形態から、シンプルな素潜り漁への展開は、漁業技術の「退化」とも解釈できる。しかし、一九七〇年代から一九八〇年代にかけて、パラワン島周辺で素潜り漁を行っていた当時とは、懐中電灯の使用の有無という点で区別されねばならない。

第三点目として、ナマコとトコブシ、ロブスターなどを複合的に捕獲対象としたように、外部状況の変化にたいして柔軟に対応してきた点である。一九七〇年代、南沙諸島でも魚介類いっぱんを対象とした複合的な漁業が行われていた。ところが、八〇年代にはダイナマイト漁が専業化したし、九〇年代にはナマコを専門とする潜水漁もさかんとなった。それが、再度、複合的な操業活動がみられるようになったのである。

漁獲対象や漁法が変化するという現実は、わたし自身が無意識にいだいてきた静的・固定的な漁民像に修正をせまる。これまでわたしは、ナマコ漁やダイナマイト漁に従事する漁民を、それぞれナマコ漁ひとすじの漁師、あるいはダイナマイト漁ひとすじの漁師、などと泰然としたイメージで捉えてきた。ところが、このような漁師像は、実態とかけはなれたものなのである。たとえば、九八年の調査時にお世話になったダイナマイト漁の船主は、みずからが建造した大型漁船を売却し、ひとまわり小さな船を買い、「密輸」業に専念するかたわら、近海漁場でトコブシを漁っていた。くわえて不定期ながらもナマコ共同漁も組織していた。かれと一緒にダイナマイト漁に従事していた乗子たちは、その多くがナマコ漁やハタ漁へ転換していたし、マレーシアからナマコを買付けてフィリピンで転売する仲買人と化したものもいた。

つまり、マンシ島でみられた資源利用の特徴は、特定の生物資源を持続的に利用するのではなく、外部環境との関係性において資源を選定しなおす柔軟性にあるのである。それでは漁業活動にみられる弾力性を、どのように理解したらよいのだろうか。

そもそも東南アジア多島海の人びとは、海を生業活動の基盤としながら、時と場合によって漁民、航海民、商人、海賊などと化してきたポリビアン（*polybian*＜poly 多様な＋bios 生き方）ではなかったか（立本　一九九九）。そうだとすると、そのような人びとの資源観あるいは環境観は、どのようなものとなるだろうか。とうぜん特定魚種や漁法にこだわらない柔軟な操業形態が予想されるだろう。しかも、そのような経済活動は、おのずと投機的な傾向をもち、資本と人口の流動性も激しくなると想定されよう。

投機的経済活動、人口の流動性、多民族社会の特徴をそなえた社会を「フロンティア社会」とよび、東南アジア海域世界のなりたちを「フロンティア」という概念で説明しようとする試みが注目されている（田中　一九九九）。本稿でとりあげたマンシ島社会は、この三点の性格をあわせもっている。しかもマンシ島の生活は、漁業活動に必要な物資や日用品のみならず、漁獲物までもマレーシアへ密貿易するように、国境という既存の「制度」を逆手にとることで成立している。このような意味において、マンシ島はフロンティア社会の典型といえる。

それでは、フロンティアとしてのマンシ社会は、一過性のものにすぎないのだろうか。マンシ社会は、資源の枯渇とともに消え去っていくのだろうか。フロンティア論が説得力ある枠組みとして精緻化されていくには、この枠組みが適応可能なタイムスパンが明確にされねばならない。

フロンティア空間の持続性について、田中耕司は、外延的拡大と内延的拡大のふたつのベクトルを設定している。田中によれば、新規開拓された農地には、その時々のブームとなっている商品作物が栽培される傾向にある。同時に、開拓から時間を経て安定してきた農村でも、その時々のブームの作物が栽培されている。かつての開拓前線だった村では、当時ブームだった作物にくわえ、その時々のブームとなった商品作物が現在でも栽培されつづけている。その結果、安定した農村も、外延的拡大をつづける開拓前線とフロンティア空間を共有していると理解できる（田中　一九九九）。

この外延的拡大と内延的拡大に関して、マンシ島の状況を考えてみよう。外延的拡大は、各種の技術革新にともなう漁場拡大や作業深度の深化にもとめられる。他方、内延的拡大は、商業的価値の異なるナマコを獲ったり、ロブスターやトコブシなども複合的に漁獲するような漁業活動に相当するだろう。しかし、外延的拡大は、ただ単線的な拡大をつづけるのではない。一見、「撤退」あるいは「縮小」とも思えるような漁場の「伸縮自在性」を考慮しなくてはならない。そもそも、活きたまま流通させるロブスターやトコブシは、漁場がマンシ島周辺にまで「縮小」されたために漁獲対象となりえたからである。したがって、フロンティア空間の外延的拡大と内延的拡大は、時間と距離において対立する概念ではなく、循環的に関係しあうもの、と結論づけられる。

一九九七年、マンシ島へたどり着くのに、純粋な移動時間だけでマニラから丸三日を要した。あとでわかったことだが、ミンダナオ島のサンボアンガ港に待機していれば、干魚を運ぶ船の帰路に便乗させてもらえたはずであった。しかし、その運搬船も今はない。干魚の集散地であったサンボアンガへは、出荷するものがなくなってしまった。そのため、マンシ島にとってのサンボアンガの重要性も低下したためである。

最近では、トコブシやハタの流通をとおしてマレーシアとの関係性が、ナマコや日用品の流通をとおしてプエルトプリンセサとの関係性が脚光を浴びるようになった。そのため、二〇〇〇年三月よりマンシ島とプエルトプリンセサを往復する貨客船があらわれた。この船だと、わずか船中一泊の旅ですむ。

フロンティア空間の循環的拡大を支えるのは、既存のネットワークではなく、現在進行形のネットワーキングなのである。

このように、利用対象となる生物資源が変化することによって、漁場も変化するし、流通形態までも変化する。島民の生活圏も伸縮自在に変化する柔軟性をもっている。これがフロンティア社会の強さなのである。そのような社会において、日本のように免許制度や許可制度などを導入し、特定の漁場や漁法を固定して、資源管理をすることがはたして有効なのであろうか。そもそも、「管理」という思想の根底には、愚民観が潜んでいるのではないだろうか。

漁民たちは、刻々と変化する状況を読みつつ、行動している。だから、資源利用を論じるにあたっては、資源だけに着目しても不十分である。消費や流通までもふくめた幅広い視野が必要なのである。

（謝辞）
一九九八年の調査は、文部省科学研究費補助金国際学術研究「フィリピン・ビサヤ海域における民俗技術・知識の動態的運用に関する社会人類学的研究」（課題番号〇九〇四一〇〇四、代表牛島巌）、二〇〇〇年の調査には日本学術振興会科学研究費補助金基盤研究A（二）「先住民による海洋資源利用と管理」（課題番号一一六九一〇五三、代表岸上伸啓）をあてました。マレーシア調査は、文部省科学研究費補助金特定領域研究A（一）「環太平洋の「消滅に瀕した言語」にかんする緊急調査研究」における「フィリピン・東インドネシア地域の消滅の危機に瀕した言語の現地調査と記述文法作成」（課題番号一二〇三九二二一、代表北野浩章）によって可能となりました。調査の機会を与えてくださった先生方に感謝いたします。

（注）

（1）マンシ島における調査は、一九九七年の予備調査以来、合計三回のべ一四週間にわたって実施した。本稿で用いたデータの多くは、九八年七月から九月にかけて行ったナマコ資源とタカサゴ資源の利用に関する臨地研究、二〇〇〇年八月から九月にかけて三週間行った追跡調査によっている。また、二〇〇〇年一二月から翌年一月にかけての二週間、マレーシアのサバ州において、マンシ島からの海産物流通に関する調査を行った。本論におけるマンシ島の記述は、特筆しないかぎり、調査で得た口承史料によっている。

（2）跨境貿易の実態については、赤嶺（二〇〇一）を参照のこと。

（3）生態人類学や環境社会学の立場からハーディンの「コモンズの悲劇」論を批判した論考には、Feeney *et al.* (1990)、宮内（二〇〇一）などがある。

（4）実際に一九七〇年の国勢調査では、同島の人口は二二五名と記録されている。

（5）干ナマコの種類と価格に関しては、赤嶺（二〇〇〇a）、Akamine (2001)を参照のこと。

（6）マンシ島は、生活必需品のほとんどすべてを移入・輸入に依存しているため、フィリピンのほかの島じまよりも物価が高い。およそ二ヶ月間にわたる労働報酬として、この金額は充分なものではない。

（7）ここでの礁、州島、堆という用語は、『海図の知識』によっている。すなわち、礁は、航行に危険な岩石またはサンゴ礁の凸部、州島は、礁上にある小砂州もしくは小島、堆は州および礁にくらべてやや深所に伏在する凸部をいう（沓名・坂戸　一九七六：三三八〜三三九）。なお、一九九五年現在、各国が実効支配する島数は、台湾一、マレーシア三、フィリピン八、中国八、ベトナム二一である（Valencia 1995 : 6）。

（8）わたしが初めてマンシ島を訪れた一九九七年七月には、三統の生簀が経営されていた。実際には、生簀の経営者数は増減を繰り返しており、生簀経営が不安定である様子がうかがわれる。二〇〇〇年八月の時点でも、新たに一統が営業の開始準備中であった。

（9）一九九八年、サンボアンガでは、トコブシの殻がキログラムあたり二〇ペソで売買されていた。サンボアンガの貝問屋によると、トコブシの殻は、螺鈿細工の原料として韓国で需要がある。しかし、九八年以降、韓国経済の低迷にともなって、輸出はストップしたそうである。

（10）マンシ島民にトコブシの買付け依頼をした華人は、生簀の経営者ではない。

（11）氷はクダットから仕入れてくる。ハーフクックのトコブシは、マレーシアに二六リンギット（三一〇ペソに相当）で売られていた。

〈参考文献〉

赤嶺　淳　一九九九「南沙諸島海域におけるサマの漁業活動」『地域研究論集』二（二）、一二三―一五二頁。

――――　二〇〇〇a「熱帯産ナマコ資源利用の多様化―フロンティア空間における特殊海産物利用の一事例」『国立民族学博物館研究報告』二五（一）、五九―一一二頁。

――――　二〇〇〇b「ダイナマイト漁に関する一視点―タカサゴ塩干魚の生産と流通をめぐって」『地域漁業研究』

四〇（二）、八一―一〇〇頁。
―――　二〇〇一　「東南アジア海域世界の資源利用」『社会学雑誌』一八、四二―五六頁。
秋道智彌　二〇〇一　「空飛ぶ熱帯魚とグローバリゼーション」『エコソフィア』七号、三四―四一頁。
沓名景義・坂戸直輝　一九七六　『海図の知識』成山堂書店。
立本成文　一九九九　『地域研究の問題と方法―社会文化生態力学の試み』増補改訂版、京都大学学術出版会。
田中耕司「東南アジアのフロンティア論にむけて―開拓論からのアプローチ」坪内良博編『〈総合的地域研究〉を求めて―東南アジア像を手がかりに』京都大学学術出版会、七五―一〇二頁。
宮内泰介　二〇〇一　「コモンズの社会学―自然環境の所有・利用・管理をめぐって」鳥越皓之編『自然環境と環境文化』講座環境社会学三、有斐閣、二五―四六頁。
Akamine Jun　2001　Holothurian exploitation in the Philippines : Continuities and discontinuities. *Tropicos* 10 (4): 591-607.
Aliño, P. M., C. L. Nañola Jr., D. G. Ochavillo and M. C. Rañola　1998　The fisheries potential of the Kalayaan Island Group, South China Sea. B. Morton ed., *The Marine Biology of the South China Sea*. Hong Kong : Hong Kong University Press, 219-226.
Feeny, David, Fikret Berkes, Bonnie McCay, and James Acheson　1990　The tragedy of the Commons : Twenty-two years later. *Human Ecology* 18, 1-19（田村典江訳、「「コモンズの悲劇」その二二年後」『エコソフィア』創刊号、七六―八七頁、一九九八年）。
Hardin, Garrett　1968　The tragedy of the Commons. *Science* 162, 1243-1248（シュレーダー・フレチェット編、京都生命倫理研究会訳『環境の倫理』下、晃洋書房、四四五―四七〇頁、一九九三年）。
Valencia, Mark J.　1995　*China and the South China Sea Disputes : Conflicting claims and potential solutions in the South China Sea*. Oxford : Oxford University Press.

漁場境界のジレンマ

――マダガスカル漁民社会におけるナマコ資源枯渇への対応と紛争回避

飯田　卓

一　はじめに

水産資源、森林資源、潅漑用水、放牧地……。一見すると多様なこれらの資源を「共有資源（common property resources）」として一括し、それらの運営や管理をめぐってさまざまな分野の研究者が集まって議論するようになったのは、一九八〇年代後半のことであった。このことが可能になったのは、上記の多様な資源が共通して二つの特徴を持っていたことによる。第一に、分布範囲が広汎であったり移動したりするため、個人で排他的に利用するように囲いこむのが難しいこと。第二に、資源を利用すれば多かれ少なかれ全体量が逓減すること（Feeny *et al.* 1990）。これらの特徴を持つ資源は、「コモンズの悲劇」（Hardin 1968）というかたちで資源枯渇に至りやすいため、その利用と管理を社会科学的な側面から施策していく必要がある。このため、従来この問題を論じていた水産学者や林学者などに加え、広く経済学者や政治学者、社会学者、人類学者らが議論に加わるようになった。

このように「共有資源研究」が深められていくなかで、人類学者の提出する知見は多分に活用された。まず、多くの共有資源は、村落など小規模な範囲で通用する多様な慣行にもとづいて利用され、それらの慣行は往々にして無秩序な資源利用を制限していると指摘された（Smith and Wishnie 2000）。水産資源の場合、各種の漁場保有慣行などがこれにあたる（Berkes 1985）。また、こうした慣行や経験則にもとづく「共同体に根ざした資源管理（Community-Based Resource Management）」は、複雑な要因によって非線形的に変動する資源を低コストかつ適正に管理できるので、いわゆる科学的管理よりすぐれているとも指摘されている（Acheson and Wilson 1996）。じっさい、グローバルな人口移動や開発が進展していく現代では、資源動態に影響する因子がきわめて多いため、利用者以外の者が資源量や利用状況を十全にモニタリングすることは困難である。このため近年では、既存の資源利用慣行の効力を国家が認めることにより、国家機関と利用者の共同管理（Co-Management）を機能させることがひとつの理想とされている（Acheson 1989; Jentoft 1989; Jentoft *et al.* 1998）。

しかし本章で取り上げるヴェズ漁民の社会では、右で述べたような資源利用を調節する慣行が明確でなく、資源管理の受け皿となる漁民グループも組織されていない。このような場合、いかなる方法で資源を管理すればよいのか、研究者のあいだで一致した見解はないのが現状である。NGO（非政府組織）などの主導によって漁民グループが新たに創出され、共同管理に移行した例もあるが（Warner 1997）、漁民自身の積極的な参与がなければ制度が形骸化する危険もある。ヴェズ漁民の例においても、施策を急ぐことが望ましいとはかぎらないだろう。そこで本章では、ナマコ採取の現状とそれに至る経緯をふまえながら、ヴェズ漁民が直面した問題の複雑性を指摘する。そのうえで、望ましいと思える暫定的な方向性を提示することにより、「資源管理の人類学」が抱える課題の広がりを展望したい。

二　調査地の概況とナマコ漁場の移動

マダガスカル共和国は、アフリカ大陸東方沖に位置するマダガスカル島と、その属島を領土とする島国である。漁場環境に恵まれているため漁業が盛んで、近代的設備を駆使したエビ漁業などは対外輸出額の約一割を占めるに至っている。こうした大規模漁業のいっぽうで、小型漁船による小規模漁業も各地で行われている。とくに、島の南西海岸部一帯に居住するヴェズの人びとは、農耕や牧畜をほとんど行わず漁撈に強く依存した生業を営んでおり、島内ではユニークな集団だと考えられてきた。都市部などでは公務員や賃金労働者も多く、すべてのヴェズが漁民であるとはいえないが、都市部であろうと村落部であろうと、海で漁を行うことこそヴェズにふさわしい職業であるという考えが根強い。「おまえはヴェズだな」という表現は、しばしば「カヌーの操縦がうまい」、「魚に詳しい」、「漁がうまい」などの意味で用いられる。これらの表現からも、ヴェズのアイデンティティと漁撈活動の深い結びつきが確認できよう。

ヴェズ漁民のあいだでは、漁船に取りつける動力エンジンが普及していない。このため、漁撈時間と比べてわずかな時間で往復できる範囲が、各村落の実質的な漁場となっている。筆者の知る地域では、帆走カヌーではなく手漕ぎカヌーで漁場まで往復することが多いので、村落を中心とした半径三キロメートルほどの半円にその範囲がほぼ収まるのではないだろうか。南西海岸部では数キロメートルの間隔をおいて村落が分散しているので、隣村に住む漁民どうしが漁場で鉢合わせすることはめったにないといえる。しかしこうした遭遇が起こった場合でも、漁場占有をめぐる言い争いはまず起こらない。ヴェズは漁場占有の観念を持たないからである。このこと

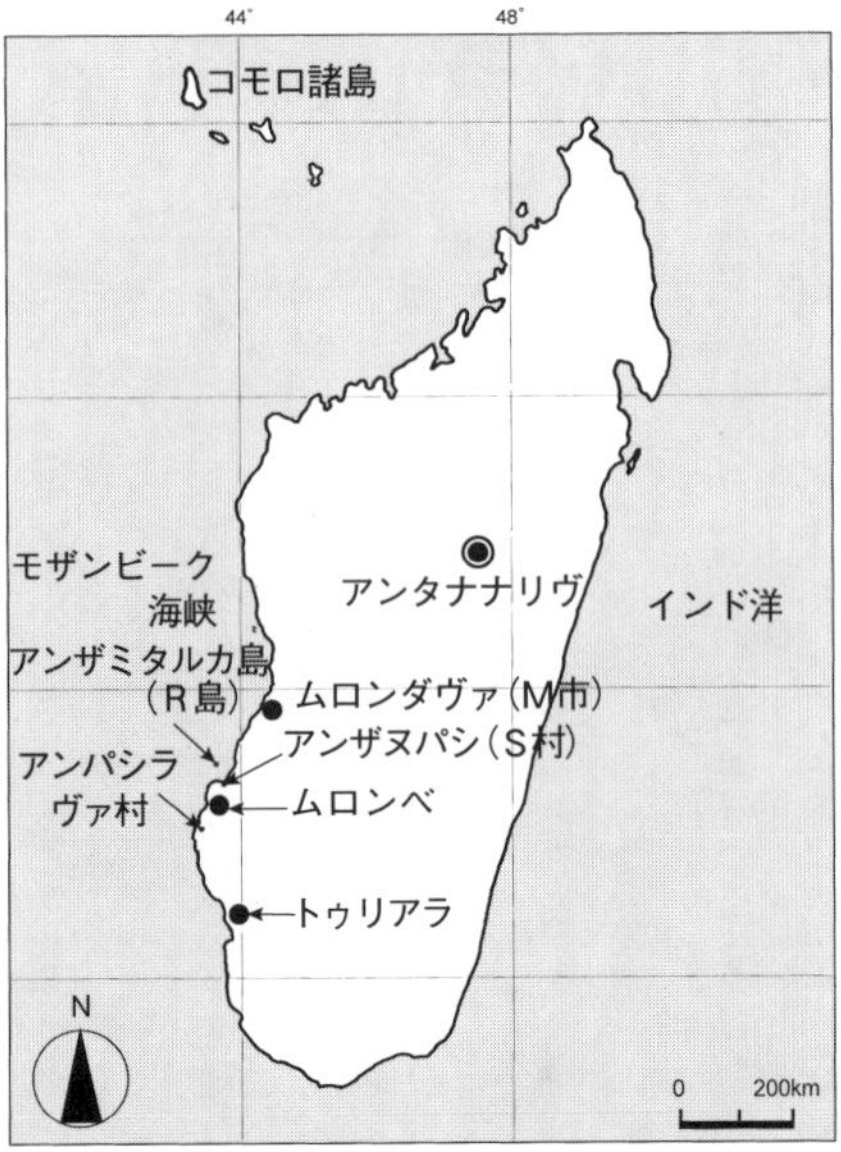

マダガスカル島

は次のような事実にも示されていよう。ヴェズ漁民は、大型帆走カヌーで他の村落を訪問したとき、訪問先の知人や親族が出漁するのにしばしば同行する。とくに、訪問先で長期間滞在するときには、よく知らない漁場であっても毎日のように同行することが多い。また、年間を通して住む者のない無人島などでは、複数の村落から来た者たちがそれぞれにテントを設営し、同じ漁場で漁をすることも珍しくない。ヴェズの人びとが「半遊動民」(Koechlin 1975)などと呼ばれてきた大きな理由は、このように住む村を離れても漁ができるという気ままさのためだろう。

一九九五年から一九九六年にかけて筆者が滞在したアンパシラヴァ村は、こうしたヴェズ漁民の村落のひとつである。人口は約二〇〇人。村落の周辺はサンゴ礁地形であるため魚種が豊富で、男性たちはこれらの魚をねらって網漁や刺突漁を頻繁に行う。日常的にあげられる漁獲の大半は副食として自家消費されるため、漁獲を売却して得られる現金は必ずしも多くない(飯田 二〇〇二)。アンパシラヴァ村民の現金獲得活動として重要なのは、村の地先で日常的に行う漁撈ではなく、遠隔地で季節的に行う漁撈である。アンパシラヴァ村では、村の成人男性四〇人の四五%にあたる一八人が大型帆走カヌーで遠隔地に出かけ、キャンプ生活を送りながらナマコ採取を行っていた。また、このほかにも成人男性の一七・五%にあたる七人が遠隔地でサメ刺網漁を行っていた。遠隔地で得られたナマコやフカヒレは、いずれもシンガポールや香港へ向けて輸出され、漁民にとって莫大な現金収

村の地先で行われる、手漕ぎカヌーによる漁

入をもたらす（飯田　準備中）。

ヴェズの人びとがナマコ採取に従事していたことは、すでに二〇世紀初頭に詳しく報告されている（Grandidier et Grandidier 1908：377）。この当時から、ナマコは漁民自身の食用ではなく、換金の目的で採取されていた。しかしこれは南西地域の州都トゥリアラ市近辺でのことであり、アンパシラヴァ村の近くで初めてナマコ採取が始まったのはもっと新しい。一九六〇年代、アンパシラヴァ村から約三〇キロメートル北の村落でナマコが採取されているのをフランスの人類学者が目撃しているが（Koechlin 1975：43）、これは採取が始まって間もない時期であっただろう。筆者の聞き込みによれば、アンパシラヴァ村でナマコ採取が始まったのは一九七〇年前後のことである。トゥリアラ市に比べてナマコ採取の開始が遅れた理由は不明であるが、陸上輸送路があまり整備されていなかったことと関係するのかもしれない。一九七〇年代にはこの点が大幅に改善され、地方都市に住む商人がトゥリアラ市に貨物を運ぶときにも自動車が利用されるようになっていた。

ナマコ採取に用いる漁具は、町の商店で購入したプラスチック製の水中メガネ、そして他の刺突漁にも用いる二メートルほどのヤスである。水中で呼吸するための潜水器などは用いず、素潜りでナマコを捕える。この点は一九七〇年代から一九九〇年代まで変化しなかったが、ナマコの漁獲量は大きく変化した。一九七九年頃にナマコの買い付けを始めた者によると、長さ四尋のカヌーが一日でいっぱいになるほど漁獲が多かったという。先に述べたフランス人の報告においても、ナマコが貴重な現金収入源となっていたことがわかる（Koechlin 1975：114）。ところが一九八〇年代を通じて漁獲が徐々に減り、とくに大きいナマコが浅い場所に見られなくなった。明らかに、過度な採取圧によって資源が減少したのである。漁師自身も、この現象を説明する際に、ナマコが「尽きた（*lany* または *fonga*）」と表現する。一九九五年に筆者が村を訪れた時点では、刺突漁によってクリイロナマコ（現地名 *rorohankena*、学名 *Actinopyga mauritiana*）などが採取されていたが、二時間ほど漁をしてもせいぜい数個が見つかる程度だった。これではほとんど家計の足しにならない。数十個単位で見つかるクロナマコ（現地名 *zanga stilô*、学名 *Holothuria atra*）なども あるが、サイズが小さく価格もただ同然なので、多くの人は見向きもしない。このように、村の地先におけるナマコ採取は、資源枯渇のため家計にほとんど寄与できなくなったのである。

ナマコ資源は一九九〇年代になっても回復しなかったが、アンパシラヴァ村では新たなナマコ漁場を開拓しようとする者が現れた。一九九二年、村の男たち数人が五〇〇キロメートル北方の地へおもむき、テント生活をしながらナマコ採取を行うようになったのである。その時に同行した者の話によると、当地で高価なナマコがたくさん採れると人づてに聞いたのが始まりだった。同行者のなかで当地へ行ったことのある者は一人もいなかったが、途中の町で海路のようすを何度も尋ねながらカヌーを帆走させ、ようやくたどり着いたのだそうだ。

その後、五〇〇キロメートルも遠方に行かなくともナマコ採取に適した漁場があることがわかり、一九九六年現在では二カ所が長期出漁先となっていた。ここではそれぞれをR島、M市と呼んでおこう。R島は本土から約三〇キロメートル沖に浮かぶ無人島で、周囲一キロメートル足らず、アンパシラヴァ村からは約一三五キロメートルの距離にある。M市はホテルや商店が立ち並ぶ市街地で、アンパシラヴァ村からは約二四〇キロメートル離れている。いずれの漁場でも、イシナマコ（現地名 *zanga benono*、学名 *Holothuria nobilis*）やバイカナマコ（現地名 *zanga borosy*、学名 *Thelenota ananas*）、クリイロナマコなどが豊富で、漁獲高はアンパシラヴァ村周辺に比べてはるかに多い。M市で二週間ナマコ採取を行って得られた漁獲を金額換算してみると、同じあいだ村で漁撈を行った場合の一四倍にものぼった（飯田　準備中）。

三　新漁場における競合回避

以上の経緯から、ナマコ資源がきわめて脆弱であることは明らかだろう。一九七〇年代以前にはまったく採取されていなかったものが、商品化と同時に採取されるようになり、二〇年足らずのうちに著しく減少してしまったのである。そこで新たな漁場が注目されるようになったわけだが、このままではまた資源減少が繰り返されるにちがいない。事実、私がアンパシラヴァ村を最後に訪れた一九九八年には、「M市やR島の浅いところにはナマコが少なくなったから、もっと遠くへ行くかもしれない」と漁師たちが話し合っていた。

こうした現状を前にすれば、冒頭に述べた共有資源研究の動向を受けて「共同体に根ざしたナマコ資源の管理が必要である」と言いたくもなろう。しかし事態はそう単純ではない。アンパシラヴァ村民の漁場となっているM市やR島では、地元の漁民がナマコをほとんど採っておらず、彼ら自身がナマコ資源管理の主体となる可能性は低いからである。なぜ地元漁民がナマコを採らないのか、なぜそのような場所にアンパシラヴァ村民が出漁し

長期出漁の拠点となるキャンプ地（M市にて）

たのか、この二点をまずは詳しく見てみたい。

M市には、市街地からやや離れていくつかの漁民集住地区がある。ここから毎朝市街地まで出かけて賃金労働をする者もいるが、成人男性はむしろ海で漁を行うことが多い。アンパシラヴァ村民に「M市の漁民はナマコを採らないのか」と尋ねると、「採らない。彼らは海に潜るすべを知らない」という断固とした答えが返ってくる。あるいは、「ヴェズにも得手不得手がある。われわれは潜りのヴェズだがM市の人びとは釣りのヴェズだ」という答えが得られることもある。なるほど、河口近くに位置するM市の周囲にはサンゴ礁が見られず、潜水漁の漁場は皆無といってよい。M市の人びとが潜水漁を不得手とする理由のひとつは、このような漁場環境にあるのだろう。アンパシラヴァ村民がナマコを採取する漁場ははるか三〇キロメートルの沖合にあるサンゴ礁外縁部で、M市のキャンプ地から帆走カヌーで片道約三時間もかかる。いっぽうM市の漁民は、海岸近くで網漁を行うか、サンゴ礁外縁部でサワラの一本釣りを行う。アンパシラヴァ村民とM市の漁民は漁獲対象を違えることにより、相互不干渉の立場をとっているのである。

いっぽうR島では、年間を通じて住む漁民がそもそもいなかった。筆者がこの島を訪れた一九九六年一〇月には二五グループ一三五人がキャンプ生活をしていたが、いずれもナマコ採取やサメ刺網漁などを主な目的としており、島に滞在するのは数カ月間にすぎなかった。このうち二四グループ一二三人は、島から八五〜一五〇キロメートル離れた町や村からやって来た者たちである。残る一グループ一二人は、三〇キロメートル離れた対岸のS村から来た者たちで、強いて言えば彼らのみが「地元の漁民」だったといえる。S村でもナマコを採取する者が少なくないというが、わざわざR島まで来ないのは二つの点で生活が不便なためである。第一に、飲料水が入手しにくいこと。R島は隆起サンゴ礁の島であるため水が湧いておらず、五〇リットル入りのポリタンクで水を持ち込んで生活しなければならない。第二に、島に宿るとされる霊的存在の指示に従い、さまざまな禁忌を守らなければならないこと。ヴェズ社会では、各村に必ず数人いる霊媒に霊が憑依し、口頭で指示を与えたり呪薬を付与したりして依頼者の願いをかなえることが珍しくない。こうした霊はかつてこの世に生を受けていたというが、霊媒の親族や知人というわけではなく、人間ともかぎっていない。ふだんは潮流の速い海域やタマリンドの木などに宿っており、そのような場所で霊の嫌がることを行うのは禁忌とされている。R島における禁忌のなかでもっとも厄介なのは、島に多数棲息するネズミを邪険に扱ってはならないことであろう。夜になって傍若無人に走り回る程度なら我慢もできるが、持ち込んだ食料が食い荒らされたり、飲料水のポリタンクが穴をあけられて使いものにならなくなったりすることもある。被害がひどい場合には、漁を中止してキャンプを引き揚げなければならない。

これらの不便さのため、S村の漁民たちがわざわざR島へ来ることはめったにない。筆者が出会ったS村のグループは、成人男性六人のほかに成人女性四人と幼児二人から成っており、主に男性が漁をして女性が茶屋を開くという分業を行っていた。女性の収入機会がなければ、不便な生活に耐えつつR島に暮らすS村民はもっと少

素潜り漁の漁獲（R島にて）

なかったかもしれない。いずれにせよ、S村漁民のほとんどは村落近辺でナマコを採って満足しており、R島のナマコ資源に対しては比較的無関心だといえる。

このように、M市では地元漁民がナマコに関心を示しておらず、R島では生活条件が悪いため「地元」漁民のナマコ漁場となっていない。しかしアンパシラヴァ村民だけがナマコを採るというわけではなく、アンパシラヴァ村からR島を経てM市に至る海域には、それぞれの村の近くでナマコ採取を行う漁民が多数いる。つまりアンパシラヴァ村民は、明らかに、地元漁民との競合を回避しつつ漁場を選択してきたのである。

こうした競合回避がみられる理由のひとつとして、競合者のいない漁場ではナマコが豊富だということをあげられよう。アンパシラヴァ村の沖合約五キロメートルに位置する無人島は、複数の村落の漁民によって数十年間も漁が行われてきたにもかかわらず、漁民の数が少なく出漁期間も短期であるため、本土側よりも各種の魚貝類が豊富だという。M市やR島の漁場では、一九九〇年代初頭までにナマコ採取をした者はほとんどいなかったはずだから、外部の漁民が資源の豊富さに驚いてこの地を漁場に選んだとしても不思議はない。

そのほかにもうひとつ、競合が回避された大きな理由として、見知らぬ者に対する恐怖心があげられる。先にも述べたように、異なる村の漁民が漁場で鉢合っても漁場占有をめぐる言い争いが起こることはまずない。しかし、表面的な交渉の場面では平穏だったとしても、その裏で反感を買う可能性はつねにある。このためヴェズの人びとは、漁場においてのみならずあらゆる交渉の場で、反感を買わないよう細心の注意を払っている。彼らが信ずるところによれば、「たとえ私が間違っていなくとも、私のしたことに対して相手が不満を持つ（*miola*）なら、彼は私の食べ物に呪薬（*aoly*）を混ぜて危害を加えるのだ」という。M市でキャンプ生活をしていた時にも、アンパシラヴァ村民たちは、近くでテントを張っていた他村出身の漁師を警戒していた。そしてしばしば、私に向かって次のように忠告してくれた。「彼らは他人（*olo hafa*、字義どおりには「別の人」）だから、ものをもらって食べたりしてはいけないよ」と。表面では友好的であるにも関わらず、その実は猜疑の念に満ちているのである。

無人島であるR島に出漁する場合でさえ、アンパシラヴァ村民は他人から反感を買うことを恐れている。私がアンパシラヴァ村に滞在していた時、R島に出漁していた青年が急病のため村に戻ってきた。陰部が肥大化したのだという。彼はただちに村の呪医に診てもらい、何者かに呪薬を盛られたのだという診断を受けた。この「何者か」が診断の結果として特定されたのか、それとも患者の推測によって特定されたのか聞き漏らしたが、私が噂を聞いた時には、R島対岸のS村の者が犯人に仕立てあげられていた。そして、村のあちこちで次のような演説を耳にすることができた。「S村の者は、ナマコを採られたから俺たちのことを嫌がっているのだ。しかし、われわれは間違ったことをしたわけではない。海は、俺たちヴェズみんなのものなのだから、どこで漁をしようが構わないいじゃないか」と。

このような自己正当化の語りが図らずも示しているのは、遠隔地出漁に対する地元漁師の反発をアンパシラヴァ村民自身がじゅうぶん認識しているということである。もしそのような認識がないなら、アンパシラヴァ村民の自己正当化は、遠隔地に出漁したこと以外の点についてなされるはずだろう。地元漁師は、頻繁に漁場に出現するよそ者を快く思わないのだといえる。

四　漁場境界のジレンマ

以上の事例から、ヴェズ社会における漁場利用を次のように要約できよう。ある漁民グループが利用する漁場は、明確な境界によって他のグループの漁場と区別されてはいない。このため、原則的にはどの海域で漁を行おうと自由である。しかし、こうした制度上の自由度にもかかわらず、二つの因子が実際の漁場利用を制約している。ひとつは手漕ぎカヌーという移動手段である。とくに村落を拠点として出漁する場合には、技術的に複雑な帆走カヌーを用いることは好まれないため、利用できる漁場は大幅にかぎられる。しかし、遠くへ出漁した結果得られる利益が大きいときには、移動性の高い帆走カヌーが用いられることもある。つまり、手漕ぎカヌーは唯一の移動手段ではないので、弱い制限要因と考えたほうがよい。漁場利用を制約するもうひとつの因子は、呪薬など超自然的な力への恐れにともなう、他者への恐れである。これは制限要因としてきわめて強くはたらくので、帆走カヌーを用いる場合でも、ヴェズ漁民が選択できる漁場は長大な海岸線に比べるとわずかしかない。具体的には、親族や知人の住む村落や無人島、同じ漁獲対象をねらう競合者のいない場所などである。

このような漁場利用形態は、水産資源保全の観点からみると実は望ましいものではない。漁場が明確な境界によって区切られておらず漁場の利用者も特定されていない場合、資源利用を制限するような協調行動（collective action）をとるのは不可能であるから、実効的な資源保全は難しいとされている（Ostrom 1990 : 91）。逆に境界が明確でありさえすれば、協調行動とは無関係にインフォーマルな制裁が侵入者に対して加えられるため、結果として資源保全が達成できる場合もある（Acheson 1987）。ヴェズ社会の場合は、移動手段や他者への恐れが制限要因となっているため、漁場の境界と利用者の範囲をかなりの程度まで特定できる。しかし、人口の自然増加や市場経済化にともなって漁獲圧は今後ますます高まっていくと予想されるので、厳密な資源保全のためには現行の漁場利用慣行だけでは不十分だろう。実際に、一九八〇年代には村の近くでナマコ資源が枯渇しているし、現在はM市やR島のナマコ資源が枯渇しつつある。また、何かのはずみで他者への恐れがなくなってしまった場合、漁場利用が無秩序になり、より深刻かつ広範な資源枯渇に至る可能性もある。漁場の境界と利用者の範囲をより明確にするとともに、利用者グループを組織して管理主体とするべきである——と、資源保全の観点からは提言できる。

しかし、ヴェズ漁民が実際にこの提言を受け入れるべきかどうか、筆者は現時点で判断できない。ひとつの理由は、冒頭で述べたように、漁民の積極的な参与がなければ制度が形骸化してしまうことにある。水産資源の事例ではないが、ボツワナ共和国における住民参加型の野生生物管理計画では、政府に対する不信感のために共同管理が機能せず、政府の意思決定がチェックを受けずに遂行されているという（Twyman 2000）。

こうしたリスクに加え、ヴェズ漁民の場合には、グループ創出は無意味なだけでなく有害とさえいえるかもしれない。一九九〇年代のナマコ漁場移動にみられるように、ヴェズ漁民が資源枯渇に直面したとき、漁場移動によって対処してきた事実があるからである。それぞれの漁民グループに管理すべき海面を割り当てて他の漁民を締め出せば、M市やR島でみられるような遠方からの長期出漁は不可能になってしまう。入漁料を支払った場合などにかぎって外部者を受け入れるという解決法もあるが、R島のように入漁希望者が多数にのぼる場合にはこの手続きはわずらわしく、漁民の出漁意欲を減退させることになりかねない。また、漁場保有の法的正当性が認められれば、漁場侵犯に対する制裁が露骨になり、漁場紛争を招くという恐れもあろう。現在は呪薬を盛られたという噂にとどまっている緊張関係も、物理的暴力のかたちで表面化してしまうかもしれない。共有地の囲い込みによって従来からの利用者を締め出すことは「コモンズの悲劇」になぞらえて「コモナー（庶民）の悲劇」と呼ばれているが（McCay 1987）、ヴェズ社会でも同様に、漁場境界の設定によって新たな社会問題が生じる危険が大きいのである。

漁場区画によって資源をコントロールできるようにするのか。それとも漁場を区画せず、競合者のいない漁場すなわち空白ニッチェに移動する自由を確保するのか。これは革新か保守かの選択に対応しているが、保守を選択した場合でもまったくの現状維持というわけにはいくまい。これまでは幸い、沿岸地帯の人口密度が比較的希薄だったので、放任主義でも対応できた。しかし、一九八〇年から一九九六年にかけてのマダガスカル全土の人口増加率が毎年二・八％にのぼることから推測できるように（Thompson 2000）、沿岸地帯でも人口増加は著しい。また、交通手段の発達により、内陸や外国から人がやって来ることも頻繁になった。この結果、従来では流通しなかった海産物資源が流通したり、リゾートホテルが近くにできたり、資源の採取圧が高まったりして、漁民社会ではよくも悪くも変化の速度が増してきている。ナマコ資源の枯渇はこのような状況のもとに起こった現象のひとつにすぎず、今後も漁民たちは予期せざる事態への対処に迫られるはずである。

漁場区画によって資源をコントロールできるようにするのか。それとも漁場を区画せず、競合者のいない漁場すなわち空白ニッチェに移動する自由を確保するのか。残念ながら現時点では、いずれの選択肢が妥当なのか判断できない。資源や漁民文化に関して慎重な調査や議論を重ねながら、意思決定のための材料を増やしていくしかないであろう。ヴェズ社会が直面したジレンマは、資源保全以外にも究極的な目的を多数抱える水産資源管理の難しさ（Jentoft and McCay 1995）をよくあらわしているといえる。

五　漁民自身による意志決定にむけて

しかしいっぽうでは、緊急に打つべき、また打てる対策が少なくとも二つある。ひとつはナマコ資源保全についての対症療法的な処置であり、もうひとつは即効性を期待できないものの、問題の根本的な解決に至るための重要なプロセスである。

まず、潜水器を用いた海産物採取を禁止すべきである。M市やR島でのナマコ採取では潜水器を用いないと述べたが、一九九六年にわずか一例だけ、コンプレッサーを利用して海面下に空気を送り込む潜水器（フーカー）の使用例を聞いた。場所はS村とM市のあいだにある漁村で、そこに住む漁民が仲買人から潜水器設備を借りて莫大なナマコを捕獲しているという。この方法によれば呼吸のために海面と海底を往復する必要がなく、深い場所のナマコも採ることができるため、漁獲圧が高まって資源枯渇に陥りやすいことが知られている（鶴見　一九九九：三二七）。アンパシラヴァ村民も、この噂を聞いて、自分たちの漁場にも影響が出るのではないかと心配していた。潜水器の普及が拡大する前に、潜水器による漁獲を禁止しておくべきであろう。この措置は漁場境界を確定する必要がないので、漁民にも受け入れられやすいと期待できる。

この措置と関連して、素潜り漁も制限すべきだという意見もあるかもしれない。しかし筆者は、潜水器さえ普及しなければナマコ資源の減少は頭打ちになるかもしれないと楽観視している。M市やR島ではナマコ資源が枯渇しきらないうちに漁場移動が検討されているし、アンパシラヴァ村でも、年に数度行う月夜のナマコ漁では希少な種類がまだまだ漁獲されている。ナマコ採取が始まる以前の状態まで資源が回復するには時間がかかるだろうが、漁場移動の自由が保証されているために壊滅的な資源枯渇には至っていないのであろう。しかしこれはあくまで筆者の印象であるので、この点に関しては専門の生物学者による詳細な調査が必要である。

現時点で打つべきもうひとつの対策は、将来的な変化に対する構想をヴェズ漁民が話し合える場を開くことである。この措置は、資源保全の方法や漁場境界画定の是非といった個別の問題を直接解決するものではない。しかし、それぞれの問題の背後に横たわっている、より根本的な問題の改善につながると期待できる。その問題とは、ヴェズ社会においてさまざまな社会経済的変化の速度が増しているにもかかわらず、将来的な変化に関する事前の意志決定がほとんどできないことである。変化が生じた後の対処に関しては、ヴェズ漁民たちの得意とするところである。たとえば、村の地先の資源枯渇に直面して漁場を開拓するというのは、その一例であろう。しかし、将来の変化を見越した事前の意志決定は、ほとんど行われていないのが現状である。たとえば、資源管理のために漁場境界を画定したり、移動の自由のために漁場区画を意識的に曖昧にしておいたり、あるいは資源維持のために採取圧を自主的に制限したり、リゾート目的の海面利用に対して漁業の権利を主張したり……といった意志決定がそれに相当する。もちろん、事前の措置といった対処の仕方はヴェズの人びとの好むものではないのかもしれない。しかしそれはそれとして、事前の措置は不要だという意志決定を表明できる場は確保しておくべきだろう。さもなくば漁民は、めまぐるしい変化に対処することができたとしても、変化そのものをコントロールする能力を放棄することになってしまう。

そこで、「構想の場」を開くことが大きな意味を持つのである。こうした場を形成し、さらにそれを維持する方法については問題が少なくないが、そのほとんどは試行錯誤の過程で解決していくべきであろう。場を主催するのは、漁民以外の第三者でもよい。こうした場では、構想の実現にむけて直接働きかけを行えるとはかぎらないが、その準備を整えることはできよう。最初はいきなり複雑な問題を議論するのではなく、漁場と漁村をめぐる諸変化の背景を学習しあうことができればまずは成功である。リゾート目的の海面利用や潜水器を用いたナマコ採取など、漁民にとっても身近な話題を取り上げるのがよい。また、流通や観光にたずさわる者、政策立案者や研究者など、漁民と異なる立場の者を場に交えることも重要である。このことにより、問題の広がりを認識するきっかけが生まれるであろう。また、漁民たちによる危機認識が喚起され、彼ら自身による集団的な意志決定が始まるきっかけになるかもしれない（Kottak and Costa 1993）。そうなれば、資源の共同管理まではあと一歩である。ただし、こうした「構想の場」を共同管理の受け皿として最初から想定してしまうと、政府が政策を押し通すための免罪符となってしまう危険がある。あくまで、将来に関する選択の多様性を漁民自身が見いだす機会として、この場を運営していくべきだろう。そして、有効な意志決定ができるようになってはじめて、新たな役割の追加を検討するのがよいだろう。

資源管理を論ずるためには、自然環境の複雑なふるまいと同時に、人間活動の複雑なふるまいをも理解しなければならない。複雑にふるまう二つの系が出会う資源管理の現場では、しばしば意図せざる結果が生じ、管理が失敗することもある（Scoones 1999）。おそらく、かぎられた変数から将来の変化を完全に予測することは不可能であろう。重要なのはむしろ、あらゆる変化に対応しうるよう、多様な選択ができるようにしておくことではないだろうか。そのためにこそ、多様な自然と社会、文化が求められる。「資源管理の人類学」が目指すべき課題のひとつは、そのような多様性を維持する方途を模索していくことではなかろうか。

(引用文献)

飯田　卓　二〇〇一「マダガスカル南西部ヴェズにおける漁撈活動と漁家経済」『国立民族学博物館研究報告』二六（一）、七一－一二三頁。

――準備中「変化に向き合う漁民―マダガスカル南西部ヴェズ社会における漁法開発と漁場開拓」

鶴見良行　一九九九［一九九〇］『鶴見良行著作集9　ナマコ』みすず書房。

Acheson, James M.　1987　The lobster fiefs revisited : Economic and ecological effects of territoriality in the Maine lobster fishing. In B. J. McCay and J. M. Acheson (eds) *The question of the commons : The culture and ecology of communal resources*, pp. 37-65. Tucson : The University of Arizona Press.

――1989 Management of common-property resources. In S. Plattner (ed.) *Economic anthropology*, pp. 351-378. Stanford : Stanford University Press.

Acheson, James M. and James A. Wilson　1996　Order out of chaos : The case for parametric fisheries management. *American anthropologist* 98 (3) : 579-594.

Berkes, Fikret　1985　Fishermen and 'the tragedy of commons.' *Environmental conservation* 12 (3) : 199-206.

Feeny, David, Fikret Berkes, Bonnie J. McCay and James M. Acheson　1990　The tragedy of the commons : Twenty-two years later. *Human ecology* 18 (1) : 1-19.

Grandidier, Alfred et Guillaume Grandidier　1908　*Ethnographie de Madagascar*, tome IV. Paris : Imprimerie National.

Hardin, Garrett　1968　The tragedy of the commons. *Science* 162 : 1243-1248.

Jentoft, Svein　1989　Fisheries co-management : delegating government responsibility to fishermen's organizations. *Marine policy* 13 : 137-154.

Jentoft, Svein and Bonnie J. McCay　1995　User participation in fisheries management : Lessons drawn from international experiences. *Marine policy* 19 (3) : 227-246.

Jentoft, Svein, Bonnie J. McCay and Douglas C. Wilson 1998 Social theory and fisheries co-management. *Marine policy* 22 (4-5) : 423-436.

Koechlin, Bernard 1975 *Les Vezo du sud-ouest de Madagascar : Contribution à l'étude de l'éco-système de semi-nomades marins.* Paris : Mouton.

Kottak, Conrad P. and Alberto C. G. Costa 1993 Ecological awareness, environmentalist action, and international conservation strategy. *Human organization* 52 (4) : 335-343.

McCay, Bonnie J. 1987 The culture of commoners : Historical observations on old and new world fisheries. In B. J. McCay and J. M. Acheson (eds) *The question of the commons : The culture and ecology of communal resources,* pp. 195-216. Tucson : The University of Arizona Press.

Ostrom, Elinor 1990 *Governing the commons : The evolution of institutions for collective action.* Cambridge : Cambridge University Press.

Scoones, Ian 1999 New ecology and the social sciences : What prospects for a fruitful engagement? *Annual review of anthropology* 28 : 479-507.

Smith, Eric Alden and Mark Wishnie 2000 Conservation and subsistence in small-scale societies. *Annual review of anthropology* 29 : 493-524.

Thompson, Virginia 2000 Physical and social geography. *Africa south of Sahara* 30 : 684.

Twyman, Chasca 2000 Participatory conservation? : Community-based natural resource management in Botswana. *The geographical journal* 166 (4) : 323-335.

Warner, Gary 1997 Participatory management, popular knowledge, and community empowerment : The case of sea urchin harvesting in the Vieux-Fort area of St. Lucia. *Human ecology* 25 (1) : 29-46.

第二部　北の海の水産資源をめぐる紛争と先住民族

トランスボーダー・コンフリクトと先住民族

スチュアート　ヘンリ

一　はじめに

トランスボーダーのコンフリクト、つまり境界を越えた民族やエスニック集団、あるいは国家同士の争いごとはけっして新しい現象ではない。猟場や漁場をめぐる集団間の争いは人類の歴史と同じぐらい古いと考えられる。また、ヨーロッパでは、領土争いが有史以来、絶えることなくつづけられてきたが、こうしたコンフリクトの特徴の一つは、おのおのの地域内に限られていたことである。

地域的に比較的限られた規模でくり返されてきたこのようなトランスボーダー・コンフリクトの様子が一変したのは、西欧列強が世界的な規模の植民地経営にのりだした、あるいは帝国主義の道を歩みはじめた一五世紀ごろからのことである。これは近代資本主義経済システム（世界システム）とほぼ軌を一にするうごきである。二〇世紀後半になると、多国籍企業の確立に伴い、資源をめぐる対立が、もともと人が住んでいなかった南極大陸までおよび、コンフリクトが七つの海と五大州の奥の奥まで行きわたるようになった。

二〇世紀後半は、先住民族というカテゴリーの集団が成立した時期でもある。「先住民族の成立」というのは、現在、先住民族とされる人びとがそれまでいなかったということではなく、それまで社会的に軽んじられ、法的な権利がほとんど認められなかった「原住民」に代わる概念である。つまり、権利が確認され、社会政治的な地位が向上したことによって先住民族が成立したということである。資源に対する権利はおろか、住んでいる土地への権利すら認められていなかった「原住民」が「先住民族」になってから、それまでのトランスボーダー・コンフリクトになかった要素が新たに加わった。それは、先住民族が住んできた地域で伝統的に使っていた生業資源のほかにも、地下・地上および海洋資源、つまり産業の材料となる資源に対する権利が取りざたされるようになったからである。さらに、先住民族がもっている薬草などに関する知識や、体内にある特定の疾患に対する免疫をつかさどる遺伝子までが「資源」とされ、コンフリクトの種になっている（Colorado 1994）。

ここでは、一九五〇年代以降、トランスボーダー・コンフリクトに関連して新たな要因として登場した先住民族について述べる。二〇世紀半ばまでは、主に国家間、あるいは有力な民族の間に起きていたトランスボーダー・コンフリクトが、「先住民族」の登場によって、より複雑な様相を呈するようになっている。それは、資源をめぐる少数民族にはなく、先住民族のみにあると主張される先住権に端を発している問題である。

二　先住民族と先住権について

本題に入る前に、先住民族、そして先住民族がもつ特別権利である先住権について説明する必要がある。というのは、トランスボーダー・コンフリクトに関連する先住民族の問題は先住権と密接な関係をもっているからである。

先住民族という日本語は、Indigenous peoples, Native peoples, Aboriginal peoples, First Nation(s) などの訳語としてこの二〇年の間に定着した用語である。原則として、昔から特定の生活領域で生活してきた社会的集団であり、現在、自らの意志に反して国家のマジョリティ社会によって支配され、植民地的な状況におかれているマイノリティ集団であるという、この二つの条件を満たす民族集団が先住民族であるとされる。この基準によって移民や日本のコリアンのように強制連行されてきた人びとと区別されるし、和人（日本民族）や漢民族、トルコ民族のように国家のマジョリティ社会を構成する「原住者」との違いも明らかである。

以上の大原則があるものの、先住民族という概念については、考え方が二つに分かれる。一つは、先住民族という概念には国際的な定義（概念規定）はなく、先住民族というカテゴリーの成立・不成立が実質的にそれぞれの国家次第であるとする解釈である。この解釈では、先住民族という社会的なカテゴリー自体、そしてその法的地位と権利は国別の法伝統と文化・社会的状況に応じて成立するものであり、元から住んできた少数民族が無条件に先住民族と認められるわけではないという解釈である。国内の市民は等しく国民であり、少数者の文化や宗教などを保護することはあるが、あとで述べる自治権や自決を含む先住権をもった先住民族は国民平等という原則に反するという立場をとる国家の姿勢である。フランスとスペインのバスク、トルコのクルド、ボツワナのブッシュマン（「バサルワ」）、中国のミャオ、インドネシアのバリ、日本のアイヌなどは先住民族ではなく、少数民族やエスニック集団、あるいは地域集団とされている背景にはこの解釈がある。例外はあるが、ヨーロッパ、アフリカ、アジアの諸国では、この立場をとる国家が多く、先住民族が認められるのは主にイギリスとスペインが植民地化したアメリカ大陸と、イギリスが植民地化したオーストラリアやニュージーランドである。

先住民族に関するもう一つの解釈は、先住民族というカテゴリーは国家次第であるとする右記の解釈に対して、ある土地に昔から居住してきた少数民族が植民地的な状況にあるか、あるいは異民族に支配されていれば、先住民族だとみなすものである。オーストラリア、ニュージーランド、カナダ、アメリカのイギリス旧植民地、そして国連では、この解釈が一般的である。

この二つの解釈が対立している背景に潜んでいるのは、ある民族が先住していたかどうかという年代記の問題ではなく、国家がつくられる前から住んでいる先住民族が、その先住性にもとづく先住権という特別の権利があるのかという主張の問題である。先住権（Indigenous rights, Aboriginal rights）とは、公民権のほかに先住民族の構成員にのみ認められ、国民一般が享受しない特別な権利のことをいう。具体的に、土地権（生活領域の所有、資源の管理など）、自治権、自決権、教育権（民族の状況に対応した、自民族出身の教員による民族語での教育を受ける権利）、言語権（教育、行政サービス、裁判などにおいて、公的に民族語を使う権利）、生業権（採集・狩猟・漁撈などの伝統的な活動を行う権利）などの権利が含まれる。つまり、先住民族には先住権が伴うものであるという前提のため、多くの国家が先住民族を公式に認めない、または認めたがらないのである。なお、ほとんどの先住民族は、自決権を有するものの、国家から分離独立するという主張をかかげておらず、先住民族としての自治権を求めている場合が圧倒的に多い（以上について、スチュアート　一九九七a、一九九八、印刷中）。

日本をはじめとする多くの国家は、国民が等しくもつべき諸権利以外に、特定の民族集団だけが特別の権利（超国民的権利）をもつことは、国民平等の原則にそぐわないという。先住権が原則的に、もしくは部分的に公式に認められている国はニュージーランド、オーストラリア、カナダ、アメリカ、そしてサーミが住んでいるノルウェー、スウェーデン、フィンランドとロシヤぐらいしかない。しかも、先にあげた権利のすべてが認められているのではなく、それぞれの国家が認めている範囲にとどまっているのが現状である。生業権がもっとも広く認められ、自治権にいたっては成立している事例はきわめて少ない。

とはいえ、先住民族の権利がそれぞれの国家において法的に規定されていなくとも、先住民族に一定の配慮を求めるという国際的世論が成就されている現在、先住民族がトランスボーダー・コンフリクトの一要因になりつつある。

三　先住民族とトランスボーダー・コンフリクト

トランスボーダー・コンフリクトが先住民族に及ぼす影響は、汚染物質などの全地球的なボーダーレス規模から資源や生活領域などをめぐるエスニック・ボーダーというミクロな規模まである。ここでは、私がもっともよく知っているカナダ・イヌイトと極北地帯の事例を中心に、先住民族に影響するトランスボーダー・コンフリクトをとり上げる。

先住民族とグローバル規模のコンフリクト

一つのコンフリクトは、先住権に保障されている生業活動と、絶滅に瀕している（とされる）動物の保護に関する国際条約との間の矛盾である。それは、採集狩猟経済を営む先住民族の伝統的な生業活動が保障されているのに、生業の対象（獲物）の捕獲方法や時期――猟・漁期――の国際取り決めとくい違っているという矛盾である。国際的に保護されている、あるいは捕獲の規制が課せられているガン（雁）やホッキョクグマ、アザラシ、サケ、クジラなどがそれに該当する。

たとえば、ガンはいくつかの国際取り決めの対象になっており、猟期や羽数など、捕獲に関する厳しい条件が規定されている。とくに産卵期や換羽《かんう》期の捕獲が禁止されている。しかし、イヌイトはガンの卵が好物であり、

海氷上の休憩

換羽期はもっとも捕獲しやすい時期であるので、捕獲がこの時期に集中する。イヌイトの伝統的生業活動を最大限に認める方向へ進んでいるカナダやアラスカと、渡り鳥の保護を第一とする国際的な組織との間に軋轢が絶えない（Huntington 1992：49-52）。

国際的にもっとも注目されているのが捕鯨問題だろう。捕鯨は一九八〇年代に禁止されたが、先住民（原住民、土着人）の「生存捕鯨」がある程度認められている。それでも、グリーンピースなどの環境保護団体がアラスカ・エスキモーとカナダ・イヌイトの捕鯨に反対し、ここでも先住権と国際的な圧力団体の反目が起きている。

世界の先住民族を悩ませているもっとも広範囲のトランスボーダー・コンフリクトは環境汚染であろう（Freeman [ed.] 2000；Oakes and Reiwe [eds.] 1997；Osherenko and Young 1989：110-141）。環境汚染は先住民族に限った問題ではもちろんないが、多くの先住民族が少なからず採集狩猟経済を営んでいるので、汚染されている野生の動植物から得る食料は深刻な問題になっている。汚染物質は食物連鎖の上位ほど蓄積されるが、とりわけ先住民族が大きく頼る大型の陸・海獣の肉や脂肪組織に含まれる重金属やPCBなどが問題視されている。

この問題は極北圏のイヌイトなどの人びとにとってはとくに重大である。というのは、極北圏、すなわちツンドラ地帯と周囲の海域の環境条件である低温、移動性の低い気団と緩慢な海流のため、南からの気流と海流によって温帯から運ばれてくる汚染物質が中緯度の温帯に比べて貯まりやすく、生物分解が格段に遅い。それに、太陽光線が弱いのも、分解を遅らせる原因になっている。

以上の要因のために、極北地帯では汚染物質の分解速度が温帯に比べて一〇ないし一〇〇倍も遅く、極北地帯の自然環境、そしてそこに住む人びとの健康への影響が懸念されている。

具体的に、水銀、カドミウムなどの重金属、PCB（ポリ塩化ビフェニル）やDDTが高い値で動物の肉と脂肪組織から検出されている。とくに注目されているのが、イヌイトの懐胎期間の短縮、出産時体重低下、神経筋発達の障害、視覚認識記憶の退化をおこす恐れのある、PCBが母乳に高い濃度で検出されていることである。高い濃度の水銀も髪の毛から検出されている。水溶性が低く、ホッキョクグマ、クジラ、アザラシなどの脂肪組織に蓄積されやすいこうした汚染物質がイヌイトにとって大事な食料源の中に含まれているので、健康への影響が心配されている。というのは、リチノールや鉄、亜鉛、銅、燐《りん》などの微量栄養素に富む海獣の脂肪は、野菜がきわめて少ない極北圏の住民にとって欠かせない食べ物だからである。

極北圏の環境汚染が目立ってきたのは第二次世界大戦後のことである。温帯および熱帯で大量に使われるようになった農薬や石油流出事故、そして東西の冷戦状態において旧ソ連とアメリカを隔てている極地対で建築された軍事施設からの汚染物質の垂れ流し、それに一九五〇年代以降に進められたイヌイトに対する定住政策によって村の周囲にたまる生活ゴミ、廃油・廃液などに起因する汚染が原因になって、極北地帯の環境が目にみえて汚染されている（Poirier and Brooke 2000）。私がカナダ・イヌイトの調査にとり組みはじめた一九七〇年代には、イヌイトのハンターたちはすでに獲物の異変をかなり気にしていた。捕獲したカリブーが、睾丸が少し黄色ばみ、発達状態がよくないか、皮と肉の間の脂肪組織、とくに臀部の脂肪組織が薄く黄色ばんでいるか、股の間にキノコ状の肉腫や皮膚に治癒しないただれがあるか、筋肉に一ミリほどの白い粒状があるかどうかを調べて、このうちの一つの異常でもあれば、けっして食べようとしない。魚、とくにホッキョクイワナの肝臓に斑点がある、あるいは脊骨が曲がっていれば、迷わず捨てる。

イヌイトの古老たちは、このような異変のある獲物は数十年前には皆無であり、とくに最近になって急増していると話す。経験的な観察と知識にもとづく古老たちの話の内容と、二〇年ほど前から軌道に乗った科学的な調査結果が見事なほど一致しており、イヌイトたちが環境の劣化を確実に把握していることは争えない事実である。さらに、二酸化炭素とメタン、一酸化窒素、クロロフルオロメタン（CFM）からなる北極煙霧（Arctic haze）によってこれからの一〇〇年間、冬の気温が八ないし一二度、夏の気温が一ないし二度ほど上昇するという予測になっている（Osherenko and Young 1989 : 116–126）。もちろん、極北圏の気温の上昇が世界の気象に大きな影響を及ぼすことは明らかである。

汚染がイヌイトなどの極北住民の生活にどのようにかかわるかについてふれておこう。一つは、伝統的な食料を敬遠することである。敬遠する結果、野菜や果物が少ない極北圏では、輸入される加工食品に頼らざるを得ないので、栄養の偏りの問題がある。もう一つは、獲物の汚染を恐れて、狩猟活動が不活発になることである。狩猟活動が行われなくなれば、伝統的な生活、ひいては伝統文化がますます廃れ、文化変容に拍車がかかる。

ちなみに、環境汚染に関する研究は、イヌイトとマジョリティ社会の間に不信感をかもし出しているという、思いがけない問題にも発展している。イヌイトなどの先住民族は長い間、政府や役人の一方的な法律や「指導」に振りまわされてきたが、野生動物が汚染されており、それを食べて健康を害する恐れがあるという科学者の研究は、先住民族を狩猟から遠ざける同化政策の新手だと疑心をいだいている。いうならば、汚染による健康問題をもち出すのは、伝統食から加工食品に移行させ、伝統文化を弱体化させる陰謀ではないかという不信感である（O'Neil *et al* 1997 : 35-36）。

汚染問題は、河川で運ばれる汚染や隣国に及んだチェルノブイリの放射能汚染のように「もらい汚染」が先住民族以外にも起きているのであるが、自然界への依存度がとりわけ高い伝統生活を営んでいる先住民族の場合、その問題はことのほか深刻である。

先住民族に関連する地域的なコンフリクト

石油などの地下資源の開発に関連して、先住民族の先住権の問題が一九六〇年代から先鋭化している。地下資源に対して先住権は認められていない代わりに、開発によって得られる利益の一部を先住民族に払うという取り決めが通常の対処である。とくに問題視されているのは、地下資源の開発に関連して、開発に先立った法的処理と、開発による生活環境への影響である。

北極海の油田を開発して石油をパイプラインで輸送する計画が一九六〇年代にアラスカでもち上がったとき、先住民族の生活領域でパイプライン（「アラスカ・パイプライン」）を敷設することに法的な問題があると指摘された。同じような指摘が、一九七〇年代に提案されたカナダ・ケベック州北部のジェームズ湾水力発電網開発にもなされた。

いずれの開発プロジェクトにも、またほかの開発プロジェクトにも共通する法的問題とは、先住民族の権原《けんげん》の問題である。権原という法概念は、内容のきわめて難しいものであるが、先住民族の権原（Indigenous title）をあえて単純化すれば、現在の支配者がその土地を国家の領土に併合する以前に住んできた先住民族の土地に対す

氷上でキャンプを張る

る権利を発生させる根拠となることだといえる。先住民族が主張する権原と、国家が認める権原の間に不一致な点が多いが、イギリスの法伝統を継承するイギリスの旧植民地では、権原が無視のできない概念であるとされる。というのは、イギリス法には、成文法で救済できなくとも、慣習を重視した判例によって救済できるというコモン・ローがある。日本の入会《いりあい》権などに近いコモン・ローにおける権原は、先住民族の場合、条約などの法的措置によって消滅させられていない土地権や生業権などが現在なお有効だという解釈である（スチュアート　一九九八）。

アラスカ・パイプラインの敷設もジェームズ湾水力発電網開発も、条約が結ばれていなかった先住民族の土地で行われることになっていた。アメリカ連邦政府やケベック州政府が先住民族の権原を認めていたわけではないが、権原を争う長期裁判を敬遠して、両政府が先住民族のいくつかの権利を明文化し、そのほかの権利を消滅させる法律（協定ともいう）を制定した。それは、「アラスカ先住民族権益処理法」（ANCSA, Skinner 1997）や「ジェームズ湾及び北部ケベック協定」（JBNQA, Peters 1999）などである。

結局、アラスカ・パイプラインもジェームズ湾水力発電も、開発が進められたが、先住民族の権利を無視した、一方的な開発はできないという認識がカナダ、アメリカ、さらにオーストラリア、ニュージーランドでも形成された。

以上をかいつまんでまとめれば、国家やそのほかの行政機関の開発計画と、先住民族の権利をめぐるコンフリクトを解決しないと、開発を行うことが困難になる、といえる。先住民族の権原はイギリスの旧植民地以外では成立している地域が少ないが、右記の事例や、オーストラリアのマボ判決（細川　一九九七）、ニュージーランドのワイタンギ条約の再評価（内藤　二〇〇〇）の時勢下では、権原が確立していなくとも、それに対して配慮するよう、内外の圧力がかかってくる。そうした圧力による例としては、日本の二風谷ダム建設をめぐる裁判の判決において、事後承認であったにせよ、アイヌ民族の権原が部分的に認められた例（苑原　一九九八）が記憶に新しい。

先住民族が住む領域における開発に関連して、生活環境への影響に関するコンフリクトも起きている。汚染問題、たとえば先述したチェルノブイリの放射能漏れや、オーストラリアのウラン採掘による汚染なども深刻な問題であるが、そのほかに、先住民族の伝統的な生活と活動をさまたげる開発にも厳しい目が向けられるようになっている。その顕著な例は先にもふれたケベック州政府が進めているジェームズ湾水力発電網開発である（スチュアート　一九九七b；Feit 1996）。発電のための貯水池によってすでに水没している面積は青森県とほぼ同じ九六〇〇平方キロメートルであり、水没域には先住民族の生業活動をささえる水鳥やカリブー、魚の生息地、つまり先住民族の猟場や漁場があった。水没域をさらに増やすとされる、一九九九年に完成するはずだった第二ジェームズ湾水力発電構想が先住民族の生活と文化をさらに圧迫するのが明らかだったので、先住民族は強力な反対キャンペーンを張った。ケベック州の経済基盤をささえる豊富な電力を使ったアルミ精錬の興業政策、そしてアメリカに売却する電力は、現政権が推進するケベックの分離独立構想と深くかかわっているが、しかし、内外の批判のために、カナダ憲法に保障されている、先住権がからむ第二ジェームズ湾水力発電網開発プロジェクトは現在（二〇〇一年一〇月）、着工の見通しすら立っていない（スチュアート　印刷中）。

先住権を認める風潮が定着しつつあるカナダやアメリカでは、先住民族の生活領域での開発プロジェクトに関して先住権問題の解決という、今までなかった付帯条件がつくようになっている。アメリカのブッシュ政権が目論んでいる、アラスカ州北極野生動物保護公園での油田開発にもこの付帯条件がつくのではないかと予想される。

先住民族とマジョリティ社会のコンフリクト

先住権が確立している、あるいは確立しつつある国家では、マジョリティ社会（いわゆる「白人」）と先住民族の間に軋轢が生じている。その原因は、冒頭でふれた国民平等の思想と相容れない先住権の葛藤である。先に住んだかどうかということを問題にするのは、特定の集団を優遇することであり、国民の逆差別につながるというマジョリティ社会の一部の立場がある。この立場をとるのはマジョリティ社会の一部であるといえ、その主張は、先住権が確立するにつれ、国民の間に浸透しつつある（Cairns 2000；Flanagan 2000；Smith 1995）。アメリカでは、条約や政策で定められている課税義務免除や「先住民族自治」（tribal government）の特別権利を活用して、先住民族が販売する無税タバコやカジノの経営、カナダでは先住民族に認められている猟期外の狩猟と捕獲量の制限免除などが、マジョリティ社会にとって承服しがたい事態となっている。

先住権に含まれる自決権をめぐる議論がカナダのケベック州でとくに先鋭化している。それは、ケベック州の分離独立に伴う先住民族の処遇の問題である。先住民族は自分たちがカナダ国民であり、これからもカナダ国民でありつづけると主張し、ケベック州が分離独立すれば、先住民族は即刻、ケベックから離脱してカナダにとど

カナダ・イヌイトの子ども

まると宣言している（スチュアート　印刷中）。これは民族自決の問題であると同時に、経済問題でもある。というのは、先にも述べたように、ケベックの経済をささえるジェームズ湾を中心とした電力生産の拠点は、先住民族が自治と自律の権利、そして資源管理権を求めている地域に集中しているので、分離独立を標榜するケベック政府はこの地域の分割を認めるわけにはいかない。先住民族の生活領域でつくられているその豊富な電力がケベックの経済を現在ささえているし、独立した暁には、経済をなり立たせる不可欠な要素であるからである。

この対立がどのように展開していくのかを予測することは困難であるが、カナダでは、憲法にも保障されている、国家にとどまるという条件つきの先住民族自決権は、ケベック州の今後の行方に計りしれない影響を及ぼすであろう。

こうした国内の問題よりも、先住民にとってゆゆしい問題は、加速的に進められているグローバリゼーションである。多国籍企業が行う油田などの資源開発は言うに及ばず、北米自由貿易協定（NAFTA）によって中小の民族資本や小農民の没落、なかんずく先住民の小農民が存亡の危機にさらされている。メキシコのチアパス州で起きたサパティスタ民族解放軍武装蜂起の原因の一つは、そうした危機感にある。現に、NAFTAの締結によって推進される大農場の開発は、小農民が祖先伝来の土地から立ち退きを余儀なくされる事態を起こしている（Nash 2001）。

グローバリゼーションに伴う大企業の資本流入と開発は、先住民の生業基盤を奪い、文化を破壊するものとして、小規模ながらも先住民の抵抗が世界各地に頻発している。グローバリゼーションに起因するこうした問題は先住民固有の問題ではないが、新たなコンフリクトの種になっていることはサパティスタの蜂起に示されている。

四　考察

これまで、先住権とトランスボーダー・コンフリクトのかかわり合いをとり上げてきたが、今後のトランスボーダー・コンフリクト、とりわけ先住権をめぐる環境保護と開発とのかかわりをとり上げた。先にも述べたように、先住権にはどのような権利が含まれているのか、どの権利が排除されているのかについて、国際的なコンセンサスはおろか、どの国でも国内的なコンセンサスもない。しかしそれでも、定義も規定もないまま、先住権を容認する認識は国内・国際世論に浸透しつつある。いくつかの国家が先住民族と先住権を担当する政府機関を設置しているし、有力な国際機関もその問題に対する積極的な指導を行っていることが、そうした認識を反映している。

国内の先住民族と先住権を担当する所管庁には、カナダの「先住民および北方開発省」(Department of Indian Affairs and Northern Development)、オーストラリアの「アボリジニ・トレス海峡島嶼民委員会」(Aboriginal and Torres Strait Islanders Commission)、アメリカの「先住民局」(Bureau of Indian Affairs)、ブラジルの「国立インディオ基金」(National Indio Foundation)、メキシコの「国立先住民庁」(Instituto Nacional Indigenista)、マレーシアの「オラン・アスリ省」(Department of Orang Asli Affairs) などがある。それぞれの組織の運営理念と政策は、先住民族の同化・統合と先住民族の生活環境を破壊する開発の推進を主な目的とするブラジルの国立インディオ基金やメキシコの国立先住民庁という立場から、先住権に積極的に取りくんでいるカナダの先住民および北方開発省やオーストラリアのアボリジニ・トレス海峡島嶼民委員会の立場まである。しかし、いずれの組織も、先住権は無視のできない課題であるという認識から出発しているといえる。また、同化・統合を標榜するブラジルの国立インディオ基金が進めているアマゾニア開発や、メキシコの国立先住民庁のチアパス州のザパティスタ運動への対応が国際世論の批判にさらされ、先住権への考慮を余儀なくされている（Hitchcock 1999）。カナダでは、先住民族と一緒の商業活動、あるいは先住民族の生活領域での商業活動に関する指南書（Smart and Coyle 1997）が出版されているのも、そうした配慮の現われの一つであろう。

国際的に先住民族と先住権に取りくんでいる組織として、国連の先住民作業部会や世界銀行、国際労働機関（ＩＬＯ）、ヨーロッパ連合がある。とくに先住権を容認させる影響力を発揮しているのは、国連の先住民作業部会と世界銀行、国際労働機関であろう（Anaya 1994, 1997；Barsh 1993, 1994）。

総会ではまだ採択はされていないが、注目を集めている国連の先住民作業部会がまとめた「先住民族の権利に関する国連宣言（案）」には、先住民族は環境全体――土地、大気、川・湖・海、海氷、動植物――を所有、開発、管理、使用する権利、土地や資源を開発する方法やプライオリティを決める権利、環境に対する自治権があるとされている。

マジョリティ社会への緩やかな統合を前提とした国際労働機関の第一〇七号条約（一九五七年）を修正した第一六九号条約（一九八九年）では、先住民族の文化と環境を保護し、先住民族と土地との関係を尊重しなければならないと規定されるようになった。

世界銀行が援助してきた、国家の都合を優先した開発プロジェクトによって、各地の先住民族が多大な被害を被ってきたことを反省した結果、一九九一年に「運用規定OD 4. 20」(Operational Directive)が採用された。それによると、世界銀行の援助による開発プロジェクトに際して、先住民族のニーズと環境保護に適合する計画が求められている。インド政府が強行しているナルマダ・ダム建設に関して、その規定を無視したため、世界銀行は援助を一九九三年にうち切ったなどの事例が示すように、国際機関が先住権の保護に対して徐々に影響を及ぼしはじめている。

いずれの宣言や条約、規定にも、強制力も罰則もないが、その精神は国際世論に影響を及ぼしており、先住民族の環境を破壊した今までの開発に対する補償の必要、およびこれからの開発において、先住民族への配慮を促す原動力となっている。ディック(Dyck 1985 : 15)がいうように、強制力も罰則もないこれらの国際的な取り決めには、「間の悪い政治」(politics of embarrassment)、すなわち先住民族とその先住権を無視する行動や政策に対して「ああ、何と恥ずべきことか」という、指差しの効力がある。

五　まとめ

トランスボーダー・コンフリクトはおそらく、人類の歴史と同じぐらい古いものである。コンフリクトは当初、地域集団の生活領域侵犯や生活資源をめぐる争いであったと考えられるが、時代が下がるにつれて、こうした争いの種のほかに、宗教対立などの多種多様な要素が加わった。二一世紀の現在には、政治思想《イデオロギー》、国家の中の支配権争い、「民族」対立などがコンフリクトの種になっている。

このように、トランスボーダー・コンフリクトの「境界《ボーダー》」は、国境だけではなく、エスニック・ボーダー、宗教圏のボーダー、イデオロギーのボーダー、経済活動のボーダーなど、きわめて多様性に富んだ概念だといえる。これらのボーダーを超えた、さまざまなコンフリクトが起きている。

こうしたコンフリクトの歴史的な主役は地域集団や「民族」、さまざまな形態の「国」、宗教団体などであったが、「先住民族」という、一九六〇年代に芽生えたカテゴリーも、コンフリクトの主役を演じるようになった。先住民族はその名称のとおり、「民族」の一種ではあるが、それまでの少数民族ときわだった違いは、先住民族には先住権があると主張されていることである。

先住権とは、あいまいな概念であり、先住権が憲法で保障されているカナダですら、その具体的な内容が明文化されておらず、判例によって逐次、確立していくのが実情である。このように不確実な概念ではあるが、カナダなどの、イギリスからの移民が主体《マジョリティー》になっている旧植民地では、日増しに定着しつつある。

また、国連などの国際機関でとり上げられている民族の自律・自決に関する議論を通じて、先住民族と先住権がトランスボーダー・コンフリクトにおける、さけて通れない要素であり、今後、ますます重要な課題になると予想される。

（引用文献）

スチュアート　ヘンリ　一九九七a　「先住民族運動―その歴史、展開、現状と展望」『紛争と運動』青木保ほか編、岩波講座人類学六、二二九―二五七頁、岩波書店。

――　一九九七b　「北ケベックの先住民―二つのマジョリティに翻弄されるイヌイットとインディアン」西川長夫ほか編『多文化主義・多言語主義の現在―カナダ、オーストラリア、そして日本』一〇九―一三二頁、人文書院。

——— 一九九八 「先住民族が成立する条件—理念から現実への軌跡」『周辺民族の現在』二三五—二六三頁、世界思想社。
———（印刷中）「先住民と国家—カナダ・ケベックを中心に」『国民国家はどう変わるか』小倉充夫・梶田孝道編、東京大学出版会。
苑原俊明 一九九八 「マイノリティである先住民族の権利—二風谷ダム事件」『ジュリスト』一一三五、二七三—二七五頁。
内藤暁子 二〇〇〇 「未来への指針—再評価されたワイタンギ条約とマオリの戦略」『国立民族学博物館研究報告別冊』二一、三二九—三四六頁、国立民族学博物館。
細川弘明 一九九七 「先住権のゆくえ—マボ論争からウィック論争へ」西川長夫ほか編『多文化主義・多言語主義の現在—カナダ、オーストラリア、そして日本』一七七—一九九頁、人文書院。
Anaya, S. James 1994 International Law and Indigenous Peoples : Historical Stands and Contemporary Developments, *Cultural Survival Quarterly* 18 (1), 42-44, Cultural Survival.
——— 1996 Indigenous Peoples in International Law, *Cultural Survival Quarterly* 21 (2), 56-61, Cultural Survival.
Barsh, Russel 1993 A 'New Partnership' for Indigenous Peoples : Can the United Nations Make a Difference ?, *American Indian Quarterly* 17 (1), 197-227, Native American Studies Program, University of California.
——— 1994 Making the Most of ILO Convention 169, *Cultural Survival Quarterly* 18 (1), 45-47, Cultural Survival.
Cairns, Alan 2000 *Citizens Plus : Aboriginal Peoples and the Canadian State*, UBC Press
Colorado Journal of International Environmental Law and Policy 1994 *Endangered Peoples : Indigenous Rights and the Environment*, University Press of Colorado
Dyck, Noel 1985 Aboriginal Peoples and Nation-states : An Introduction to the Analytical Issues, in Dyck (ed.)

Indigenous Peoples and the Nation-state, pp. 1-26, Institute of Social and Economic Research, St. Johns : Memorial University

Feit, Harvey　1996　Ligitimation and Autonomy in James Bay : Cree Response to Hydro-electric Development, in Dyck (ed.) *Indigenous Peoples and the Nation-state*, pp. 27-66, Institute of Social and Economic Research, Memorial University

Flanagan, Tom　2000　*First Nations ? Second Thoughts ?*, McGill-Queen's University Press

Freeman, Milton, ed.　2000　*Endangered Peoples of the Arctic : Struggles to Survive and Thrive*, Greenwood Press

Hitchcock, Robert　1999　Indigenous Peoples' Rights and the Struggle for Survival, in Lee and Daly(eds.) *The Cambridge Encyclopedia of Hunters and Gatherers*, pp. 480-486, Cambridge University Press

Huntington, Henry　1992　*Wildlife Management and Subsistence Hunting in Alaska*, Seattle : University of Washington Press

Nash, June　2001　Globalization and the Cultivation of Peripheral Vision, *Anthropology Today* 17 (4), 15-22, Royal Anthropological Institute.

Oakes, Jill and Rick Riewe, eds.　1997　Issues in the North, Vol. 2, *Occasional Publication No. 41*, Canadian Circumpolar Institute

O'Neil, John, Brenda Elias and Annalee Yassi　1997　Poisoned Food : Cultural Resistance to the Contaminants Discourse in Nunavik, *Arctic Anthropology* 34 (1), 29-40, University of Wisconsin.

Osherenko, Gail and Oran Young　1989　*The Age of the Arctic : Hot Conflicts and Cold Realities*, Cambridge University Press

Perry, Richard　1996　*From Time Immemorial : Indigenous Peoples and State Systems*, University of Texas Press

Peters, Evelyn　1999　Native People and the Environmental Regime in the James Bay and Northern Quebec Agreement, *Arctic* 52 (4), 395-410, The Arctic Institute of North America.

Poirier, Sylvie ; Lorraine Brooke 2000 Inuit Perceptions of Contaminants and Environmental Knowledge in Salluit, Nunavik, *Arctic Anthropology* 37 (2), 78-91, University of Wisconsin.

Skinner, Ramona 1997 *Alaska Native Policy in the Twentieth Century*, Garland Publishing

Smart, Stephen ; Michael Coyle, eds. 1997 *Aboriginal Issues Today : A Legal and Business Guide*, Self-Counsel Press

Smith, Melvin 1995 *Our Home or Native Land ? What Government's Aboriginal Policy is Doing to Canada*, Crown Western

カナダ極北地域における知識をめぐる抗争
——共同管理におけるイデオロギーの相克——

大村敬一

一　はじめに

カナダ極北圏では、一九七〇年代後半に野生生物資源の管理に先住民が参加する共同管理（Co-Management）制度が芽生えて以来、近代科学の「科学的な生態学的知識」（Scientific Ecological Knowledge：以下ＳＥＫと略す）だけではなく、極北の先住民であるイヌイトの人々の「伝統的な生態学的知識」（Traditional Ecological Knowledge：以下ＴＥＫと略す）を共同管理に活用することの重要性が認識されるようになってきた。イヌイトのＴＥＫとは、イヌイトが過去数百年にわたって極北の環境に適応しながら蓄積してきた知識と信念と実践の統合的体系のことである。このイヌイトのＴＥＫは、かつては近代科学より劣った「未開の科学」とみなされてきたが、今日では、ＳＥＫと対等な世界理解のパラダイムとして認められるようになってきた。そして、共同管理が十全に機能するためには、意志決定の過程にイヌイトが参加することはもちろんのこと、意志決定の根拠として近代科学のＳＥＫだけでなく、イヌイトのＴＥＫを考慮する必要が認識されるようになってきたのである。

しかし、イヌイトのＴＥＫを野生生物資源の管理に活かす共同管理の試みは困難と直面してきた。近代科学の

ＳＥＫとイヌイトのＴＥＫは、その特性が異なっているためにうまく両立せず、共同管理の現場で両者の見解が対立してしまう場合すらあったからである。今日では、こうした背景をうけて、イヌイトのＴＥＫを近代科学のＳＥＫと両立させるための有効な方策を探ることが求められている。

本稿では、こうした近代科学のＳＥＫとイヌイトのＴＥＫの両立をめぐる問題を解決するための出発点として、この二つの種類の体系の比較を試みる。まず、イヌイトのＴＥＫを概観したうえで、共同管理の現場における近代科学のＳＥＫとイヌイトのＴＥＫをめぐる問題の現状について検討する。そして、近代科学のＳＥＫとイヌイトのＴＥＫの比較を行い、セルトー（一九八七）が提示した「戦略」と「戦術」という実践様式の区別に基づいて次のような仮説を提示する。すなわち、ＳＥＫが「戦略」のイデオロギーによって駆動されているのとは対照的に、イヌイトのＴＥＫは「戦術」のイデオロギーによって駆動されており、この二つの体系が共同管理の現場でうまく両立しないのは、それぞれの体系を方向付けているイデオロギーが、正反対の方向を向いているからなのではないかという仮説である。そして、このようにＳＥＫとＴＥＫを基礎づけているイデオロギーが正反対を志向しているのであれば、この二つの種類の知識と信念と実践の体系を統合することは原理上不可能であり、共同管理を十全に機能させるためには、この両者を無理に統合するのではなく、両者を共存させながら使い分けてゆくためのシステムをこそ、考えてゆかなければならないのではないかという問題提起を行う。

二　イヌイトの「伝統的な生態学的知識」（ＴＥＫ）

最近二〇年ほどの間に、極北人類学に限らず、人類学一般において、「伝統的な生態学的知識」（ＴＥＫ）という術語が頻繁に使われるようになってきた。このTEKは単なる知識体系としてではなく、民俗分類体系、生態系の動態的なプロセスに関する知識、世界観、呪術、芸術、生業技術、禁忌などを含む、先住民の知識と信念と実践の統合的体系として定義され（Berkes 1993, 1999 ; Hunn 1993 ; Lewis 1993 ; Nakashima 1991）、近代科学と肩を並べるもう一つのパラダイム、あるいはレヴィ＝ストロースの「具体の科学」（一九七六）に類するものとして語られてきた（Berkes 1993 ; Nakashima 1991）。つまり、TEKとは、欧米の近代科学の基準における「自然」環境についてだけでなく、「社会」や「超自然」をも含むかたちで先住民に把握されている環境全体について、過去何世紀にもわたるその環境との相互作用を通して先住民がそれぞれに鍛え上げてきた知識と信念と実践の統合的体系の総称であり、欧米の近代科学とは異なってはいるが、知的所産としては近代科学と対等な世界理解のパラダイムのことを意味しているのである。

極北人類学においても、この二〇年ほどの間に、イヌイトのTEKは盛んに研究されてきた。そして、極北の環境に関するイヌイトのTEKが、イヌイトに固有な世界観に基礎づけられていることが明らかにされてきた。ユダヤ＝キリスト教思想とデカルト思想の流れを汲む欧米近代の自然観が、「自然対人間」という二元論に基づいているのに対し、イヌイトは自然と人間を切り離さずに一体的な全体として捉える一元的な世界観をもっており、イヌイトのTEKが、そうした一元的な世界観に基礎づけられていることが明らかにされたのである。そして、こうしたイヌイトの世界観に従って解読すれば、かつては荒唐無稽な迷信とみなされてきたTEKも、その精確さや説明力の点で、近代科学のSEKに勝るとも劣らないことが明らかとなった。

特に、TEKの諸研究では、従来は「精霊」と解釈され、非合理的な宗教的概念とされてきた「イヌア」（inua）というイヌイトの概念が、「客人としての動物（animal as guest）」（Fineup-Riordan 1990）や「人間ではない人物（non-human person）としての動物」（Bordenhorn 1990 ; Fienup-Riordan 1990）という世界理解のためのルート・メタファーなのであって、荒唐無稽な迷信ではないことが示された。この「イヌア」は、「カリブーのイヌア」(tuktup inua) などのかたちで、犬を除いた万物に適用される概念であり、かつては万物に宿っている「精霊」と解釈され、「イヌア」を軸に展開される物語や動物に対するタブーなどは、神話や迷信として理解されてきた (Balikci 1970; Oosten 1976)。こうした解釈は、「イヌア」を軸に展開される知識が、非合理で主観的な虚構であることを暗黙の前提としており、合理性や経験実証性を基準に、そうした知識を宗教現象として、合理的で客観的な科学的知識から区別する欧米近代の「科学対非科学(宗教、神話、迷信)」という民俗分類に基づくものであった。一方、TEKの諸研究では、この「イヌア」という概念が、イヌイトの視点に立てば、非合理な迷信であるわけでも虚構であるわけでもなく、自己の周囲に観察される様々な現象を精確に把握するためのルート・メタファーであることが明らかにされた。

この「イヌア」を基軸に展開されるイヌイトのTEKでは、動物などの生命体、山河や特定の地理的場所などの非生命体を含め、世界の中の存在が、「イヌア」すなわち「人間ではない人物」として擬人化され、様々な動物種はそれぞれ同種ごとに種社会を形成して人間と同じような社会生活を営んでいるとされている (Bordenhorn 1990; Fienup-Riordan 1999)。そして、世界は、様々な種類の「イヌア」たちが、同種ごとに形成する様々な種社会を基礎的な社会的単位に、様々な種社会内関係や種社会間関係を結んでいる巨大な社会空間とみなされ、世界で生じる様々な現象は、その社会空間で展開される様々な社会関係として理解されているのである。

例えば、ジャコウウシの「イヌア」種社会には、人間の社会と同様に経験を積んだ古老がおり、その種社会はその古老の知恵に従って冬季の厳しい環境を生き抜いていると説明される。そして、年老いたジャコウウシを狩りすぎると、繁殖適齢期の若いジャコウウシを乱獲するのと同様に、それぞれの種の個体数を減らしてしまうと認識されている (Freeman 1985, 1993)。そのため、運動能力が下がっているために容易に狩ることができるにもかかわらず、年老いたジャコウウシを狩ることは慎まれる。また、ジャコウウシの「イヌア」種社会は、カリブーの「イヌア」種社会を好ましく思っておらず、一方の種社会が進出した地域からもう一方の種社会は撤退すると考えられている（Collings 1997；Freeman 1985, 1993）。逆に、人間の「イヌア」種社会とアザラシの「イヌア」種社会の場合には、両種社会の間に互酬的な関係が結ばれているとされる。そして、アザラシの「イヌア」種社会が人間の「イヌア」種社会に肉や毛皮を提供して人間社会の繁栄を助ける一方で、人間はそのアザラシに対して、様々なタブーを守ることによって深い敬意を払い、客人としてもてなして海に送ることによって、アザラシの「イヌア」種社会の再生産に助力を与えていると説明される（Fineup-Riordan 1990）。

こうした「イヌア」のルート・メタファーを軸に展開されるイヌイトの世界理解は、「自然対人間」という二元論を基軸に展開される近代科学の視点からみれば、確かに人間と動物の間の根元的差異を混同している荒唐無稽な「神話」にしかみえない。しかし、実際に観察される様々な現象について、こうしたイヌイトの説明と近代科学の説明を対照的に比較する研究が進展するにつれ、イヌイトのＴＥＫが、多くの場合、精確さや説明力、現象を再現する際の妥当性などの点で、近代科学に勝るとも劣らないことが明らかとなってきた。

例えば、カリブーやジャコウウシなど、様々な動物種の群れにおいては、実際に年老いた個体が、冬季に生き延びるために氷雪の下から食物の植物を掘り出す技術を幼少の個体に教えていることが知られるようになり、イヌイトの説明にある通り、年老いた個体はそれぞれの種で重要な役割を担っていることが明らかになった（Freeman 1985, 1993）。また、カリブーの群れの大きさが約七〇～一〇〇年周期で増減を繰り返している可能性をはじめ、様々な動物種が、敵対関係や互酬的関係などのかたちで相互に密接に関連しながら、分布地域や移動ルート、群れの規模を周期的に変えていることなど、イヌイトが諸「イヌア」種社会間関係のメタファーで説明している現象が実際にその通りである可能性が指摘されるようになってきた（Collings 1997；Freeman 1985,

1993)。一見すると荒唐無稽に見える「イヌア」種社会のルート・メタファーは、決して非現実的で非合理な「神話」であるわけではなく、むしろ、様々な動物種間の複雑で微妙な共生的相互関係を説明するに際しては、近代科学よりも適したパラダイムである可能性が指摘されるようになってきたのである。

三　共同管理の現場でのTEKとSEK

以上のように、TEKの諸研究によって、イヌイトのTEKは、イヌイトが環境との間に交わす観念的、社会的、物質的な相互作用を秩序付けている世界理解のパラダイムとしてとらえなおされ、近代科学とは異質ではあるが、対等な知的所産であることが明らかにされてきた。そして、そうした諸研究の成果を背景に、イヌイトのTEKを近代科学のSEKと対等な資格で野生生物の共同管理に活用しようとする機運が生じるようになってきた。

イヌイトの先住民運動が活発化するようになる一九七〇年代以来、今日にいたるまで、イヌイトは先住民運動の一環として、従来、欧米のドミナント社会が近代科学のパラダイムに従ってイヌイトの意向とは関係なく展開してきた環境管理や環境開発に対して異議を申し立て続けてきた。イヌイトが自身のテリトリー（生活領域）で行われる環境管理や環境開発の過程に主体的に参加する権利を主張するようになり、欧米のドミナント社会の利害に基づいて行われてきた従来の政策決定のあり方と、その基礎となってきた近代科学の一極支配に対して修正を求めてきたのである。当初、この異議の申し立ては、カリブーやクジラ、様々な渡り鳥など、絶滅が危惧された野生生物種を保護するために、イヌイトのあずかり知らぬ国際協定や国内法によって決定された禁猟や禁猟期に対する反対や、マッケンジー川流域などで発見された埋蔵資源の開発、北極海におけるタンカーの定期航路や内陸部におけるパイプ・ラインの建設などへの反対運動として始まった。

こうしたドミナント社会の環境管理計画や大規模環境開発の推進者たちは、その環境に暮らしているイヌイトへの配慮に欠け、イヌイトの意見を聞くことすらなかっただけでなく、カリブーなどの絶滅が危惧されていた野生生物の減少は、高性能ライフルやスノーモービルを手に入れたイヌイトが無節操な乱獲をするようになった結果であるとみなし、イヌイトを管理能力に欠けた無謀な乱獲者として非難することすらあった。特に、生物学者の間では、外的規制がない自然状態の人間には自制心がないとするホッブス的思想と、マンモスやサーベル・タイガーなどの生物種の絶滅が、初期人類の乱獲によって引き起こされたという根拠の曖昧な仮説に従って、イヌイトを含めた狩猟・採集民は本質的に無節操な乱獲者であるとみなす傾向が強かった。そして、高性能ライフルやスノーモービルなどの近代的装備を手に入れる以前は、たまたまイヌイトの生業技術が「原始的」であるために、生態系のバランスが維持されていたにすぎないとみなしてきたのである(Collings 1997; Freeman 1985)。

前節でみたように、「イヌア」のルート・メタファーに基づくイヌイトのTEKが、実際にみられる現象を的確に説明していることを明らかにしてきたTEKの諸研究は、TEKに従って実践されるイヌイトの生業活動が、環境管理の面でも優れた能力をもっていることを指摘し(Freeman 1985, 1993)、イヌイトに対する欧米近代社会の偏見を是正してきた。そして、近代科学に勝るとも劣らないイヌイトのTEKを環境開発や環境管理の現場で活用することの重要性を強調することで(Freeman 1976, 1985; Freeman and Carabyn 1988)、欧米ドミナント社会の勝手な環境開発に異議を申し立てるイヌイトの先住民運動に理論的な基盤を提供することになった。

こうした流れを受けて、一九七〇年代後半になると、野生生物資源管理や環境開発計画、環境アセスメントのために行われる調査、分析、意志決定の全過程に、イヌイトが国家や地方自治体の行政組織と対等に参加する共同管理の制度が、極北圏で次々と実現されていった。一九七五年の「ジェームズ湾および北ケベックにおける狩猟・漁労・罠猟の管理制度」(James Bay and Northern Quebec hunting, fishing and trapping regime)を皮切りに、一九八一年には北アラスカでの「アラスカ捕鯨管理制度」(Alaska whaling regime)、一九八二年の「ビヴァーリーおよびカミノゲアク・カリブー管理制度」(Beverly and Kaminuriak caribou management regime)、一九八五年の「イヌヴィアルイト野生生物捕獲および管理制度」(Inuvialuit wildlife harvesting and management regime)、一九九三年の「ヌナヴト野生生物管理制度」(Nunavut wildlife management regime)など、イヌイトが野生生物の管理に参加する共同管理制度が次々に設立されてきた。こうした共同管理制度では、野生生物資源管理のために行われる調査、分析、意志決定の全過程に、イヌイトが国家や地方自治体の行政組織と対等の資格で参加することが保証されるとともに、その調査と分析の過程では、近代科学のSEKとイヌイトのTEKが対等な資格で協力すべきであるとうたわれている。

　しかし、このようにイヌイトのTEKが近代科学のSEKと異質ではあるが対等なパラダイムであることが認められるようになり、共同管理の現場で、イヌイトのTEKを活用しようとする動きが生まれたにもかかわらず、実際に共同管理制度が運営されるようになると、いかにイヌイトのTEKを活用するべきなのかをめぐって問題が生じるようになってきた。TEKを熟知しているイヌイトのハンターと科学者が協力する態勢が整備され、一見すると理想的な状態にあるようにみえる共同管理制度でも、その理想的状態はあくまで形式的な外観だけで、実際にはイヌイトのハンターの意見が黙殺され、科学者の独断で環境管理が進められるケースが決して少なくないことが明らかとなってきたからである(Collings 1997; Freeman 1985, 1997; Morrow and Henzel 1992)。

　例えば、コリングス(Collings 1997)によれば、一九九[illegible]年にカナダのホルマン(Holman)で発生したカリブーの群の減少をめぐって一九九〇年代半ばに展開された共同管理では、調査、分析、意志決定の全過程にイヌイトが参加する理想的な共同管理が実現されているようにみえながらも、TEKに基づくイヌイトの意見は事実上黙殺され、科学者の独断によってカリブーの禁猟が決定された。長年の詳細な観察と「イヌア」のルート・メタファーに基づいて、イヌイトのハンターは、ホルマン近隣の地域でのカリブーの減少を、その地域へのジャコウウシの進出を嫌ったカリブーの群が他地域へ移動したためであると説明した。しかし、共同管理に参加した行政官や生物学者は、イヌイトのハンターに型通りのインタビューを行っただけでその意見を黙殺し、近代科学の基準に基づいて実施した航空機観測や統計調査などに従って、そのカリブーの減少をイヌイトの乱獲によるものと判定したのである。その結果、カリブーの増加が認められるまで、イヌイトのカリブー猟を禁止することが、イヌイト、行政官、科学者が参加する会議で決定された。

言うまでもなく、TEKに精通したイヌイトのハンターはこの決定には不服であり、自身の意見が科学者からまったく相手にされなかったことに抗議する意味でその会議をボイコットした。しかし、そうした反対派のハンター以外のイヌイトが参加することで会議は成立してしまった。つまり、事実上は、その会議での禁猟の決定は、イヌイトのハンターの意見を封じ込めてなされた決定だったのである。この禁猟の決定は、イヌイトと科学者の間に不信の種を植え込み、イヌイトの間では、イヌイトの生業活動離れを促して同化しようとする政府の陰謀ではないかとする噂まで流れたと報告されている。

また、一九九一年にアラスカのクスコクウィム（Kuskokwim）川でのサケ漁を禁止するかどうかをめぐって展開されたユッピク（Yup'ik）と政府の交渉について検討し、その会議の記録を会話分析の手法によって分析したモローとヘンセル（Morrow and Hensel 1992）は、ユッピクの発言が近代科学の基準から逸脱していることを理由にいかに排除されていくのかを検証している。環境管理や環境開発についてユッピクと政府の間で展開される交渉の場では、近代科学の基準に従った術語や話法、論理が尊重され、科学者の報告に信頼性が置かれるのに対して、TEKに従った術語や話法、論理で語るユッピクの古老には、型通りの発言の機会が与えられるだけで、その発言は政策決定にはほとんど何の影響も与えていないことが明らかにされている。例えば、ユッピクの古老は、クスコクウィム川流域の広大な地域からもたらされた詳細な情報と「イヌア」のルート・メタファーに基づいて、サケの分布地域や移動パターンを説明し、当時減少しつつあったサケは、実際に個体数が減っているわけではなく、移動ルートが変わっただけで、また再び戻ってくると主張した。しかし、政府の行政官は、この古老の発言を溜息混じりに聞き流し、数年間の定点観測という限定された地域と時間で実施された科学的調査の定量的な報告には熱心に耳を傾けたという。その結果、ユッピクのサケ漁は一時的に禁止すべきであるという科学者の勧告がそのまま採用されたのである。

こうした事例は、実証性と客観性の基準を盾に、欧米のドミナント社会が依然として環境開発や環境管理の主導権を手放すつもりがないことだけでなく、本来は近代科学とTEKが対等な資格で協力しあう制度として考案された共同管理の場においても、近代科学が主導権を握り続け、イヌイトのTEKが依然として排除されていることを示している（Bielawski 1996; Collings 1997; Freeman 1985, 1997; Nadsdy 1999）。政策決定に影響を及ぼすのはあくまで近代科学の分析結果なのであって、イヌイトのTEKは、よくても、単に近代科学に基礎データを提供するにすぎないのである。

もちろん、TEKの研究が盛んに行われている今日においては、環境管理や環境開発にたずさわる行政官や科学者も、イヌイトが自然環境に関して精確な知識をもっていることを知らないわけではない。また、共同管理制度の整備が端的に物語っているように、TEKの諸研究の努力によって、今日ではイヌイトのTEKを「未開の科学」とみなす偏見は影をひそめ、近代科学と対等なパラダイムとして尊重する姿勢が一般的になりつつある。また、「我々の任務は伝統的な知識と科学を統合することである」（De Cotret 1991：8；Bielawski 1996 より引用）

というカナダ環境大臣による発言にみられるように、一九九〇年代には、イヌイトのTEKを近代科学に統合することの重要性が認識されるようになり、実際に統合のための具体的な試みが行われるようにもなってきている。しかし、TEKとSEKの統合は遅々として進まず、むしろ挫折しつつあるという認識が広まりつつある（Nadasdy 1999）。また、極北圏で調査を行っている科学者を対象に一九九〇年から一九九一年にかけて民族誌学的調査を行ったビエラウスキー（Bielawski 1996）によって、生物学者をはじめ様々な種類の自然科学者の大部分は、イヌイトのTEKが自己の研究と関係があり、場合によっては有用であることを認めているにも関わらず、イヌイトと共同研究を行うどころか、接触したことすらないと報告されている。

四　「戦術」のイデオロギーと「戦略」のイデオロギー

このように、共同管理の現場でTEKとSEKが対立してしまったり、すれ違ったりしてしまい、しかも、この両者の統合の試みがうまく進展しない要因の一つとして、TEKにみられるSEKとの異質性が指摘されてきた[1]（Brody 1976; Nadasdy 1999; Stevenson 1996; Wenzel 1999）。これら二つのパラダイムは相互に共約不可能なほど異なっているだけでなく、野生生物の増減の理由など、同一の現象に対する説明が食い違ってしまう場合があるからである。バークス（Berkes 1993, 1999）やフリーマン（Freeman 1985, 1993）、ガンら（Gunn, Arlooktoo and Kaomayok 1988）、ステヴェンソン（Stevenson 1996）は、これまでに様々な地域で行われたTEKの諸研究に基づいて、こうした対立やすれ違いを引き起こすTEKとSEKの相違を表1のようにまとめている。[2]

このようなTEKとSEKの相違は、セルトー（一九八七）が提示した「戦略」と「戦術」という実践様式の

表1 （Berkes 1993, 1999 ; Freeman 1985, 1993 ; Gunn, Arlooktoo and Kaomayok 1988 ; Stevenson 1996 より要約）

伝統的な生態学的知識（TEK）	科学的な生態学的知識（SEK）
定性的	定量的
直観的	合理的
全体的でコンテキスト依存型	分析的で還元主義的
倫理的	没価値的
主観的で経験的	客観的で実証的
柔軟性	厳密で固定的
知識の形成に時間がかかる	知識の形成が早く，結論に早く至る
空間的に限定された地域での長期間の変化については詳しい	短期的ではあるが空間的には広大な地域をカバーする
精神論的な説明原理（「イヌア」のルート・メタファーなど）	機械論的な説明原理
環境を対象化したり管理したりしようとはしない	環境を対象化して管理しようとする

区別に照らし合わせれば、それぞれが「戦術」のイデオロギーと「戦略」のイデオロギーという正反対のイデオロギーに基礎づけられているために生じた結果なのではないかと考えることができる(3)。

セルトーによれば、「戦略」とは、周囲の環境から身を引き離し、一望監視的あるいは鳥瞰的な視点から環境を一挙に見通して対象化する実践主体が、その対象化した環境をコントロールしようとする実践様式である。「政治的、経済的、科学的な合理性というのは、このような戦略モデルのうえに成り立っている」とセルトー（一九八七：二五―

二六）が指摘しているように、こうした「戦略」こそ、SEKを方向付けているイデオロギーである。表1にあるように、近代科学は環境を人間との関係から切り離して対象化したうえで、その環境にみられる現実の多様性を一般化したり定量化したりすることによって、環境に関する客観的な知識を構築し、その客観的な知識に基づいて、環境の全体を一挙に把握しようとする実践だからである。このように、SEKでは、環境は人間との関係から切り離されて対象化されており、それ故に、一般化や法則化など、環境に関する情報の操作が可能となる。そして、このように環境を対象化する「戦略」の延長線上に、環境を管理して操作しようとする近代的な環境開発の発想があると言えるだろう。

一方で、セルトー（一九八七）によれば、「戦術」とは、「戦略」とは対照的に、環境との密接な関係に巻き込まれながら、その中に一瞬あらわれる機会をつかみ、その機会を利用して「その場しのぎ」的に「うまくやる」機略のことである。こうした「戦術」こそ、イヌイトのTEKを支えているイデオロギーである。例えば、表1にあるように、イヌイトのTEKは、柔軟で経験的な性格をもち、コンテキストの全体をできるだけ保持しようとするコンテキスト依存的な特徴をもつが、こうした柔軟性や経験性、コンテキスト依存性は「戦術」に基礎づけられていると言える。機に乗じて機会を利用するためには、その機がふいに訪れた時に即興的に応じる機敏さや当意即妙な柔軟性が要されるが、そういった時にものをいうのは具体的なコンテキストから切り離された抽象的で固定的な法則や原則ではなく、具体的なコンテキストに即した無数の対処法を知っていること、つまり蓄積された豊かな経験だからである。

こうした「戦術」に基礎づけられたイヌイトのTEKにあっては、環境は対象化して操作、管理することができる資源とみなされることはない。イヌイトの「戦術」的なTEKでは、それぞれの具体的な状況でどのような行動が有効なのか、つまり、それぞれのコンテキストに即した有効な方策を無数に知っていることにこそ価値があるからである。「戦略」的なSEKが、対象化された環境を資源として開発しようとするのとは対照的に、イヌイトの「戦術」的なTEKは、コンテキストごとに異なる無数の対処法を経験の蓄積として開発しようとする。その結果、野生生物をはじめとする環境は、人間との関係から切り離され、利用、管理されるような資源として対象化されることはない。むしろ、生業活動の実践を積み重ねることによって環境との関係を密にし、そこでの多様な経験を記憶の蓄積として開発することにイヌイトの関心は集中することになる。イヌイトは道路を造ったり、動物を管理したりしながら環境を開発してゆくかわりに、経験の物語を編みだし、自身の記憶を開発してゆこうとするのである。

以上のように、イヌイトのTEKが、「戦術」のイデオロギーによって基礎付けられている一方で、近代科学のSEKが「戦略」のイデオロギーによって基礎づけられていることがわかれば、なぜ、イヌイトのTEKの見解が、共同管理の現場でSEKの見解とすれ違ったり、正面から衝突したりしてしまったのかを理解することができるだろう。

五　おわりに

本稿では、イヌイトのTEKについて概観し、野生生物の共同管理におけるイヌイトのTEKと近代科学のSEKの両立をめぐる問題について検討したうえで、この問題を解決するための出発点として、TEKとSEKの簡単な比較を試みてみた。

先住民運動が盛んになる一九七〇年代後半以後、TEKの諸研究によって、イヌイトのTEKは近代科学のS

EKと異質ではあるけれども対等な世界理解のパラダイムであることが明らかにされ、TEKを野生生物資源の共同管理に活用することの重要性が認識されるようになってきた。しかし、こうした動向が生まれたにもかかわらず、実際に共同管理制度が運営されるようになると、いかにイヌイトのTEKを活用するべきなのかをめぐって問題が生じるようになってきた。TEKを熟知しているイヌイトのハンターと科学者が協力する態勢が整備され、一見すると理想的な状態にあるようにみえる共同管理制度でも、その理想的状態は形式的な外観だけで、実際にはイヌイトのハンターの意見が黙殺され、科学者の独断で環境管理が進められるケースが決して少なくないことが明らかとなってきたからである。

本稿では、このように共同管理の現場でTEKとSEKが対立してしまったり、すれ違ったりしてしまう要因の一つとしてTEKとSEKの相違について検討し、イヌイトのTEKが「戦術」のイデオロギーに基礎づけられている一方で、SEKが「戦略」のイデオロギーに基礎づけられているのではないかという仮説を提示した。イヌイトのTEKは「戦術」のイデオロギーに基礎付けられており、生業活動の実践を繰り返して環境と密接な関係を築きながら、自分自身の経験を磨いてゆこうとする。一方で、SEKは「戦略」のイデオロギーに基礎づけられ、環境それ自体を対象化して支配し、その環境を管理したり、手を加えて変えてゆこうとする。つまり、イヌイトのTEKと近代科学のSEKとでは、それぞれを基礎づけているイデオロギーが正反対の方向を向いているのである。

このように、イヌイトのTEKと近代科学のSEKのそれぞれを基礎づけているイデオロギーが正反対の方向を向いているのであれば、イヌイトのTEKと近代科学のSEKを統合することは原理的には不可能であると言えよう。そして、TEKとSEKを統合することが不可能であるならば、TEKを共同管理の現場で活かしてゆくために必要なのは、TEKとSEKを無理に統合しようとするのではなく、両者を基礎づけている「戦術」と

「戦略」のイデオロギーを両立させるための方策を考えてゆくことなのではないだろうか。どのような状況でどちらのイデオロギーを優先するのか、あるいは、この二つのイデオロギーをバランスよく共存させ、その時々の状況にあわせて使い分けるために必要な意志決定のシステムとは、どのようなシステムなのだろうか。極北圏における野生生物の共同管理にあっては、イヌイトのTEKとSEKを無理に統合するのではなく、この両者を共存させながら使い分けてゆくためのシステムをこそ考えてゆかなければならないと言えるだろう。

（注）

（1）イヌイトのTEKと近代科学のSEKの統合を阻んでいる要因として、それぞれの特性の相違だけでなく、イヌイト社会と欧米ドミナント社会の間にある権力の不均衡な構造が指摘されている（Nadasdy 1999）。TEKとSEKの背景にある権力の問題、特に極北人類学者の民族誌の記述をめぐる権力の問題については、別稿（大村　二〇〇一）で論じたので参照願いたい。

（2）TEKとSEKの相違の具体例については、すでに別稿（大村　一九九九、二〇〇一）で詳しく論じたので参照願いたい。

（3）イヌイトのTEKとSEKは、イデオロギーのレベルでは「戦術」と「戦略」という正反対の志向性をもっているが、これは、TEKが「本質」的に「戦術」的で、SEKが「本質」的に「戦略」的であるということを意味しているわけではない。実践のレベルでは、両者ともに「戦略」的実践と「戦術」的実践のバランスのよい協調のうえに成り立っており、その実践が客体化されて語られたり、テキストとして提示されたりする場合に、TEKでは「戦術」的実践が、SEKでは「戦略」的実践が強調されるにすぎない。この両者の間にみられる異質性は、イヌイト社会が、支配的な欧米社会との相互関係において、欧米社会とは異なる価値体系（イデオロギー）を追求した結果であり、イヌイトのTEKに「本質」として内在している異質性ではないのである。この点については、すでに別稿（大村　二〇〇一）で詳しく論じたので参照願いたい。

（引用文献）

大村敬一　一九九九　「カナダ・イヌイトの環境認識からみた〝資源〟と〝開発〟―〝大地〟概念の変化をめぐって」『北方の開発と環境』（第十三回北方民族文化シンポジウム報告書）北海道立北方民族博物館編、一二一―一二八頁。

――――　二〇〇一　「イヌイトのナビゲーションにみる日常的実践のダイナミズム―交差点としての民族誌」博士学位論文（早稲田大学大学院文学研究科）。

セルトー、ミシェル・ド　一九八七　『日常的実践のポイエティーク』（山田登世子訳）国文社。

レヴィ＝ストロース、クロード　一九七六　『野生の思考』（大橋保夫訳）みすず書房。

Balikci, Asen　1970　*The Netsilik Eskimo*. New York : The Natural History Press.

Berkes, Fikret　1993　Traditional Ecological Knowledge in Perspective. In Julian T. Inglis (ed.), *Traditional Ecological Knowledge : Concepts and Cases*. Ottawa : International Program on Traditional Ecological Knowledge, International Development Research Center, Canadian Museum of Nature. pp. 1-10.

――――　1999　*Sacred Ecology : Traditional Ecological Knowledge and Resource Management*. Philadelphia : Taylor and Francis.

Bielawski, Ellen　1996　Inuit Indigenous Knowledge and Science in the Arctic. In Laura Nader (ed.), *Naked Science : Anthropological Inquiry into Boundaries, Powers, and Knowledge*. NewYork and London : Routledge. pp. 216-227.

Bodenhorn, Barbara　1990　'I Am Not the Great Hunter, My Wife Is' : Inupiat and Anthropological Models of Gender. *Etudes/Inuit/Studies* 14 (2), 55-74.

Brody, Hugh　1976　Land Occupancy : Inuit Perceptions. In M. M. R. Freeman (ed.), *Report : Inuit Land Use and Occupancy Project* vol. 1. Ottawa : Department of Indian and Northern Affairs. pp. 185-242.

Collings, Peter　1997　Subsistence Hunting and Wildlife Management in the Central Canadian Arctic. *Arctic Anthropology* 34(1), 41-56.

De Cotret, R. R. 1991 Letter to the Editor. *Arctic Circle* 1(4), 8.

Fienup-Riordan, Ann 1990 *Eskimo Essays : Yup'ik Lives and How We See Them.* New Brunswick : Rutgers University Press.

Freeman, Milton M. R. (ed.) 1976 *Report : Inuit Land Use and Occupancy Project* (3 vols). Ottawa : Department of Indian and Northern Affairs.

Freeman, Milton M. R. 1985 Appeal to Tradition : Different Perspectives on Arctic Wildlife Management. In J. Brosted, J. Dahl, A. Gray, H. C. Gullov, G. Henriksen, J. B. Jorgensen and I. Kleivan (eds.), *Native Power : The Quest for Autonomy and Nationhood of Indigenous Peoples.* Bergen, Oslo, Stavanger, Tromso : Universitetsforlaget as. pp. 265-281.

———1993 Traditional Land Users as a Legitimate Source of Environmental Expertise. In N. Williams and G. Baines (eds.), *Traditional Ecological Knowledge : Wisdom for Sustainable Development.* Canberra : Center for Resource and Environmental Studies, Australian National University. pp. 153-161.

———1997 Issues Affecting Subsistence Security in Arctic Societies. *Arctic Anthropology* 34 (1), 7-17.

Freeman, Milton M. R. and Ludwig N. Carbyn (eds.), 1988 *Traditional Knowledge and Renewable Resource Management in Northern Regions.* Edmonton : Boreal Institute for Northern Studies, The University of Alberta.

Gunn, Anne, Goo Arlooktoo and David Kaomayok 1988 The Contribution of the Ecological Knowledge of Inuit to Wildlife Management in the Northwest Territories. In M. M. R. Freeman and L. N. Carbyn (eds.), *Traditional Knowledge and Renewable Resource Management in Northern Regions.* Edmonton : Boreal Institute for Northern Studies. pp. 22-30.

Hunn, Eugene 1993 What is Traditional Ecological Knowledge. In N. Williams and G. Baines (eds.), *Traditional Environmental Knowledge : Wisdom for Sustainable Development.* Canberra : Center for Resource and

Environmental Studies, Australian National University. pp. 13-15.

Lewis, Henry T. 1993 Traditional Ecological Knowledge: Some Definitions. In N. Williams and G. Baines (eds.), *Traditional Ecological Knowledge: Wisdom for Sustainable Development.* Canberra: Center for Resource and Environmental Studies, Australian National University. pp. 8-12.

Morrow, Phylis and Chase Hensel 1992 Hidden Dissension: Minority-Majority Relationships and the Use of Contested Terminology. *Arctic Anthropology* 29(1), 38-53.

Nadasdy, Paul 1999 The Politics of TEK: Power and the "Integration" of Knowledge. *Arctic Anthropology* 36 (1/2), 1-18.

Nakashima, Douglas 1991 *The Ecological Knowledge of Belcher Island Inuit: A Traditional Basis for Contemporary Wildlife Co-Management.* Ph. D. Dissertation. Montreal: Department of Geography, McGill University.

Oosten, Jaarich G. 1976 *The Theoretical Structure of the Religion of the Netsilik and Iglulik.* Meppel: Krips Repro.

Stevenson, Marc 1996 Indigenous Knowledge in Environmental Assessment. *Arctic* 49(3), 278-291.

Wenzel, George 1999 Traditional Ecological Knowledge and Inuit: Reflections on TEK Research and Ethics. *Arctic* 52(2), 113-124.

カナダ北西海岸におけるサケをめぐる対立
——ブリティッシュ・コロンビア州先住民族のケース——

岩崎・グッドマン　まさみ

一　はじめに

カナダ・ブリティッシュ・コロンビア州をおとずれる人々は、経済発展の象徴である都市文化が雄大な自然と共生する様子に感動し、さらに先住民族文化が今も息づく多文化社会の豊かさに驚く。しかし自然との共生を成し遂げたかにみえるこの多文化社会には、先住民族をめぐる歴史的な対立の傷が今もうずいているのである。一七七〇年代には、ヨーロッパから移入してくる人々の影響がブリティッシュ・コロンビア州に住む先住民族の生活にも及びはじめ、一八〇〇年代に入り先住民族は白人社会との共生という歴史の大きな節目を迎えた（Duff 1997）。その後に続くカナダ白人社会への同化政策の下で、先住民族はそれまでの生活の基盤であった漁労・狩猟を中心とした生業を規制され、しだいにカナダ資本主義経済の中に組み込まれていった。この過程における先住民族社会の変化の象徴がサケ漁である。先住民族にとって重要な食料であるばかりでなく、社会・文化の核ともいえるサケを管理・利用する主体がしだいに非先住民の手に移って行った。ついにカナダ政府の管理のもと、大部分のサケは非先住民を中心としたコマーシャル・フィッシャリーの捕獲対象となり、先住民族のサケ漁は自給のためだけに限定されるようになっていった（Meggs 1991; Newell 1993）。

一九〇〇年代のカナダ社会の近代化にともない、ブリティッシュ・コロンビア州の先住民族はカナダ白人社会へ同化することを強制されていった。その一方、先住民族のリーダー達はカナダ社会において先住民族としての地位を確立するために、努力を重ねていった。一九七〇年代から八〇年代にかけて、先住民族は民族アイデンティティーの基盤となる先住権の確立に向けての新たな局面を迎え、ついに一九八二年のカナダ憲法制定により、先住民族の権利が法律的に保障されるに至った。このことは先住民族のサケ漁に重要な変化をもたらした。その後に続く一連の裁判により、漁業における先住民族の権利が定義されていくにつれて、一九九〇年代にカナダ政府は、先住民族が食料とするサケの捕獲はコマーシャル・フィシャリーに優先するという政策をとるに至った。しかし先住民族のサケ漁に明るい兆しが見えてきた一九九〇年代は同時に、サケ資源の減少の年代でもあった。この頃からブリティッシュ・コロンビア州のサケ資源が激減し、サケをめぐる歴史的対立はさらに深く、複雑さを極めてきた。

ブリティッシュ・コロンビア州におけるサケ資源をめぐる資源管理者と資源ユーザーの間の葛藤は、ハーディン（Hardin 1968）が「コモンズの悲劇」の中で描いているシナリオよりもはるかに複雑な過程であり、その悲劇はまだ終末に至っていない。資源管理に関する実証的研究をもとに、フィーニーを始めとする研究者は（Feeny, Berkes, McCay, Acheson 1990）、ハーディンがあらわした共有資源の悲劇のシナリオは現実にそぐわないことを指摘し、その修正を提案している。

ハーディンは四つの条件、つまり①オープン・アクセス、②個人の行動への制限がないこと、③供給より需要が大きいという状況、④資源ユーザーが資源利用のルールを変えられないという状況が重なった場合に、共有資源の枯渇という悲劇が起きると言っている。しかし実際にはこのような全ての条件が重なった状況というのは起こりにくい。さらにフィーニーらは、このような状況が仮に起きたとしても、資源の減少が数年続くと、その状況を改善しようとする努力がなされ、①アクセスをコントロールするなり、②資源利用のルールを作るなどの方策が取られると指摘している。

ブリティッシュ・コロンビア州のサケ漁の歴史は、資源ユーザーや管理者の複雑な利害関係が関わり、さらに歴史的に様々な資源管理の方策がとられたにもかかわらず引き起こされた悲劇であり、明らかにハーディンの単純な悲劇のシナリオを否定する実例である。マチャク（Marchak 1988/89）は、ブリティッシュ・コロンビア州のサケ資源減少の悲劇は、共有であるべき資源が、政府の管理のもとに商品化されていったことによる結果であると言い、同様にハーディンの「共有資源の悲劇論」を否定している。近年には過去の資源管理に負う結果と考えられるサケ資源の減少、そして一九九〇年代に入ってエルニーニョ現象などに代表される異常気象、さらにサケ資源をめぐるアメリカ合衆国とカナダの対立などの新たな要素が加わり、サケ資源の悲劇は深刻さを増している。

ブリティッシュ・コロンビア州のサケ漁の歴史に見られる重複した問題を整理していくと、歴史を通して一貫した対立関係が見えてくる。これらの対立を大きく二種類に分けると、その一つはサケ資源ユーザーと資源管理者としてのカナダ政府の間に見られる対立であり、もう一つの対立は、地域レベルで共通の資源をめぐって対立する先住民族と非先住民の間の対立と捉えることができる。現在サケ資源の減少という現実を前に、これら先住民族、非先住民、さらに主要な資源管理者であるカナダ政府のいずれもが、サケをめぐる対立の解決の道を模索している。本稿ではサケの管理・利用をめぐる対立を歴史的視点から捉え、資源ユーザーと資源管理者の対立、および先住民族と非先住民の対立、それらの対立を解消しようとする将来に向けての試みを検証する。

二　カナダ、ブリティッシュ・コロンビア州先住民族の生業時代

カナダ北西海岸先住民族にとってサケは古くから、安定した食料資源であり、先住民族はサケ漁に適した河川の近くに集落を構え、これらの河川に季節ごとに遡上する五種類のサケ（pink, coho, chum, chinook , sockeye）を利用してきた。先住民族はナミマと呼ばれる血縁を中心とした集団を構成し、その集団ごとにサケを管理し、捕獲し、それらを食料資源として利用した。さらにサケは交易品として重要であり、加工されたサケは先住民族が住む北西海岸一帯に流通した。記録によると、一九世紀末には一世帯年間一〇〇〇尾のサケが捕獲されていた（Newell 1993）。先住民族とサケの関わりについては多くの研究がなされているが（Meggs 1991 ; Newell 1993 ; Weinstein 1994, 1996, 2000 ; Weinstein and Morell 1994）、それらの研究によると、先住民族にとってサケの重要性は時代の変遷を経て受け継がれ、現在に至っても北西海岸先住民族は「サケの民」という意識を持ち続け、サケとの関わりが民族アイデンティティーの基盤となっている。この意識は先住民族に限定されず、現在ブリティッシュ・コロンビア州に住む非先住民にとっても同様であり、先住民族・非先住民のいずれにとってもサケは経済的な重要性をはるかに越えた象徴的な意味を持つものと言える（Government of British Columbia 1997）。

先住民族がサケ漁を生業としていた時代のサケ資源管理に関する研究は、ワインスタイン（1994, 2000）が数篇の論文にまとめている。ワインスタインによると、サケ資源の所有権はナミマにあり、同時にナミマが資源管理の責任を負った。その中心となるのがナミマのチーフであり、チーフが主催するポットラッチなどの儀礼の際に地域の人々にサケを分配することにより、資源管理者としての公の評価を得る義務を負っていた。先住民族が河

川でサケを捕っていた時代は、それぞれの種類のサケを遡上時期に合わせて無駄なく捕獲し、その特質にあった加工の方法で処理し保存した。さらに河川でサケを捕ることにより、河川ごとのサケ資源管理が可能であり、サケ資源の状態を詳細に知ったうえで、状況に応じて捕獲量を決めることが可能だった（Weinstein 1994, 2000）。ニュエル（Newell 1993）はワインスタイン同様に、ブリティッシュ・コロンビア州先住民族は伝統的社会組織を基盤として、複雑な資源所有権、利用権が確立していたことなどをあげ、先住民族社会においてサケ資源の管理が適切に行われていたと結論づけている。

三　カナダ政府によるサケ資源管理

ブリティッシュ・コロンビア州は一八七一年、カナダの一州となり、後に州の基幹産業となるサケ缶詰産業が北西海岸各地で展開されはじめた。ブリティッシュ・コロンビア州の近代を支えたサケ缶詰産業は、先住民族の生活のあらゆる部分に影響を与えた（Meggs 1991；Newell 1993）。第一に、これらの缶詰工場を経営していたのは非先住民であり、先住民族はこの時期をさかいにサケ漁を生業とした自給自足の生活から、労働と引き換えにわずかな現金を受け取る労働者となっていった。またサケ缶詰産業の進出によって、この地域におけるサケの捕獲パターンが変っていった。サケ缶詰生産で需要が高かったのはベニサケ（Sockeye）であり、そのベニサケを能率良く捕獲するために、河川へ遡上を始める前の沿岸において刺網でサケを一括して捕った。そのうえでベニサケのみを選び出して缶詰工場へ出荷するという無駄の多いやり方であり、このような漁法が資源に悪影響を及ぼしていったことは言うまでもない。

カナダ、ブリティッシュ・コロンビア州アラートベイ。かつてここにはサケ缶詰の工場があり、多数の先住民が働いていた。

ブリティッシュ・コロンビア州にサケ缶詰工場が増えていくにしたがい、それまでサケを捕獲していた先住民族に加えて、サケ缶詰業者という有力な資源ユーザーが増加していった。サケ缶詰業者によってサケの漁場を占領されつつあった先住民族の窮状に拍車をかけたのは、一八七六年の「漁業法の制定」であった。この新しい資源管理規制により、長年先住民族によって継承されてきたサケ資源の管理方法は否定され、ブリティッシュ・コロンビア州のサケ資源管理は先住民族の手を離れて、カナダ政府へと移っていった。このことは、ブリティッシュ・コロンビア州におけるサケ資源管理方法の根本を決定的に変えていった要因であると同時に、現在見られる対立構造の根本要因でもある。

「漁業法」のもとでサケ資源がカナダ政府によって管理されるようになり、資源ユーザーと資源管理者の分離が始まった。つまり先住民族がサケ漁を生業としていた時代は先住民族が資源を管理すると同時に利用していたが、サケ資源の管理がカナダ政府によって行われるようになると、資源ユーザーは資源管理に関わることができなくなってしまった。同時にカナダ政府は非先住民を中心としたコマーシャル・フィッシャリーを保護する政策をとっていったことにより、先住民族対非先住民という対立の基盤が出来上ったと言える（Newell 1993）。カナダ政府は先住民族による自給のためのサケ漁に対して規制を加えていく一方、この種のサケ漁と、サケ缶詰産業のためのサケ漁との区別を目的として、商業流通を目的としたサケ漁を「コマーシャル・フィッシャリー」とし、先住民族が食料としてサケを捕獲する漁業を「フード・フィッシャリー」として管理区分を行った。カナダ政府は「漁業法」のもとでフード・フィッシャリーに対して漁期や漁具の規制を加えるなど、明らかにコマーシャル・フィッシャリーを擁護し、フード・フィッシングを規制していく政策を展開していった。このことは、一九〇〇年代前半におけるカナダ政府の先住民族政策全般がまさに「同化政策」であり、先住民族サケ漁に対する規制は単にその政策を漁業の面で反映した結果に過ぎなかった。ブリティッシュ・コロンビア州の先住民族の儀礼を禁止する有名な「ポットラッチ禁止法」が出されたのもこの時期だった。

カナダの近代化に伴って展開した様々な開発事業が自然環境に及ぼした影響は深刻であった（Fraser 1995; Meggs 1991）。ブリティシュ・コロンビア州政府は近代化政策の一貫として、木材生産業を奨励し、この産業を育成するために材木会社に森林伐採を許可した。これらの伐採作業はサケの生息環境に対する配慮がなく行われたことにより、河川のサケ産卵地域の自然環境を破壊する結果を招いたと言われている。またカナダ横断鉄道やダム建設などに代表される開発事業が河川の生態系に深刻な影響を及ぼしたことも、サケ資源の減少につながる重要な要因である。

サケ資源管理責任が、伝統的資源ユーザーである先住民族からカナダ政府に移ったことにより、ブリティッシュ・コロンビア州の各地でサケ漁に関わる多くの事件が起きている（二九八頁地図参照）。その中でもサケ資源管理に深く関わる事件として「バビーン事件」が有名である（Meggs 1991；Newell 1993）。ブリティッシュ・コロンビア州のバビーン川付近に住むギッサンの人々は、伝統的漁法であるヤナを用いてサケ漁を行っていた。バビーン川の河口付近でサケを捕っていたサケ缶詰会社の経営者達は、ギッサンに対して、河川を横切ってヤナを仕掛けるのは、サケが産卵のために遡上するところを一網打尽にするのでサケ資源の枯渇を招くのではないかという考えから、それを取り除くように要求した。ギッサンの人々はカナダ政府に対して、先住民族のサケ資源管理方法の有効性を繰り返し説明したが、カナダ政府はサケ缶詰業者の訴えを聞き入れて、ギッサンに対してヤナの撤去を求めた。一九〇六年、ギッサンの人々はカナダ政府との間にヤナに代わる漁具の提供を保証した「バビーン合意」を交わし、ヤナを撤去し、そのことにより伝統的漁法を失ったという事件である。

この伝統的漁法はヤナを用いてサケを逃げられない柵に追い込み、そこに立っている漁師が必要な種類のサケを必要な量だけ捕獲し、他の魚は逃がすという漁法であり（Harris 1996；Newell 1993）、この漁法はターゲットとするサケ種だけを捕獲して、それ以外のサケは逃がすという合理的な漁法であった。しかしカナダ政府は先住民族の伝統的漁法の有効性を理解しようとはしなかった。皮肉にも、現在サケ資源回復のためにカナダ政府が普及に努めているのが、まさにこのような漁法であり、ターゲットとしないサケを無傷で海に戻す漁法を開発することが現在の課題である。

「漁業法」の制定以来、カナダ政府は先住民族が食料としてサケを捕ることに対して様々な規制を加えていった一方、コマーシャル・フィッシャリーはブリティッシュ・コロンビア州の基幹産業として成長していった。コマーシャル・フィッシャリーは後に日系カナダ人も重要な労働力として加わっていくなど、この地域の重要な経済活動となっていった。次第に先住民族もコマーシャル・フィッシャリーに参入し、また趣味としてのスポーツ・フィッシング産業も始まり、サケ資源ユーザーが多様化していった。

現在、ブリティッシュ・コロンビア地域のサケ漁は「コマーシャル・フィッシャリー」「フード・フィッシャリー」「スポーツ・フィッシャリー」という三区分のもとに管理されている。ブリティッシュ・コロンビア州全体のそれぞれのサケ漁の比率は「コマーシャル・フィッシング」が全体の九二%をしめ、そのうちの大半は非先住民であり、残りの八%を「フード・フィッシング」と「スポーツ・フィッシング」が二分するという現状であり(Government of Canada 1990;岩崎・グッドマン 一九九九)、カナダ政府の管理のもとで、先住民族サケ漁はわずかなコマーシャル・フィッシャリーと全体の四%ほどのフード・フィッシャリーへと縮小していった。

四　先住民族の権利に関する変化

カナダ政府が先住民族政策を大きく方向転換させたことは、ブリティッシュ・コロンビア州のサケ資源管理制度に重要な影響を与えた。一九七〇年代の始めまで、カナダ政府は一〇〇年来の同化政策を展開し続けた(Smith 1995)。しかし一九七三年の「コルダー判決」でカナダ高等裁判所が、先住民族の権利が現在も認められる可能性を示す判断を下したことで、カナダ政府は先住民族政策を転換することを余儀なくされた。さらに先住民族による権利確立を求める運動がより組織的になり、一九八二年に制定されたカナダ憲法の中で「先住民族の権利」が認められるに至り、権利確立に向けての努力はさらに強化されていった(Mckee 1996;Muckle 1998)。しかし先住民族の権利がカナダ憲法に明記されたということは、先住民族として特別な権利を求めるための基礎ができたに過ぎず、実際には一九八二年以降、「先住民族の権利」とは何かという議論が法廷で交わされている。

サケ漁において先住権に関する議論を目覚しく進展させたのは、一九九〇年に結審した「スパロー・ケース」

ブリティッシュ・コロンビア州アラートベイの船だまり。サケやオヒョウをとる商業漁船が並んでいる。

であった。ブリティッシュ・コロンビア州の先住民であるスパロー氏がフード・フィッシングの許可規制に反する長さの漁網を用いてサケを捕ったことにより、許可規制違反として逮捕された。そのことに対してスパロー氏は、この許可規制こそがカナダ憲法が保障する「先住民族の権利」を脅かす規制であると主張した。カナダ高等裁判所はスパロー氏の主張を認めて、カナダ政府が漁業資源管理において、先住民族の漁業に関わる社会・文化的な重要性を尊重する義務があることを明らかにした（Regina v. Sparrow 1990）。この判決により、フード・フィッシャリーの操業に関わる規制はなくなり、各先住民族バンドごとに管理するという方法に変わってきている。さらにこの判決では、先住民族によるフード・フィッシャリーは資源保護に次いで重要であり、資源利用においてコマーシャル・フィッシャリーより優先すべきであるとし、資源管理上の優先順位を明らかにした。

カナダ政府は「スパロー判決」を受けて、一九九二年には「先住民族漁業戦略（Aboriginal Fishery Strategy）」を立て、先住民族による漁業育成のための政策を展開させている（Fraser 1995）。その政策のなかには、先住民族との協同の資源管理体制の確立や、フード・フィッシャリーで捕獲したサケを売るための試験的プロジェクトを展開させるなどがある。これらの新たな事業は様々な評価を得ているが、その中でも最近問題となっているのは、サケを売る試験的事業である。

捕獲されて市場にまわるサケがフード・フィッシャリーでとれたものか、コマーシャル・フィッシャリーでとれたものかの区別をつけることは難しく、その混乱に乗じて違法な捕獲が行われていることが問題になっている。フレーザー川でのサケ資源減少の原因究明のために行われた調査報告書（Fraser 1995）の中に、コマーシャル・フィッシャリーの漁期ではない期間にフード・フィシャリーと称してサケ漁が行われ、捕獲したサケが市場で売られている実状や、コマーシャル・フィッシャリーの漁期の数日前にフード・フィッシャリーとしてサケを捕獲し、数日後にコマーシャル・フィッシャリーで捕獲したサケと混ぜて市場に出すなどの違法行為が報告されている。これらの違法行為に対する批判は強く、フード・フィッシャリーのあり方が問われている。カナダ国内には一九九〇年の「スパロー判決」以来、カナダ政府の先住民族対策は徐々に先住民族の利益を優先する政策に傾いているという意見もある（Smith 1995）。特にコマーシャル・フィッシングに従事する非先住民達の間では、最近のカナダ政府の漁業政策は先住民族に対する優遇政策であるとして不満が高まっている。

ブリティッシュ・コロンビア州における先住民族の土地権に関する問題は、カナダの他の地域における状況と異なっている。カナダの多くの地域では、先住民族グループが一八、一九世紀に当時の政府と条約を交わし、何らかの権利を確立している。しかしブリティッシュ・コロンビア州のほとんどの先住民族は過去に条約を交わしていないことから（一部ダグラス条約に含まれる地域がある）、現在カナダ政府及びブリティッシュ・コロンビア州政府と土地の権利や資源利用の権利などに関する交渉を進めている（McKee 1996）。当然ながら、カナダ政府との交渉の中でサケ漁に関する権利は重要な課題であり、これらの交渉の結果がブリティッシュ・コロンビア州におけるサケ漁の将来を左右すると言える。

五　サケ資源の減少

一九七〇年代頃からサケ資源の減少が懸念され、カナダ政府はブリティッシュ・コロンビア州の各地に孵化事業を展開させて資源確保に努力したものの、サケ資源の減少は次第に深刻さを増し、サケの回帰率の減少とサケの生息圏の縮小が顕著になっていった（Fraser 1995；Weinstein 1994, 2000）。つまりブリティッシュ・コロンビア州の各河川に遡上する各種のサケの総量が少なくなってきたことに加えて、過去には多くの河川でサケが見られたにもかかわらず、近年フレーザー川の支流などの主要な河川以外ではサケが見られなくなってきている。しかしサケ資源の激減が現実のものとなったのは、一九九〇年代に入ってからだった。ブリティッシュ・コロンビア州のサケ捕獲量の九〇％以上を占めるコマーシャル・フィッシングの漁獲量と漁獲高が一九九〇年代に入って急激に下がり、テレビや新聞のニュースでは「Missing Salmon」という見出しで、あたかもサケが突然いなくなってしまったかのような驚異として報道された。

ブリティッシュ・コロンビア州のサケ漁において最も重要な川であるフレーザー川に、産卵のために帰ってきたサケの数が激減したのは一九九二年のことであった（Fraser 1995；Gallaugher and Vodden 1999）。その後カナダ政府は資源回復のための努力をしたものの、一九九四年にはさらに回帰率の悪化が見られ、その後、一九九六年に単年度の増加はみられたものの、サケ資源は回復してはいない。カナダ政府はサケ資源激減の原因を明らかにするために専門家委員会（The Fraser River Sockeye Salmon Public Review Board）を設けて、サケ資源の回復のための対策を検討した。一方サケ資源減少の影響を直接受けているブリティッシュ・コロンビア州の漁業地域の人々は、一九九五年から一九九六年にかけて、それぞれのコミュニティーで、サケ漁にたずさわる人々が集まり対策を話し合うフォーラムを開催した（Gallaugher and Vodden 1999）。これらのフォーラムには先住民族漁業者、非先住民漁業者、スポーツ・フィッシングの関係者などのサケ漁ユーザーが、セクターを越えて集まり話し合った。各フォーラムで共通してあげられた基本的な問題は、サケ資源管理の政策決定が地域から離れたところで行われ、その結果だけが資源ユーザーに伝えられるということであり、この問題解決のためにいくつかの提案がされた。それらは、①漁業資源の管理・利用の政策決定の過程で地域の人々が関与する権利を確立する、②サケ資源管理に地域の漁業者の実践的な知識を活かすべきである、③コミュニティーの人々はサケ資源回復やサケ生息環境の保全、さらにそれらの実践において資源管理能力を持っている等であり、これまでの中央集中型の資源管理から、その決定権を地域コミュニティーと共有するという地域共同型の資源管理へと転換させていくべきであると提案している。

　さらに、資源ユーザーの声を政策過程に反映させていくためには、資源ユーザーの組織作りが重要であるとして、各地域にセクターを越えた資源ユーザーの組織を作る作業が始まっている。これらの漁業地域におけるフォーラム、さらに専門家委員会において一九九〇年代のサケ資源減少の原因が話し合われたが、それらの多様な意見を総合すると、①資源管理の失敗、②林業やダム建設などの影響、③エルニーニョ現象などの気候条件の変化、④アメリカ合衆国とのサケ資源をめぐる対立、などに集約できる（Fraser 1995）。特にアメリカ合衆国とカナダの間に一九八五年に交わされた「太平洋サケ条約（The Pacific Salmon Treaty）」は、一九九四年以来合意が得られないために機能していない状態が続いている（Gallaugher and Vodden 1999）。

　一九九〇年代のサケ資源の減少に対応すべくカナダ政府は幾度も操業規制を行ってきたが、そのいずれも資源ユーザーの資源管理者に対する不信感を激化させ、さらに資源ユーザーである先住民族と非先住民の間の対立を深刻なものとしていった。

サケ資源の減少に伴い、カナダ政府はコマーシャル・フィッシャリーの操業時間を短縮する政策を展開してきた。その結果、地域によってはサケ漁のシーズンに一二時間単位の操業を五回しか許可されなかった漁業操業区域などもあり（岩崎・グッドマン　一九九九）、当然漁業者の間に過度の競争を引き起こしている。それに加えて、カナダ政府は操業の合理化を目指した政策を展開し、その政策が小規模な先住民族漁業者をさらに窮地に追いやる結果になった（Government of British Columbia 1997）。サケ漁船の数を減らすためにライセンスの統合を行うと、大規模な会社がその資本力を活かして、小規模な漁業者のライセンスを買い取っていく。また従来の操業区域を二分して制限することによって競争を少なくしようとすると、大規模な会社が複数のライセンスを買い、操業区域を広げて、小規模な漁業者の二倍の海域を動き回ることが出来るようになる。小規模な漁業者は先住民族漁業者に多いことから、これらの漁業者はコマーシャル・フィッシャリーに見切りをつけて船もライセンスも売り、その結果生活保護を受ける状態に追い込まれている（Gallaugher and Vodden 1999; Government of British Columbia 1997; 岩崎・グッドマン　一九九九）。このような先住民族漁業者はフード・フィッシャリーで捕るサケに依存するようになってくることから、この数年のフード・フィッシャリーの漁獲量は増える傾向にあるが、一部の地域ではフード・フィッシャリーのライセンスのもとで捕るサケすらほとんど捕れないという地域もある（岩崎・グッドマン　一九九九）。先住民族の家庭で、数年前には保存用のサケ缶や冷凍のサケが一年中あったものが、今は何かの行事のために、特別に他の人から数尾を分けてもらうという話もよく聞かれる。また、サケ養殖業の進出は、サケ市場における競争の激化という問題に加えて、環境に及ぼす影響を懸念して反対する先住民族グループは多い。

さらに先住民族漁業者の間にはサケ漁の操業規制が決定する過程で、かつては資源管理者であった先住民族の意見が反映されていないという不満が高い（Government of British Columbia 1997；岩崎・グッドマン　一九九九）。さらに、最近の一連の裁判で先住民族の漁業権の保護が進み、カナダ政府の政策は先住民族の利益を優先するという方向に展開しながらも、現実は操業規制の決定がカナダ政府によってなされ、その結果のみが言い渡されるという状況を、先住民族の漁業者は複雑な思いで受け止めている。

六　対立から共同へ――サケ資源管理・利用に関わる新たな試み

サケ資源の減少という深刻な事態を受けてカナダ政府は、一九九八年に「カナダ太平洋サケ漁業の新方針（New Direction For Canada's Pacific Salmon Fisheries）」を発表し、サケ資源管理の新たな方向を提示している（Government of Canada 1998a, 1998b）。第一にサケ資源を「慎重な方法で」管理するとし、今後のサケ資源管理の基本姿勢を示している。さらにサケ資源の回復をめざしたいくつかの試みを提示している中で、注目されているのが選別漁法（Selective Fishing）を奨励していることである。選別漁法の基本は、どのようにターゲットではない固体に対してダメージを最小限にして海に戻すかということであり、これまでにいくつかの選別漁法が考案されて実用化されている。またカナダ政府は新たな管理方針の中でもスパロー判決の精神を活かして、先住民族のフード・フィッシャリーがサケ資源の保護に次いで優先されるべきであるとしている。

カナダ政府による新しいサケ資源管理の方針の中で、注目されるのは近年資源管理の責任を担ってきたカナダ政府が、その責任を資源ユーザーと共有しようとしていることである。つまりカナダ政府は、資源ユーザーやコミュニティーと共同のもとでサケ資源を管理し、サケの長期的利用を可能にしようとする意図を明示している。このような「共同管理（Co-Management）」や「地域に根ざした管理（Community-Based Resources Management）」と呼ばれる資源管理体制は他のカナダ先住民族地域でも試みられ、その有効性が認められている（Berkes 1989 ; Freeman 1989 ; Pinkerton 1989 ; Weinstein 2000）。新方針の中でカナダ政府はこの共同管理体制を、ブリティッシュ・コロンビア州におけるサケ資源管理に応用することを明らかにしている。

カナダ政府は、漁業資源管理と資源ユーザーがともに資源管理を行おうとする共同管理体制を、すでにブリティッシュ・コロンビア州の先住民グループであるニシガとの土地権に関する合意の中に取り入れている（Mckee 1996）。一〇〇年来の交渉の末に、一九九六年に基本的合意に至ったニシガのケースは他のグループのモデルケースとも言われ、この地域のサケ漁の将来のあり方を示していると言える。詳細にわたるこの合意内容の中で、ニシガのサケ資源管理・利用に関する概略が明示されている。この合意書によると、サケ資源の保護がもっとも重要であるとした上で、第一にニシガの人々に対してナス川で捕獲されるサケの全体量の約一七％を捕獲する権利を認めている。第二にそれらのサケを売る権利を認めている。第三に漁業資源管理に関して、ニシガ政府、カナダ政府およびブリティッシュ・コロンビア州政府の代表二名づつによって構成される共同資源管理委員会の設置を義務づけ、資源管理責任を三者で共有していくという条件を付けている。この三つの項目は近年のブリティッシュ・コロンビア州における先住民族の権利のあり方を特徴づけるものである。

先住民族は過去にサケ漁を生活の基盤としていた時代には、自らが資源管理者であり、資源ユーザーであり、社会・文化的ニーズに合わせてサケを利用していた。ニシガの例はそれらの先住民族が現代のカナダ社会という枠の中で資源管理と利用を一体化させたサケ漁のあり方を復活させる可能性を示している。これはまさに、先住民族がかつて行ってきたサケ資源の管理体制を現代のサケ資源管理に活かそうとする新たな試みである。さらにこれまでカナダ政府の責任で行っていたサケ資源管理にブリティッシュ・コロンビア州政府も加わることにより、より緻密な資源管理を目指そうと、同州政府は一九九七年に「ブリティッシュ・コロンビア州漁業戦略」(The BC Fisheries Strategy)をたてている(Government British Columbia 1997)。

ブリティッシュ・コロンビア政府はこれまでのカナダ政府によるサケ漁業規制は地域の現状を充分に考慮していないために、その効果が薄いことを指摘し、州独自(Made-in-BC)の資源管理を試みようとしている。このように資源管理体制がゆるやかに変化していく現状を背景に、多くの研究者がブリティッシュ・コロンビア州のサケ資源管理の将来のあり方を問いかけている。その中で、ピンカートン(Pinkerton 1999)はブリティッシュ・コロンビア州のサケ資源管理において、共同管理が活きるためには多くの問題を解決しなければならないと指摘している。それらを二つの分野に分類し、①資源管理に関わる人々の間に信頼関係が欠如していることと、②資源管理に関わる人々や組織を広く統括する政治的サポートがないことをあげている。言い換えると、これまで継続してきた資源ユーザーと政府間の対立を解消し、相互が協力して資源管理に関わっていく体制を作り上げなければ共同管理は生まれないことを指摘している。

ワインスタイン(二〇〇〇)は最近の論文で、ブリティッシュ・コロンビア州における未来の漁業の形態として、「地域に根ざした」管理方法(Community-Based Management)を提案している。論文の冒頭でワインスタインは、地域社会を基盤とした漁業資源管理は先住民族社会において過去に実践されていたとし、ブリティッシュ・コロンビア州先住民族社会における伝統的漁業資源管理方法を検証している。さらに地域社会を基盤とした漁業管理制度の成功例として、日本における漁業共同組合を分析している。それらの実例から、今後ブリティッシュ・コロンビア州において漁業管理体制を再編・整備していくために考慮すべき七つの基本理念を上げている。

その第一は資源管理の責任範囲を示す明確な地理的・社会的境界が必要であるとし、コミュニティーの確立を

第一課題としている。第二にその地域社会に所属する人々が、資源管理・利用に対して物質的、および金銭的投資を行い、さらに第三として資源管理方法に変更を加える権利をその地域社会の人々が持つこと。第四に資源状況を資源ユーザー自身がモニターすること。さらに第五番目の項目として、規則違反にたいする処罰はその程度に応じて段階的に対処する。第六番目の理念としては、資源管理の過程で対立に至った場合は、その地域に既にある制度の中で対立を解決する。そして最後の基本理念は、資源ユーザー自身が資源管理を行うことの有効性を政府や他の資源ユーザーが認識することとしている。

ブリティッシュ・コロンビア州のサケ漁の将来が危惧される状況で、カナダ政府がサケ資源およびサケ漁の管理に関わる政策を転換させた一方、コミュニティーのレベルでの努力も顕著に見られる（Pinkerton 1999）。一つには先住民族の漁業者と非先住民の漁業者の対立を乗り越えようと、バンクーバー島西岸のヌーチャーヌスの漁業者と非先住民の漁業者が組織を作り、その地域の漁業全般を地域レベルで管理していこうとしている。またフレーザー川下流地域の先住民族と非先住民の小規模刺し網漁業者が、地域レベルの資源管理を目指す動きを始めている。これらの試みはいずれも一〇〇年来続いた先住民族・非先住民間の対立を解消する試みである。

七　おわりに

ブリティッシュ・コロンビア州の先住民族サケ漁は、カナダ政府の資源管理制度の確立とともに資源管理者と資源ユーザーが分離するという状況が始まり、さらにサケ缶詰産業の進出により先住民族対非先住民という対立関係が生まれていった。このような重複した対立関係の中で先住民族サケ漁は様々な変化を強いられ、かつては先住民族文化の基盤となっていたサケ漁が、一〇〇年余の時間を経て、現在ブリティッシュ・コロンビア州サケ漁の全体のほんのわずかな部分を占めるだけに縮小した。さらに一九〇〇年代に入って先住民族漁業者も非先住民漁業者も一様に、サケ資源の激減という厳しい現実に直面している。

サケ資源の減少という最近の変化に平行して、カナダ政府の先住民族政策は「同化」から「共生」へと転換してきていることが、先住民族サケ漁に大きな影響を及ぼしている。先住民族の権利が徐々に確立し、また土地権の交渉が進んでいる過程で、ブリティッシュ・コロンビア州の先住民族が「サケの民」としての民族アイデンティティーを確立し、さらにはカナダ社会における経済的基盤としてサケ漁が活かされる可能性が見えてきている。かつてサケ資源の管理者であり賢いユーザーであった伝統を持つこれらの先住民族漁業者が、サケ資源を回復させ、自らのサケ漁を確立していくためには、歴史の流れが生み出した対立を解消していくことが不可欠である。カナダ政府、ブリティッシュ・コロンビア州政府、非先住民漁業者および地域住民をも含めた、共同の資源管理・利用への転換が試みられる現在、相互の信頼関係を回復し、対立から共同への転換が必要とされている。先住民族、非先住民を含むカナダ社会がこれらの対立を解消していけるかどうか、これこそが、多文化・多民族社会としての真価が問われる問題ではないだろうか。

（引用文献）

岩崎・グッドマン　まさみ　一九九九「サケ資源の減少とナムギースの人々」秋道智彌編『自然はだれのものか』六五―八六頁、昭和堂。

Berkes, F. *et al.* 1989. *Common Property Resources : Ecology and Community-based sustainable Development.* London : Bellhaven Press.

Duff, W. 1977. *The Indian History of British Columbia,* Royal British Columbia Museum.

Feeny, D. F. Berkes, B. McCay and J. M. Acheson. 1990. " The Tragedy of the Commons : Twenty-Two Years Later." *Human Ecology* 18 (1), 1-19.

Fraser, J. 1995. *Fraser River Sockeye 1994 : Problems and Discrepancies*, Vancouver. Fraser River Sockeye Public Review Board.

Freeman, M. R. R. 1989. " The Alaskan Eskimo Whaling Commission : Successful Co-Management under Extreme Conditions ", In Evelyn Pinkerton (ed.) *Co-operative Management of Local Fisheries : New Directions for Improved Management and Community Development,* pp. 137-153. Vancouver : University of British Columbia Press.

Gallaugher, P. and K. M. Vodden. 1999. " Tying it Together along the BC Coast", In Dianne Newell and R. E. Ommer (eds.) *Fishing Places and Fishing Peoples.* Toronto : Toronto University Press.

Government of British Columbia. 1997. *The BC Fisheries Strategy : Toward a 'Made-in-BC' Decision to Renew the Pacific Salmon Fishery,* Discussion Paper.

Government of Canada. 1990. *British Columbia Native Fishery : Strategy and Action Plan.*

Government of Canada, Department of Fisheries and Oceans. 1998a. *A New Direction for Canada's Pacific Salmon Fisheries.*

——— 1998b. *An Allocation Framework for Pacific Salmon 1999-2005.*

Hardin, G. 1968. " Tragedy of the Commons ", *Science,* 162, 1243-1248.

Harris, H. 1996. *The Gitxan Fishery : Past, Present and Future,* A Paper submitted to University of Alberta.

Marchak, M. P. 1988/89. "What happens when Common Property become Uncommon ?" *BC Studies 80*, W'88/89. pp. 3-23.

McKee, C. 1996, *Treaty Talks in British Columbia.* Vancouver : UBC Press.

Meggs, G. 1991. *Salmon : The Decline of the BC Fishery.* Vancouver : Douglas & McIntyre.

Muckle, R J. 1998. *The First Nations of British Columbia.* Vancouver : UBC Press.

Newell, D. 1993. *Tangled Webs of History.* Toronto : University of Toronto Press.

Pinkerton, Evelyn. 1989. " Attaining Better Fisheries Management Through Co-Management : Prospect, Problem and Propositions." In Evelyn Pinkerton (ed.), *Co-operative Management of Local Fisheries : New Directions for Improved Management and Community Development.* pp. 137-53. Vancouver : University of British Columbia Press.

——— 1999. "Factors in Overcoming Barriers to Implementing Co-management in British Columbia Salmon Fisheries". Manuscript revised for Conservation Ecology.

Regina v. Sparrow 1990. 4WWR 410 (Supreme Court of Canada), affirming (1987) 36DLR (4d) 246 (BC Court of Appeal), which revised (1986) BEWD599 (County Court).

Smith, M. H. 1995. *Out Home or Native Land.* Toronto : Stoddart.

Weinsetein, M. 1994. "The Role of Tenure and the Potlatch in Fisheries Management by Northwest Pacific Coast Aboriginal Societies". A Paper presented at American Fisheries Society First Nations Fisheries Workshop. Vancouver, BC.

——— 1996. "The Foundations of Kwakiutl Band Use : A Summary Statement about Kwakiutl Traditional and Modern Land Use". Port Hardy, Kwakuitl Territorial Fisheries Commission.

——— 2000. "Pieces of the Puzzle : Solutions for Community-Based Fisheries Management from Native Canadian, Japanese Cooperatives, and Common Property Researches". *The Georgetown International Law Review* 12, 375-312.

Weinsetein, M. and M. Morrell 1994. "Need Is Not a Number". Report of the Kwakiutl Maritime Food Fisheries. Reconnaissance Survey. Cambell River, Kwakiutl Territorial Commission.

カムチャツカ半島における水産資源の利用と管理

大島稔

一　北方における水産資源の生態的特徴

北の海は、南の海と比べると水産資源のあり方に大きな違いが見られる。以下に述べるサケを中心とした魚類にかぎらず、北の海は一般に生物種の数が少ない。種の変異が少ないかわりに一種あたりの個体数は多い。また、サケ類、アザラシ類、クジラ類など広域を回遊する水産資源が多いのも特徴で、そのため沿岸や河川で捕獲するには捕獲期間が限定され、「待ちの漁撈・狩猟」となるのも特徴である。サケ類とクジラ類に代表されるが、個体が比較的大形になる点も北の海の特徴であろう。サケ類は、平均重量が二・五キログラムから四・五キログラムの間がほとんどであるが、マスノスケ（キングサーモン）になると最大で四五キログラムにもなる。

このような北方の水産資源を支えるのは、特に広い大陸棚を持つオホーツク海やベーリング海、北極海の浅海である。一般に浅海は、深海よりも生産力が高い。火山と針葉樹林帯に囲まれたオホーツク海やベーリング海では、ミネラルなどの栄養分が大陸や半島から川を通って海へともたらされ、それらの大陸棚では、水深が浅いために上下の海水に温度差が生じ、撹拌作用が起こる。撹拌によって栄養分、特にミネラル分とそれを吸収する植

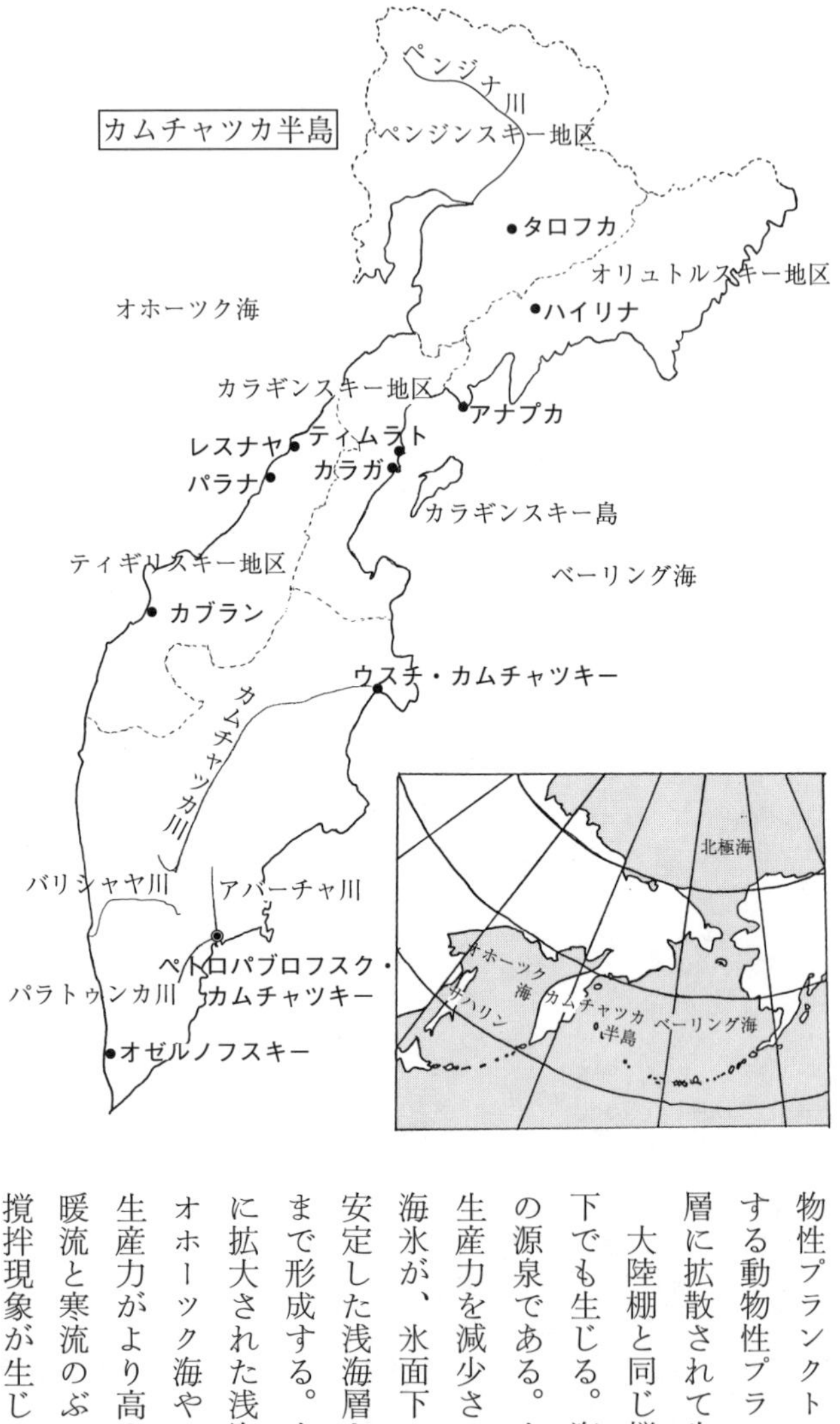

物性プランクトン、それを捕食する動物性プランクトンが海水層に拡散されて生産力が高まる。

大陸棚と同じ撹拌現象が海氷下でも生じる。海氷帯も海の幸の源泉である。水温を低下させ生産力を減少させるかにみえる海氷が、氷面下に栄養分に富む安定した浅海層をはるか沖合いまで形成する。大陸棚よりさらに拡大された浅海のおかげで、オホーツク海やベーリング海は生産力がより高まるのである。暖流と寒流のぶつかる地域でも撹拌現象が生じる。オホーツク海やベーリング海は暖流が北上する地域でもあるので、さらに海の生産力が増す。この北方の海の豊かな生産力が、小形のキュウリウオから大形のマスノスケ、さらにはそれらを捕食するアザラシ類やクジラ類を豊かにしている。

北太平洋一帯には、サクラマス（cherry）、カラフトマス（pink）、シロザケ（chum）、ベニザケ（sockeye）、マスノスケ（chinook）、ギンザケ（coho）、ニジマス（rainbow trout）の七種のサケ属が生息するが、カムチャツカ半島は、種によって多い少ないはあるが、この七種すべてが利用できるまれな地域である。

カムチャツカ半島におけるサケの遡上開始時期は、広く分布するシロザケで見ると、オリュトルスキー地区やペンジンスキー地区など北部では六月から八月で、半島を南下するに従って遡上時期が遅くなる。半島南部で七月から八月である。さらに南のサハリンでは九月から一〇月、北海道では九月から一一月末、本州では一〇月から一一月である。しかし、遡上時期は地域により年変動が激しい。また、遡上の最盛期が短いので、沿岸および河川での捕獲は短期間で行わなければならない。

カムチャツカ南部を例に各魚種の遡上時期と最盛期の期間をみると次のようである。

マスノスケ　五月～六月初旬。カムチャツカ全体で遡上数は少ない

ベニザケ　五月～八月。最盛期三～八日間

シロザケ　六月下旬～八月末。最盛期三～四週間

カラフトマス　六月下旬～九月。最盛期二～四週間

ギンザケ　八月～九月。最盛期二～四週間

二　先住民による水産資源の伝統的利用

これら降海・回遊・回帰型の大形魚を主体とする魚類の利用は、カムチャツカ先住民の伝統的生活において重要な役割を果たしてきたし、ロシア風の非伝統的食品（牛、豚、鶏の肉、小麦粉、砂糖、紅茶、ジャガイモ、各

種野菜など）を利用するようになった現代の先住民の生活においても、その重要性は変わっていない。

北太平洋沿岸地域における漁撈の特徴は、もちろんサケ類への強い依存にあるが、北方地域では、利用しうる資源の種類がそもそも少なく、利用しうる資源はすべてと言っていいくらい自分達の衣食住の材料として利用しなければ生きていけない。従って、資源の種類と量の制約から、あれこれを選んで専業化することはない。

事実カムチャツカ半島の先住民の間では、サケ属以外にも広範な魚類の利用が見られる。同じサケ科イワナ属のオショロコマとアメマスも、サケ属と同じように降海し大形化して回帰・遡上するので、重要な食料源である。特に、秋に遡上し春に川を下るオショロコマは、越冬後の春一番の食料源として希少価値がある。小形であるが、その量の多さゆえにキュウリウオ科の魚も重要である。なかでもカラフト・シシャモ類は春秋ともに捕獲できるので、人間だけではなく橇を牽引する犬の備蓄食料として貴重である。

淡水魚では、特にカワヒメマスとカワカマスを多くとる。海魚もニシン、コマイ、カレイ、カジカ類などを捕獲する。

以上の魚類のうちコマイ、カラフト・シシャモ、ズバートカ（キウリウオの類で大形で平らな種類）、カワカマス、オショロコマは、氷上漁も行う。海、湖では氷の薄い時期の一〇月、川では一二月から始めて三月から四月まで続く。氷上漁による漁獲は越冬に十分な量ではないので、夏に捕獲し乾燥・燻製・塩蔵保存したサケ類が食料源としては主力であるが、とにかく、一年じゅう新鮮な魚が利用できる。

以上見たように、伝統的にカムチャツカ半島の海岸部と川沿いに居住してきた先住民の生業の基盤は、まずサケ類を中心とした漁撈にあり、この漁撈にアザラシ類の海獣狩猟を組み合わせるか、トナカイ飼育を組み合わせるか、または海獣狩猟とトナカイ飼育の両方を組み合わせるかである。これにさらに漁撈・海獣猟の端境期にあたる冬期間に、現金収入の元になる毛皮獣を中心とした陸獣狩猟が加わる地域も多い。植物採集への依存度は北部に行くに従って低くなる。一八世紀前半のS・P・クラシェニンニコフやG・V・ステラーの記録、二〇世紀初頭のW・ボゴラス、W・ヨヘルソンの民族誌以来、カムチャツカ半島における複合生業構造という基本的性格はほとんど変わってこなかったと言ってよいのではないか。

カムチャツカ半島先住民の複合生業では、春と秋に海獣狩猟を主とし、夏の六月~八月は漁撈を主体とする。冬の期間は、毛皮獣罠猟かトナカイ飼育、それに補助的に氷上の漁撈が加わる。

伝統的な複合生業が端的に現われるのが祭りである。海岸定住コリヤーク（自称ヌムルアン）のホロロ祭りと呼ばれる送り儀礼は、地域によって時期が異なるが、漁猟期の終わった一〇月末から一二月にかけて行われる。本来、海獣の祭りであるが、この迎えと送りの儀礼には、海獣猟で得たアザラシの皮紐、アザラシの脂、漁労で得た干した魚卵、干し魚、植物採集で得たヤナギラン（ロシア語 ivanchay）、ナナカマドの実やガンコウラン、コケモモ、キイチゴなどのイチゴ類、ベニテングダケ（ロシア語 mukhamor）など祭りのために準備するものが多く、準備には一年かかる。

ヤナギランの内皮を水に戻して干した魚卵と一緒にすりつぶしてアザラシ脂を加えてティルキティル（til-qEtil）という混ぜ物にする。これにイチゴ類を加えて盛ると各皿ごとに味の違う祭りの料理ができあがる。アザラシの脂もトナカイの脂も獲物となった精霊へのご馳走で、再びこの地へ戻って来るようにとの願いが込められている。

三　水産資源の利用

先住民の河川と沿岸のサケ漁具で現在一番多く使われているのは、市販のナイロン製漁網で（昔はイラクサ製）、手漕ぎのゴムボートや棹《さお》を使う刳《く》り船で運んで、網の先端を杭か錘《おもり》で固定し、もう一端を岸に杭で固定して、岸にほぼ垂直になるように設置する。その建て刺し網にサケのえらが引っ掛かるのを待つだけだ。舟がない場合には、二〇世紀初頭にジェサップ北太平洋遠征隊のW・ヨヘルソンが記述したのとまったく同じ設置法、すなわち、つなぎ合わせた棒で網を押し出す伝統的な設置法が今でも使われている。その他にも簗《やな》や筌《うけ》、手網、タモ網、銛鉤《もりかぎ》など伝統の漁具と漁法が見られる（ヌターユルギン　一九九九、大島　一九九九）。

北方地域におけるサケは、長い冬を乗り切るための保存食として極めて重要な役割を担う。パンや肉や野菜を店で購入できるようになった現在でも、伝統的な主食であるサケ類を冬用に干し魚として、あるいはロシア風に樽に塩蔵して保存している。

男性とその息子達によって捕獲されたサケは、分業体制の一役を担う女性達によって解体処理されるのが伝統である。処理法は、捕獲した魚を三枚におろして、尾に半身が二枚ついた形にして天日乾燥し、取り除いた頭と背骨は、犬ゾリ用の犬の食料とするために別に干す。さらに半身にして皮を除いた干し魚もある。これは、尾付きの半身が二枚のものに比べて乾燥が早く、味も違うので、冬季に干し魚の味の違いを楽しむためである。

特に雨天の多い時期と重なる場合には、半身二枚の干し魚は、天日干しにする前に燻煙《くんえん》する。燻煙といっても完全な燻製ではなく、のちに天日で干すための燻煙である。トナカイ皮製のテントや漁小屋の中で燻煙する場合もあるし、燻煙小屋を別棟で作る場合もある。

サケの燻煙は、二重の意味で重要である。一つには、ハエが大量に発生し、卵を産みつけようとするので、そのハエを防ぐためである。もう一つは、サケは不飽和脂肪酸が多く、酸化しやすいという欠点があるが、燻煙によってその酸化を防止できるからである（渡部　一九九六、一九九七）。また、燻煙によって味覚も優れたものになる。最後は天日干しで十分に乾燥させ、村に持ち帰って高床式食料保存庫に収納する。

サケの半身、頭、エラ、内臓の天日乾燥

燻煙乾燥された干しサケはパサパサしていて、いかにも脂質が少ない。川捕りのサケは、産卵のために遡上してくるので生殖巣が成熟し、捕獲地が上流であればあるほど、サケの遡上運動によって含有脂肪量が少なくなる。脂肪が少ないほど乾燥・保存に適しているのだが、食べる段になると、脂肪が少なくパサパサになり食べにくくなる。

また、北方という寒冷な気候では、炭水化物（糖分）が少なく運動・身体の維持に必要なエネルギーを動物性脂肪から得ることが必須となるが、保存された主食の干し魚には脂肪が少ない。エネルギー源として脂肪が必要だが干し魚には含まれる量が少ないという矛盾を解消するために、コリヤークの人たちは、トナカイ遊牧をしていない地域では必ずと言ってよいくらい海獣猟を行っており、干し魚と一緒に海獣の脂肪を食べる。アザラシの脂は、日本人が刺身を醬油につけて食べるように欠かせない調味料でもある。

四　水産資源の管理——先住民の管理と国家による管理

漁具と漁法にみられる伝統的な技術と生態学的知識に基づくさまざまな工夫だけでは、サケをはじめとする魚資源が毎年回帰してくるだろうと期待はできても、確かではない。二〇〇〇年は暑すぎる夏のためか、例年になく多種類のサケが一度に短期間に遡上したため、結果として不漁に終わった。魚がこない、アザラシがこないということで飢饉に苦しむ話はつきない。飢饉は、半人半神のクィキニャーコというオオワタリガラスの登場する民話の中で、クマの家族にもキツネの家族にもネズミの家族にも、クィキニャーコの家族にも降りかかる災害として、当然のように語られている。常食としての魚の遡上に対する不安が、コリヤーク自身による資源管理の根底に横たわっているようである。

資源の管理は、先住民にとって科学的な意味では存在しないと言ってよいが、結果として資源を管理し、再生・再利用可能になるような漁撈活動がいくつか観察される（大島　二〇〇一）。

第一に漁場の問題がある。コリヤークがサケ類などの回帰遡上する魚を捕獲する場所は、伝統的に河口を含む河川内（いわゆる内面水域）で、舟を用いて沿岸海域でサケ類を捕獲することはなかった。コリヤークにとって漁撈は基本的に個人的な生業活動であるが、ソ連時代のソホーズでは、漁船を政府から支給され、集団漁撈が行われていた。たとえばレスナヤのソホーズでは、三つの作業班に分かれていた。一つ目は、カニ籠漁、二つ目は、二〇人くらいでの網を使ったニシン漁で、アナプカ、オリュトルスキーまで漁に行った。三つ目はやはり二〇人くらいで、網を使ってアザラシ猟をしていた。

しかし、旧ソ連崩壊以後、先住民による漁撈活動は、大型漁船を使って沖合いで商業漁を行う例外的な先住民ソホーズを除いて、湾、河口、内陸の川で行われる内水面漁業に戻ってしまった。この内水面漁業は、各河川に遡上するサケの量がほぼ決まっているので、捕り過ぎると数年後に遡上量が減るのであるが、先住民はこのことを経験的に知っている。しかし、沖合での漁業は、どの川に遡上するサケ資源を捕獲しているのかが判別できないところに、根本的な資源管理上の問題点があるといえる。産卵数を減らさないという原則は、内水面漁業者にとっては前提の知識となっている。

第二に、先住民は特にサケの産卵に留意している。産卵場は、「クマの領分であるから産卵場で漁をしてはいけない」とか「川を汚してはいけない」など川にまつわるタブーがある。

また、川幅いっぱいに堰を設けて村人が集団で行う袋網漁は、秋の上りオショロコマが対象である。秋のオショロコマ漁は次のようである。上流のサケの産卵場にオショロコマがサケの卵を捕食するために遡上してくるので、産卵場近くの小川に、V字型の誘導柵と魚が跳んで網に入り込むように、斜めの棚を設置し、ここに魚を追いこんで一網打尽にオショロコマを捕獲する。この漁法は、オショロコマの生態を利用したもので、一度に大量の食糧を確保するとともに、主食であるサケの産卵を保護し、資源の再生産を可能にする。

第三は、先住民のサケ利用の仕方である。捕獲した魚は生で食べたり、魚のスープにする他は、干し魚にして利用する。頭と背骨は犬の食料とする。捨てる部位は内臓の一部で、それもカモメやキツネの食べ物だという。非先住民は魚種や雌雄を選んで捕獲するが、先住民はそうしない。川漁では、シロザケとカラフトマスが最も多いのであるが、オショロコマもアメマスも同じ網や簗・筌にかかる。それらを等しく干し魚にして保存する。伝統的生業としての漁撈活動には、特定の魚種に特化した選別性がないといえる。しかし、ソホーズ経済下、市場

西海岸レスナヤ川での刳り舟による流し網漁

経済下のもとで、先住民の漁撈にも商品化のための選別的漁業がみられるようになってきた。

第四に、漁撈儀礼が資源の管理に貢献しているのではないかと思われることがある。レスナヤ村のコリヤークには漁の前の儀礼があった。この儀礼は、女性シャーマンが、産卵場のある支流の川岸で春一番に芽を出すオオハナウドの根を掘って、「魚が網を恐れないでくるように」と根に話しかけて、豊漁を祈り、その根を結びつけた紐を、魚が遡る方向を模して川下から川上へと地面を引きずるのである。この儀礼は、春の漁の始まりである五月末から六月にかけて行われる。魚がこなくなると再度この儀礼を行う。また、初漁の儀礼も、イテリメンの他に、パラナ、レスナヤ、カラガ、アナプカなどに住む海岸定住コリヤークによって、最初に獲れた時にその都度家族単位で行われている。

このような先住民の伝統的資源管理に対して、旧ソ連時代の計画経済下では、国家がソホーズに目標生産量を課すことで管理を始めた。しかし、国家管理体制下においても自家消費用の水産資源の管理だけは、各地域のソホーズやゴスプロムホズ（生業協同組合）の自主管理にゆだねられていた。ペレストロイカ（一九八九年）以降、自家消費用の水産資源も国家によって管理されることになった。

サケ類やキュウリウオ、カラフト・シシャモなど競合する水産資源に対して、地方行政府から自家消費用割当（年間一人一二〇から二〇〇キログラムの範囲で、河川の資源量によって異なるようだ）を受けるようになった。また、海岸と河口から五〇〇メートル以内の内陸河川では、漁撈活動が禁止となっている河川もあり、漁場規制が行われている。

サケ類以外のコマイ、カラフト・シシャモ、ズバトカ、カワカマス、オショロコマなど特に凍結時の氷上漁では許可を受ける必要はない。

五　水産資源の危機

カムチャツカ半島の先住民にとって生活に欠かすことのできないサケを中心とする魚類資源は、現在危機に直面している。その原因は、いくつか考えられよう。

第一には、ソ連時代の遺産である集住化による住民間の競争の激化がある。ソ連時代以前は、湾か河川の近くで小規模の村単位で生業を行っていたのだが、一九三〇年のコリヤーク民族管区成立以降、カムチャツカ半島では、一九八五年頃までつぎつぎと村落やコルホーズ、ソホーズの統廃合が続き、地方拠点都市への集住化政策がとられた。この集住化がもたらしたものは、地域拠点都市への人口集中と漁獲量の増大、それにともなう漁業資源の急激な減少であった。

カムチャツカ半島では、国営企業の解体・民営化の時期に総漁獲量が減少しており、一九九〇年の一三四万トンから一九九四年の五八万トンと激減しており、一九九六年には七五万五〇〇〇トンまで回復したが、一九九九年には再び四三万トンにまで減少した。

サケの漁獲量は、一九〇〇年の七万三〇〇〇トンから一九九九年には二万一〇〇〇トンまで落ち込んでいる。特に、ベニザケの宝庫とされたオゼルノフスキーとウスチ・カムチャツキーの漁獲の減少が著しい（鈴木　二〇〇一）。

地方拠点都市では、各家が川岸に漁場を持っている。東海岸のティムラトでは各人の漁場が自然と決まって、今までに漁場争いはなかったという。各漁場が、適当な距離を置いて並んでいる。カムチャツカ半島では、六月から八月にかけて大量に遡上するサケ類を捕獲して、冬期の食料として保存しなければ、誰も生きていけないので、自然と棲み分けができているのだ。

ペンジナ川のような大河では、河口付近の海岸線に漁場が密集し、ほぼ一〇〇メートル間隔で各人の漁場が並ぶ。ティムラトやハイリナ、タロフカでは、産卵に遡上する支流河口近くに漁場を設置するので、等間隔ではなく、両岸に点々と並んでいて、ボートで進むとふいに漁小屋と燻煙小屋、干し棚などの複合住居が現れる。中には骨組みだけとなった廃屋も見うけられる。トナカイ遊牧をしている地域では、夏の遡上時期にトナカイ皮のテントを張って漁小屋として漁を行っている。

以上はカムチャツカ半島北部の説明であるが、それに比べてイテリメン民族の住むカブランなどカムチャツカ半島南部では、漁場争いと密漁は深刻である（サブドニコワ　一九九九）。カムチャツカ川、バリシャヤ川、アバーチャ川、パラトゥンカ川など半島南部の人口密集地の河川では、かつてはサケ類の漁獲量が最大だったが、ここ数年で激減したという（ブルカーノフ　一九九七）。

ペンジナ湾岸の漁場

第二には、食料・衣服・燃料などカムチャツカ半島の外部に依存する経済体制の導入により、依存体質が強まり、現金収入が必須となったことである。

この現金収入を必須とする生活様式は、一九九二年のソビエト体制の崩壊、それに続くロシア国内の経済の混乱と低迷、市場経済の導入によって、ますます強くなっている。

塩蔵のサケと魚卵の販売は、公式には、自家消費用の生業漁では禁止されているのだが、先住民にとっても現金収入を得る数少ない手段となっている。したがって、商業漁の割り当てを受けていない先住民は、自家消費用のサケを樽詰にして塩蔵し、商業漁の許認可を受けているコルホーズ、ゴスプロムホズ（生業協同組合）や企業に売り渡すという、公式には密売とされる事態が生じている。魚食民である先住民がその主食を手放すという葛藤に陥っているのである。

漁獲した自家消費用の水産資源の販売は、実際には、現金決済ではなく、ガソリン、漁網、ガラスの空ビン（イクラ用）、塩など、小麦粉、イモ、玉ねぎ、ミルク、缶詰類、砂糖、紅茶、煙草、ドライフルーツなどの商品との交換という形で行われている。先住民コリヤークにとっての魚卵は、伝統的には、ホロロ祭りという収穫祭における「ハレの料理」のために乾燥保存してきたのであるが、魚卵に商品価値が出てきた。先住民は魚卵を塩蔵して商品化し、魚卵をとったあとの身は干し魚にして利用する。

非先住民のロシア人は、雌だけを選別的に捕獲し、魚の身を捨てて魚卵のみを商品として塩蔵するため、これがカムチャツカ州内の大きな問題になっている。また、魚卵商品化のための雌の選別的捕獲は、危機に瀕している水産資源の減少に拍車をかけることになる。

先住民のなかには、ガソリンや漁網を買う現金収入を得るために、自家消費用のための漁撈をあきらめ、コルホーズや企業の水産加工場に賃金労働者として働く道を選ぶ者も出てきている。

六　漁獲クォータ（割り当て）と入札制の導入

ロシア国内における二〇〇海里内の水産資源は、法的にすべてが国家の所有となっている。国有の水産資源は、①政府間協定で外国へ配分される政府間枠、②民間交渉で外国企業、団体へ回される特別枠、③国内枠の三つに分類され、漁獲クォータ制をとっている（北海道新聞朝刊、二〇〇一年二月一八日）。

そしてロシア農業食料省、国家漁業委員会が資源量などを考慮して全ロシアの許容漁獲量を決定し、各地域に割り当てる。カムチャツカ州では、極東全体への許容漁獲量からさらに割り当てを受け、州行政府漁業局が中心となり、業界（漁業団体）、関係機関（漁業規制局、研究機関等）が参加する協議会で、国内枠を無償で国内企業に配分している。決定された漁獲クォータ配分の結果は最終的にロシア農業食料省の承認を得る（鈴木　二〇〇一）。

州行政府が漁獲割り当てを無償で行うといっても、実際には、割り当てを受けた漁業団体に州行政府への協力金を求めていた。あるいは、西海岸のある町で行われているように、コリヤーク自治管区行政府との契約のもとに、大手漁業会社が、大都市への輸送能力を持たない地元の小規模のゴスプロムホズに協力するという形をとる場合もある。

住民が個人であるいはゴスプロムホズの一員として集めたイチゴ類、キノコ、魚卵を大手漁業会社が買い上げ、船で、ガソリン、小麦粉、砂糖、茶、野菜（人参、玉ねぎなど）、米、ソバの実、塩などを輸送して交換するという活動を行っている。一九九九年には、四〇樽で二トンの魚卵が四五トンの商品と交換された。大半は、小麦粉（七〇〇袋で三五トン）、ガソリン、その他の食料品である。漁業会社が買い上げたイチゴ類は、学校給食用のジュースになり、キノコと魚卵はペトロパブロフスクなど大都市で販売する。このような漁業会社の本当の狙いは、商業サケ漁とカニ漁などの州行政府からの漁獲割り当てを有利にすることにあるという。

ロシア連邦の政令（二〇〇〇年一二月二七日）により、水域内（二〇〇海里水域）の水産資源の漁獲の割り当てはすべて、ロシア連邦政府の管理下に置かれることになった。また、ロシア連邦国家漁業委員会が決めた漁獲クォータにもとづき、経済発展通産省が管轄するヨーロッパ・アジア商品取引所で入札を行うことにした（鈴木　二〇〇一）。

漁獲クォータの決定に関して入札制を導入する理由としては、①巨額の裏金が動くといわれるこれまでの地方行政府による漁獲クォータの不透明さの解消、すなわち水産利権の解消、②国庫の歳入増、③密猟や密輸入の規制、であるとされる（北海道新聞朝刊、二〇〇一年一月二三日）

ロシア極東で入札対象の魚種となったのは、スケソウダラ、ニシン、カレイ、タラバガニ、ズワイガニなどで、カムチャツカ地域では、スケソウダラ（五六％）、ニシン（一一・六％）、マダラ（一〇・二％）、カレイ（五・二％）などであった。トロール漁法によるこれらの漁獲合計は総漁獲量の八三％になるが、これがすべて入札の対象となった。カニ、タラ類の漁獲クォータは高値の入札が予想される（鈴木　二〇〇一）。漁獲割当から入札による決定までのプロセスは、経済発展通商省、大蔵省、国家漁業委員会などで構成する委員会が対象魚種、割当量、最低入札額を決定する（北海道新聞朝刊、二〇〇一年一月二三日）。

　入札に参加する業者には参加資格が課せられている。国内の個人または企業が参加できる参加資格は、①漁船を所有しているか、所有していない場合は継続的にチャーターしている、②連邦政府への税金滞納がない、③入札保証金を支払う、という条件があるが、外国からの入札参加を認める自由枠については参加資格は特に定められていない（北海道新聞朝刊、二〇〇一年一月二三日）。カムチャツカ州の先住民企業の多くは、漁船所有者でも参加資格を欠くことになる。

　最高額を入札した個人または企業が落札する（北海道新聞朝刊、二〇〇一年一月六日）が、落札した業者は落札額の一〇％を前払いして操業許可書を受ける（北海道新聞朝刊、二〇〇一年一月二三日）。経済力に勝る漁業基地の企業に落札が集中する恐れがあり、経済基盤の脆弱なカムチャツカの漁業にとって入札制度は一大脅威となった（鈴木　二〇〇一）。また地方行政府、漁業団体も、入札制は大企業や外国企業に有利になる、と反発している（北海道新聞朝刊、二〇〇一年一月二三日）。スケソウダラの入札では総量一〇万トンを五〇〇トン単位で入札することにし、最低価格を約七三五万円と設定し、ニシンの入札では総量二〇〇〇トンを一〇〇トン単位で入札することにし、最低価格を約五三万円に設定した。第一回の入札では四分の三が入札不成立であった（北海道新聞朝刊、二〇〇一年二月一八日）。

入札単位が大きければ大きいほど資金力のある大企業に有利になるとの批判から、国内枠と特別枠が産業枠と一般枠に再編された。入札の対象となった割当量をそのまま輸出できる産業枠と、地方行政府などを通して無償で配分され、水産加工場など国内市場へまわされ、加工なしに輸出はできない一般枠に分けられた。産業枠で落札した漁獲枠でなければ加工しないままの輸出ができないので、産業枠の落札は実質的な輸出ライセンスといえる。入札制の最大の狙いであるカニは、高値輸出を期待して九〇%が産業枠となった（北海道新聞朝刊、二〇〇一年二月七日）。

地方行政府は、従来無償割り当てで漁業団体に協力金を求めていたが、入札制度を地方政府でも導入し、一般枠の割り当てに「入漁料」を設けることを計画している。二〇〇一年二月二一日に漁業法が下院を通過し、二〇〇二年四月には上院を通過する見込みで、地方政府の無償割当にも入札制が実施される見通しである（北海道新聞朝刊、二〇〇一年二月二二日）。仮に先住民企業が漁船を所有していたとしても、資本金のない先住民の企業は、保証金、前払いの資金を調達するのは困難で入札に参加できないであろう。

これまでに述べてきた漁獲クォータによる入札対象の魚種は、沖合いの大型船によって捕獲されるので、先住民による河川・沿岸・海岸との競争は比較的少ない。最も先住民の漁撈活動と関わりがあるのがサケ・マス類である。

従来、サケ・マス類の漁獲クォータは、州知事の権限のもとに、カムチャツカ漁業海洋研究所（カムチャツカニロ）の勧告に基づいて全体の許容漁獲量が決められ、企業に分配されてきた。中でもベニザケは、カムチャツカ州総漁獲量の四・九%だが、価格が高いので重要な輸出水産物であった。サケ・マス類は漁獲クォータ入札の一覧表から除外されているが（鈴木　二〇〇一）、地方行政府単位で漁獲クォータ入札制が施行されることになると、サケ・マスもその対象になると予想される。

ロシアではソ連時代から引き続き、水産資源に対して中央政府からの強力な管理が行き届いている。国家からの割り当てや国家規制の最大の理由は、水産資源が国家の重要な歳入源となっているからである。このような国家管理の強い地域では、カナダやアメリカで生じている管理主体の地方分散化、あるいは地域と国家による共同管理の実現はまだまだ先の話である。さらに、先住民の水産資源に対する権利が政治の舞台に登場してくるには時間がかかる。カムチャツカ半島における水産資源をめぐる紛争はこれから大きく展開すると思われる。

（引用文献）


大島　稔　一九九九「アイヌとカムチャツカ先住民の漁撈文化に見る共通性」『アジア遊学』一七、七四―八七頁、勉誠出版。

――　二〇〇一「カムチャツカ先住民におけるサケ資源の利用と管理」『民博通信』九一、一六―二五頁、国立民族学博物館。

サドブニコワ、E・M　一九九九「イテリメン―伝統的生業の過去と現在」『アジア遊学』一七、六五―七三頁、勉誠出版。

鈴木　旭　二〇〇一「漁業クォータ入札制度とカムチャツカの漁業」特定非営利活動法人編『カムチャツカ通信』復刊第七号、六頁。

ヌターユルギン、ウラジミール・M　一九九九「コリヤークの漁労―漁具と漁法」『アジア遊学』一七、五六―六四頁、勉誠出版。

ブルカーノフ、ウラジミール　一九九七「海洋生物資源の保存に向けて」Sev'ernaya Patsifika, 1 (3), 4-11, Petor-opavlovsk-Kamchatskiy, Kamchatka.

渡部　裕　一九九六「北東アジア沿岸におけるサケ漁（一）」『北海道立北方民族博物紀要』五、八五―一〇二頁、北海道立北方民族博物館。

　　──一九九七「北東アジア沿岸におけるサケ漁（二）」『北海道立北方民族博物館紀要』六、一九九―二一六頁、北海道立北方民族博物館。

カムチャツカ半島の資源をめぐるパラドクス

――サケとトナカイの関係――

渡部　裕

一　はじめに

カムチャツカ半島はその南端が北緯五〇度五七分、北縁は北緯六五度付近でほぼ南北に一六〇〇キロメートルにおよび、日本全土の一・二五倍の面積を有する。南部には森林が拡がるが、北半部はツンドラ帯におおわれ、半島中央部寄りを縦貫するスレディーニ山脈および東側のボストーチヌィ山脈によって多くの河川水系が形成されている。これら河川はサケの遡上に恵まれ、沿岸海域には多様な海獣類が生息し、山岳部や北部のツンドラ帯はトナカイにとって好適な生息条件となっている。

カムチャツカ半島の主要な先住民は南部に居住してきたイテリメン、北部のコリヤークである。また、およそ一五〇〇年前に半島中央部に北部から移住してきたエベンはトナカイ飼育を生業としてきた。さらに、一八〇〇年頃まで半島最南部ロパトカ岬周辺にはクリル（すなわちアイヌ）が居住し、一八〇〇年のはしかの流行を機に、一部はイテリメンと融合し、その他は千島列島に移住したとされる（Murashko 1994: 20）が、その後「クリル」は記録に現れない。これら先住民は、居住環境によって利用する動物資源の比率は異なるものの、海獣類、サケ、トナカイを基本的な動物資源として利用してきた。

カムチャツカの先住民は一七世紀末よりロシア帝国の支配下に組み込まれ、毛皮税納入義務を負わされた。植民者の増加や商品経済の影響による先住民の「ロシア化」が進む一方、二〇世紀初頭からカムチャツカ沿岸で盛んになったサケの商業捕獲（主として日本企業による）は先住民に新たな文化接触をもたらした。さらに、ロシア革命後、ソ連体制が確立した一九三〇年代には、カムチャツカの各地にトナカイ飼育を基盤とするソホーズ（国営農場）、コルホーズ（集団農場）が建設され、先住民は国家に雇用されるか、集団農場の組織に属すこととなった。

しかし、ソ連崩壊にともなってソホーズあるいはコルホーズの経営は困難となり、多くは解体あるいは改組され、多くの先住民が失業した。そして、新たな組織により運営されてきたトナカイ飼育産業は衰退してきている。この「ペレストロイカ」から一〇年を経た今日、カムチャツカの先住民社会は安定した収入が得られないなかで、かつての伝統的生業基盤への依存を深めてきている。自家用食料の確保のための陸獣、海獣、鳥類の狩猟および現金収入を得るための毛皮獣狩猟は一定の経済的意味をもつが、何にもまして人びとはサケへの依存を深めてきている。

こうした「サケへの傾斜とトナカイ離れ」は、少なくとも現在のロシアにおける経済動向を反映していることはあきらかである。しかし、北方の自然環境のなかでトナカイという生物資源がはたしてきた役割が現代社会において無意味なものになったのであろうか。トナカイの家畜化という、獲得経済から生産経済への移行は、安定した食料自給方策であったはずである。ここで思い起こすのはアラスカにおけるトナカイ飼育の導入の例である（岡田　一九七六）。少数のチュコトカ産トナカイ導入から始めて、一時は七〇万頭を超えるまでに成長したアラスカのトナカイ飼育はその後衰退に向かった。

カムチャツカの場合は、トナカイ飼育地域を拡大する過程でトナカイ飼育とは無縁であった地域への導入があったことは確かであるが、伝統的にトナカイを飼育してきた地域である。本書は資源をめぐる対立をテーマとしているが、サケとトナカイをめぐる資源利用を見る限り、カムチャツカでは資源対立は内在して表面に出ることはなかった。伝統的資源であったサケとトナカイをめぐる乖離が何故生まれたかは、歴史のなかで醸成され内在してきた資源をめぐる「対立」であり、それが表面化したのである。「対立」は非先住民対先住民、より根源的には国家対地域ないしは先住民という構図である。言い換えると、資源をめぐる「対立」は、市場原理とは無縁の政治的所産として顕在化してきているのである。

本稿では、カムチャツカ先住民コリヤークとイテリメンの伝統的な生活基盤であった資源、サケとトナカイをめぐる各時代における先住民の関わりと経済的意味を概観し、経済システムが内在してきた「対立」を考えてみたい。

二　伝統的資源利用のあり方

イテリメンの資源利用

イテリメンはおよそ北緯五八度以南に居住し、オホーツク海およびベーリング海に注ぐ河川中流域に集落をもっていた。また、半島南部から北部へ縦貫してベーリング海へ注ぐ大河カムチャツカ川水系では、下流から上流まで多数のイテリメン集落が存在した。ロシアとの接触以前のイテリメン人口は確かな史料が存在しないため、推定人口は下限八〇〇〇人、上限二万五〇〇〇人～三万人と大きな幅のなかで想定せざるを得ない（Murashko

1994)。彼らの移動手段は丸木舟とイヌ橇《そり》で、丸木舟は河川で利用する小型のものと、海で用いる大型のものがあったとされる。河川中流域に集落をもつことは、さまざまな資源の利用に都合がよい。

サケの捕獲には簗《やな》および篭わなを組合せた捕獲施設が用いられていたが、その設置条件からみて水深があまりない場所が求められ、河口よりも中流あるいは上流域、支流との合流地点が望ましいということができる。彼らはサケの捕獲を生業の中心としながら、河川の下流域や沿岸で海獣狩猟を行い、また、上流部では狩猟を行ってきた。とくに西海岸の河川の多くは、河口から数十キロメートル上流まで潮位の影響を受け、サケ類の遡上期には潮位の上昇とともに魚群を追ってアザラシ類やシロイルカが遡上するため、イテリメンは河川内で比較的容易に海獣類を狩猟することができた。さらに、沿岸においてアザラシ類やトド、オットセイ、ステラー海牛などの海獣狩猟も行ってきた。山猟にも精通していたイテリメンは、秋から初冬にかけてヒグマ、シベリアビッグホーン、野生トナカイなど肉用獣の狩猟を行って

きた。また、後に毛皮税納税や毛皮交易のなかで重要となったアカギツネ、クロテン、ラッコなどの毛皮は、彼らの伝統的衣類としてはさほど重要ではなく、衣類の縁飾りやコリヤークとの交易に用いられるのみであった。イテリメンの伝統的集落が海岸ではなく内陸中流河畔に設けられていたことは、このような資源利用のあり方と関係するであろう。ただし、かつて大河カムチャッカ川流域に最も多くのイテリメン人口が集中していたことは、イテリメンがサケ資源に強く依存していたことを示唆しているであろう。

コリヤークの資源利用

コリヤークはカムチャッカ半島北部のタイゴノ半島（現在はマガダン州に属する）からペンジナ湾、カラガ湾からオリュートル湾の沿岸および内陸に居住し、北部ではチュクチと接し、北西部ではツングース系民族と接してきた。コリヤークは基本的な生業形態から、海岸近くの河畔に定住的集落をもつ狩猟採集民である海岸コリヤークと、内陸でトナカイ遊牧を行うトナカイ・コリヤークの二つの集団に大別される。ロシアとの接触以前のコリヤーク人口はあきらかではないが、統計資料から一九世紀末の人口は、海岸コリヤークとトナカイ・コリヤークはほぼ同数で、合計七五三〇人と推定されている。ロシアとの接触の多い海岸コリヤークでは、イテリメンと同様に、初期においてはロシア人との闘いで多くの犠牲者を出し、比較的平和な関係が確立された後も、度重なる疫病の流行、飢饉の犠牲者が多く、かつての海岸コリヤークの人口は一九世紀末の時点より多かったと推定されている。つまり、海岸コリヤークの生活はトナカイ・コリヤークに比較して恵まれた条件にあり、海岸コリヤークの人口の方が多かったと推定される（Jochelson 1975：445-446）。

海岸コリヤークは海獣狩猟およびサケ漁を生業基盤としてきた。彼らは河川では丸木舟を利用し、海域では大型のウミアック型皮舟と極めて小さなカヤック型の皮舟を利用してきた。冬季の移動手段はイヌ橇が普通であるが、小規模なトナカイ所有者はトナカイ橇も併用したとされる。漁撈で重要な魚種はシロザケとカラフトマスで、地域によってはキュウリウオが主要な漁獲であった。ロシア人到来以前からイラクサ繊維で作られた掬い網や刺し網でサケを捕獲してきたとされ、簗と筌わなを組合せた捕獲施設も利用されてきた。とくに川岸の杭から流れのなかに仕掛けられた長さ十数メートルの刺し網は効率のよいサケ用漁具として知られ、現在もカムチャツカの先住民は、ナイロン製の網ではあるが同様の方法でサケ漁を行っている。

海獣狩猟ではアゴヒゲアザラシ、ワモンアザラシなど四種のアザラシ類、シロイルカ、セイウチが主な対象であった。主要な獲物はアザラシ類で、秋季の猟によって越冬食料を確保した。アザラシやシロイルカの猟では銛《もり》とともに網も主要な猟具として用いられ、サケを追って河口に侵入したアザラシ類、シロイルカを捕獲していた。セイウチ猟はベーリング海側のカラギンスキー島および対岸のカラガ川河口が主要な猟場であった。オホーツク海に面したペンジナ湾沿岸およびベーリング海側のオリュートル湾沿岸では大型鯨類を対象にした捕鯨も行われていたとされ、少なくともペンジナ湾ではホッキョククジラを対象とした銛による捕鯨が行われていたと考えてよいであろう。

陸獣では野生トナカイとシベリア・ビッグホーン、クマが肉用獣として狩猟されていた。コリヤークにおけるトナカイ飼育は北部のチュクチと同様に、多頭数飼育とされる。北方ユーラシアにおける一八世紀の冷涼な気候の出現によって飼育トナカイも野生トナカイも増加し、野生トナカイの狩猟によって食料資源を獲得できたため、大規模飼育が促進され、さらに、一九世紀初頭以降の気温上昇によって野生トナカイは飼育トナカイとの競合や狩猟圧によって減少し、飼育トナカイを食料とする生産経済が成立したとされている（Sasaki 1995）。つまり、この段階で野生トナカイは減少し、狩猟獣としての重要性は著しく低下したと考えられている。いずれにしても、トナカイ・コリヤークは食料の大部分をトナカイから得ていたが、その毛皮や肉を海岸コリヤークの海獣類やサケと交換し、海産の食料や日常品の素材を得ていた。

一九二〇年代にはコリヤークのトナカイ飼育社会は、大規模な飼育を行う少数の家族と中規模および零細な飼育者、および大規模飼育家族に雇用される牧夫の三階層に分かれていたことが知られている。同様の現象は、クラシェニンニコフによって報告されており（Krasheninnikov 1972: 286）、ロシアとの接触以前には、すでにコリヤークのトナカイ飼育民の間に飼育規模をめぐる階層化が生じていたと考えられる。このような飼育規模の階層化は報告されているが、全体の飼育頭数についてはあきらかにされてこなかった。これまで公表された数値で最大の頭数は、一九二七年におけるコリヤーク管区（現在のコリヤーク自治管区に相当する地域）の総頭数二六万四〇〇〇頭（セルゲーフ　一九三七）である。

三　先住民と政治・経済体制

一七世紀末の文化接触以来、カムチャツカの先住民社会は帝政ロシアとソ連という極めて異なる政治・経済体制を経験してきた。また、帝政ロシア末期にあたる一九世紀末から一九四五年にいたる五〇年あまりの間、カムチャツカの先住民は新たな異文化接触、すなわち日本人漁業者との交流を経験してきた。これら三つの時期を政治的・経済的体制の特徴から「毛皮交易時代」、「北洋漁業時代」、「コルホーズ・ソホーズ時代」と言い換えることができるであろう。もちろん、この時代区分については、それぞれの特徴的な政治・経済・社会的要素が時間軸のなかで明確に分かれるわけではなく、互いに重複し、複合的かつ重層的な体制が存在した時期も含まれるものとして理解する必要がある。ソ連体制崩壊以後を「ペレストロイカ以後」として、以下で各時代における先住民社会と政治・経済体制の関係を検討してみたい。

毛皮交易時代

カムチャツカ半島のロシアによる支配は一六九七年のアトラソフ隊の到達に始まる。ロシアのカムチャツカ進出はクロテンに代表される稀少毛皮の獲得が目的であり、これまで支配下におさめてきた他のシベリア諸地域同様、ロシアはカムチャツカ半島の成人男性（一五歳からおよそ五五歳まで）に毛皮税を賦課し、徴収した。アトラソフ隊がカムチャツカ遠征で最初に実行したことは、一方的な毛皮税賦課の宣告と徴税行為であった。アナディール柵砦を出発したコサック隊は二隊に分かれて、一隊はベーリング海側を南下し、アトラソフ率いるもう一隊はペンジナ湾からオホーツク海に沿って南下した。コリヤークの集落で毛皮を徴収し、西海岸チギルで分遣隊と合同したアトラソフ隊は、さらにカムチャツカ川まで南下し、各集落のイテリメンにも同様の行為をはたらき、カムチャツカ川上流部に柵砦を築いた。このような略奪的毛皮税徴収がシベリア先住民支配の実態であり、先住民の抵抗は当然のことであった。コリヤークやイテリメンは、各地で移動中のコサック隊に対する待ち伏せ攻撃や柵砦の攻撃を行い、ロシア側に多数の死傷者を出した。一方、コサック隊は銃や大砲といった近代武器によって報復し、集落全体の殲滅や抵抗する者の徹底的な鎮圧を行った。このような先住民の武力抵抗は一七〇〇年代初頭から続き、コサック隊は安全な移動ルートを確保することができなかった。イテリメンにおいては一七三〇―三一年の大規模な反乱をもって組織的な抵抗は止み、コリヤークでは一七五〇年代から六〇年代まで抵抗が続いたが、以後自主的に毛皮税を納める集落もみられるようになった。このようにカムチャツカの先住民は多くの犠牲を払い、毛皮交易体制に組み込まれた。

闘いによる犠牲者にもまして、コサックや農民など外来者の流入による伝染病の流行の犠牲者数も甚大であった。はしかや天然痘、発疹チフスは度々流行し、広範な地域で先住民人口を減少させた。人口減少地帯ではイテリメンと植民者との共存が進んだ。このような「ロシア化」は海岸コリヤークにおいてもみられるが、イテリメンでは半島北西部を除いた各地で進行し、一九二六年の国勢調査では、イテリメンと移住者との子孫は七〇四六人、イテリメン語を保持する人たちは北西沿岸のソーパチナヤからアマニノにかけて居住する八三〇人と記録されている。しかし、「ロシア化」したこれらイテリメン―移住者の子孫たちの経済基盤は第一に河川および沿岸におけるサケ漁であり、その他は小規模な菜園、陸獣狩猟、海獣狩猟の順であった（Murashko 1994：27）。つまり、一九二〇年代においてもカムチャツカ南部の先住民系社会の生業はサケ漁が中心であったわけである。

しかし、ロシアにとって利用価値があるカムチャツカの生物資源は毛皮獣であり、先住民の伝統的生活で重要な位置づけをもつサケやトナカイはあまり意味をもたなかった。それらは輸送コストに見合うものではなかったからである。毛皮交易は少なくとも一八世紀半ば以降、国家の専売とされ、クロテンやラッコなどの毛皮の主な販路は中国であった。

クロテンは森林の動物であり、イテリメンの居住地から多く産出されていたため、北部のコリヤークはカムチャツカにおけるクロテン毛皮の生産にあまり関与することはなかった。先住民は毛皮交易によって布製品やナイフや斧、やかん、鍋などの金属製品、茶、タバコなどの移入品を手に入れるようになった。また、小麦粉や米といった食料品も毛皮との交易で手に入れるようになった。一九世紀にいたってクロテンの捕獲数は減少した。ペンジナ、ギジガなどの北部地方ではクロテンは消滅し、南部でも激減した。一八四〇年代には一万尾に達した捕獲数は一八九〇年代に二〇〇〇尾に減少し、一九一三年から三年間の禁猟を余儀なくされた。

毛皮交易に利用された海獣類はオットセイやラッコであったが、これらは乱獲によって二〇世紀初頭には激減し、あいついで国際保護条約によって禁猟とされた。アザラシ類、トド、シロイルカなどはその後も自家用食料として捕獲されてきた。一部の毛皮が移出されたことはあっても、これらの海獣類は基本的には地域内で消費された。

一方、コリヤーク人口のおよそ半数がトナカイ遊牧を生業としてきたが（Jochelson 1901）、飼育トナカイの所有形態は均一ではなく、一九世紀末から二〇世紀初頭の時点でも少数の大規模所有家族が飼育トナカイの過半数を所持する状態がみられた。一九三〇年代初頭における事例でもトナカイ所有をめぐる階層化を確認することができる。一九三〇年におけるペンジナ地区のトナカイ所有は、わずか一四％の世帯が飼育トナカイ全体の六五％を所有していた。とくにこの内の四世帯は際立って所有頭数が多く、それらは全体の三五％（三万五〇〇〇頭）にのぼっていた。四七％の世帯は数十頭しか所有しない世帯で、全体の四％を所有するにすぎなかった。オリュートル地区でも全世帯の七％が飼育トナカイのおよそ六二％を所有していた（セルゲーフ　一九三七）。

帝政ロシアは先住民から毛皮税を徴収し、毛皮交易を行うことのみに腐心して（トナカイ飼育者からも徴税した）、サケやトナカイには関心を払わなかった。ロシアにとってカムチャツカは毛皮生産地であり、その経済的意味は一九世紀末まで変わらなかった。

北洋漁業時代

毛皮の次に注目された生物資源はサケである。カムチャツカにおけるサケの商業的漁業の始まりは、皮肉なことにオットセイ等の毛皮を目的としたロシア企業によってであった。最初は国内向けの薄塩漬けサケの生産であったが、一九世紀末、日本市場の需要を背景に、小規模なロシア資本による商業的サケ漁業が開始された。日本市場向けにサケを加工する必要からロシア企業が日本人漁夫を雇用したこともあって、カムチャツカにおける有望なサケ資源の情報はたちまち日本の漁業資本の知るところとなった。多くの日本船がカムチャツカで活動を始めたが、本格的な日本企業の参入は日露戦争終結にともなう権益によって開かれた。すなわち、日露漁業協約によってロシア領における漁業活動が認められ、多くの日本企業がロシア北方海域におけるサケ漁に参入し、いわゆる北洋漁業の幕開けをむかえるにいたった。日ロ双方の漁業企業がカムチャツカ半島沿岸に展開したが、一九二〇年代末のソ連体制確立期までは、日本企業の操業割合が圧倒的に多く、漁区数でみるとロシア企業の占める割合は二五%以下でしかなかった。カムチャツカのサケ資源が膨大であったことは、一九三六(昭和一一)年の日本企業による捕獲量(租借漁区三八二区)が六二〇〇万尾を超えていたことからも理解できよう(岡本 一九七一)。

やがて、ソ連は産業振興策を強化し、日ソ企業の漁場経営数は拮抗するようになった。サケ製品は塩蔵品だけではなく、缶詰生産が主流となり、北米に追随して対ヨーロッパ向けにサケ缶詰生産が飛躍的に拡大され、さらに中部西海岸におけるタラバガニ漁場も開拓されるなど、カムチャツカ沿岸各地に漁場と缶詰工場が設置された。日本企業の漁場は最終的に東海岸ではカムチャツカ川周辺からカラガ湾、コルフ湾の北部まで、また西海岸では南端より北部のパラナ付近まで展開された。

日本人漁業者は先住民に漁網の製作方法や漁獲技術を伝え、先住民の漁獲の増産に努めた。日本の漁場に近接する集落のイテリメンは自ら捕獲したサケを、衣類や鉄製品、食料、さまざまな日用品、アルコール飲料と交換した。イテリメン社会に米食や日本製の背広の着用が普及するまでになったと報告されている(竹村 一九四二)。東海岸の一部ではコリヤークが日本の漁場で働いたこともあったという。

このように比較的濃密な先住民と日本人との接触はロシア革命後までみられたと考えてよいであろう。一九三〇年代からソ連は国営企業を中心にサケ缶詰、カニ缶詰生産など、カムチャツカの水産資源開発を進めた結果、先住民の経済基盤は日本企業からソ連国営企業へと移行した。先住民はサケのほかに毛皮類も日本人との交易に利用し、一時的に日本企業による毛皮交易も行われたが、日本との毛皮交易はさほど成長せず、サケに比較すれば小さなものであった。毛皮交易は依然として行われており、二〇世紀にいたって、北米からO・スエンソン社、ハドソン湾会社がカムチャツカの毛皮交易に参入した。一九一九年～一九二三年には、これら外来企業の進出によって毛皮獣の乱獲がもたらされたという。いずれにしても、不安的な毛皮交易の比重は低下し、サケの商業的漁業が新たなカムチャツカの経済システムとして定着したのである。

日本人漁業者の進出によってサケがカムチャツカの資源として注目されたわけであるが、ここで注意しなければならない点は、サケをめぐる対立はロシア／ソ連対日本の構図で、先住民は前面に出てこないことである。北米の毛皮交易会社や日本人漁業者との交易が行われた時代は、先住民の主体性が保たれた時代であった。しかし、ソ連時代になって日本人漁業者との関わりは先住民に対する粛清の口実となったのである（渡部　二〇〇一：四〇―四一）。

コルホーズ・ソホーズ時代

ソ連時代はトナカイ飼育をコルホーズの中核に位置づけ、トナカイ飼育農場が各地に建設された。トナカイ飼育はそれまで無縁であった南西部のイテリメン社会にも持ち込まれた。トナカイ飼育技術導入のためにコリヤークを移住させ、またトナカイ群の移植も行われた。こうした新たなトナカイ飼育域の拡大にともなって、北部のトナカイ群を三年間かけて、一〇〇〇キロメートルにもわたって移動させた事例も知られている。

集団化の出発点は先住民の伝統的集落を再編し、拠点の村に人びとを移住させることであった。先住民は伝統的集落から集団化の拠点となる村へ移動を余儀なくされ、さらにそれらの二次的集落は再々編され、再集住化が行われた。この再集住化は経営の悪い複数のコルホーズを集約してソホーズ化する際に行われた。例えば、中部西海岸についてみると、一九三〇年代にそれまでの伝統的集落から、イテリメンやコリヤークはハイリューソヴォ、カブラン、セダンカ、チギル、ウスチ・ハイリューソヴォなどの村に移住させられた。さらに、カブラン村のその後については、一九五六年から一九六〇年にかけて、周辺に点在したソーパチナヤ、ベラガローバ、プンクト、ベルフィネ・カブラン、マローシェッナヤの各村から移住させられている。そして、各コルホーズは一九六八年に一つのソホーズに集約された。

ソホーズ、コルホーズの中心に位置づけられたトナカイ飼育産業は、科学的な知識、技術の確立・導入によって飼育頭数を増加させ、製品加工技術・流通システムの確立によって、地域外へ製品を出荷する体制を整備することであった。実際にトナカイ飼育技術者を各地の農場に送り込み（トナカイ飼育に携わってきたコリヤークにとっては強制移住であった）、獣医師を配置した。その後、トナカイ飼育技術者やトナカイ専門の獣医師養成機関も設立されている。さらに、ソホーズ、コルホーズの急速な立ち上げをめざして、飼育頭数および生産の増加のために、先住民はトナカイ肉の消費を抑制し、移入した食料あるいは栽培した食料へと食生活を変えるよう誘導された。

実態はどうであろうか。確かにトナカイ飼育技術や家畜医療の面で向上が図られたと考えてよい。しかし、学齢期になると飼育者の子供たちは村の寄宿学校で学ぶため、親元を離れる。つまり、後継者たちは日々の生活のなかでトナカイ飼育技術を学ぶことができなくなったわけである。飼育頭数は増加したのであろうか。一九三〇年代以降、カムチャツカ州の飼育トナカイの頭数はロシア革命以前の頭数を大きく上回ることはなかった。コルホーズを集約してソホーズ化した時点では、ソホーズ単位で二万頭を飼育していたとされるので、カムチャツカ州全体では二〇万頭を超えていたと推定される。しかし、少なくとも一九八〇年代以降は二〇万頭を割り、減少傾向にあった。そして、生産したトナカイ肉の大部分は、なんら加工することなく地域社会で消費されていた。かつては利用された角や毛皮も、換金されることなく、肉のみが政府に買い上げられ地域で販売されていたのである。移出も多少あったとされるが、むしろ肉が足りなくてカムチャツカ外から移入された例もあった。

このように、集団化の当初に提唱された産業振興策のほとんどはソ連時代を通じて実行されることはなかったのが、トナカイ飼育産業の実態である。ただし、一六九七年のアトラソフ到達以後のロシア殖民時代やソ連時代を通じて、畑作や牛、豚、鶏などの畜産、さまざまな形態の農業が導入された。とくにジャガイモや根菜類、キャベツ等の露地栽培、トマト・キュウリなどの温室栽培は今日でも定着している。

もちろん、漁業コルホーズも展開され、生産されたサケやカニの缶詰は国内、国外に移出された。サケ漁業は移出製品を生産する産業になり得たが、トナカイはそうではなかった。一九三〇年代はスターリン粛清の時代として知られるが、一九三〇年代前半に行われた先住民に対する粛清では日本のスパイであるとする嫌疑が多かった。とくにイテリメンやコサック系の住民が多く処刑されている。つまり、サケとの関わり、日本人との関わりが多かった人びとである。

ペレストロイカ以後

ペレストロイカ（躍進）とは、カムチャツカの先住民社会にとって政府が財政的に支え続けてきたソホーズから手を引いたことを意味する。先住民社会は生活の糧を得る手段として、伝統的生業でもあったサケ漁に依存しなければならない状況にある。また、現金収入の手段としての毛皮獣狩猟や、食料を得るための水鳥類（カモ類、大型シギ類）の狩猟、クマ猟、海獣狩猟も行われている。さらにクマやシベリアビッグホーンの狩猟ガイドを生活手段とする者も一部にみられる。

このような伝統的生業要素であった経済活動の高まりのなかで、ソ連体制の基幹産業であったトナカイ飼育産業は急速に衰退してきている。一九九四年には西海岸のチギリ地区南部のソホーズはいち早くトナカイ飼育から撤退した。大部分のトナカイ群が飼育されてきたコリヤーク自治管区の総飼育頭数は、一九九一年の一五万三〇〇〇頭から二〇〇〇〇年には四分の一の三万六〇〇〇頭へ減少した。トナカイ肉はいわゆる〝逆ざや〟によって原価をはるかに下回る価格で販売されていた。例えば一キログラム当りの原価一三ルーブルの肉を買い上げた政府は、一〇ルーブルを補塡して三ルーブルで販売するといった方式がとられたのである。多くの地域住民が失業し現金収入が減少したなかで、トナカイ肉の地域市場は崩壊した。生産者は単価を下げた穴埋めを過剰出荷で補わなければならなかった。

現在、コリヤーク自治管区の先住民は、許可証を受けて一人当り一二〇キログラムのサケを捕獲することができる。燻製サケと魚卵の塩漬けが食卓を潤していることは確かである。また、ジャガイモ、キャベツ、ビーツなどの露地栽培、温室によるキュウリやトマトの栽培は経済的に大きな意味をもっている。

四　サケとトナカイの関係

カムチャツカ先住民社会における主要な伝統的生業活動の一つであったトナカイ飼育は、何故、現代の経済混乱のなかで食料生産手段になり得ないのであろうか。

狩猟経済を考えてみよう。先住民の伝統的社会では陸獣や海獣、鳥類の狩猟は肉や脂肪、内臓といった食料資源、また毛皮や羽毛、角、牙といった生活用具の素材を獲得する手段であった。これらの狩猟産物は基本的には自家用で、贈与交換あるいは地域内交易に供されるなど、地域社会内で消費されてきた。しかし、ロシアとの接触後、直ちに毛皮交易がカムチャツカにもたらされた。先住民は毛皮税の支払いのためだけではなく、さまざまな移入品との交換のために毛皮獣狩猟を行うようになった。

狩猟による肉や脂肪などの食料は市場における需要は低く、たとえ多くの需要があったとしても永続的に応えるほどの資源を確保することは難しいだろう。これらは地域内消費に限定される資源と考えるべきであろう。毛皮獣の狩猟についても、度々禁猟措置が実施されていて、資源基盤は脆弱であり、毛皮獣狩猟は先住民社会にとって副次的な収入をもたらすに過ぎない。ウサギのわな猟などを除いて狩猟はもっぱら青年期から壮年期の男性によって行われるものである。

サケはどうであろうか。先住民にとってサケは越冬のための重要な食料であった。そればかりか橇の牽引獣であるイヌの餌としても重要であった。サケは先住民の生活に欠かせないものではあるが、ほとんどいつも豊富な資源に恵まれていたからその確保は比較的容易であった。北洋漁業時代におけるサケの捕獲数を考慮すれば、一定の管理のもとに、先住民の自家用食料のためのサケ漁と商業捕獲は両立し得るであろう。自家用食料としては、小さな刺し網や伝統的な簗と筌ワナといった比較的簡便な漁具で捕獲することができる。自家用のサケ漁にはほとんどの世代もなんらかの形で参加することができる。

サケは地域内消費だけでなく州外あるいは国外へ移出され、市場経済の洗礼を受けてきた。カムチャツカにおけるサケ漁の商業化については、日本市場や日本人による漁業活動が大きな影響を与えた。同時に商品経済あるいは貨幣経済を浸透させた。

一方、トナカイ資源をめぐる利用のあり方を検討してみたい。ソ連時代におけるトナカイ飼育は計画経済のなかで規模拡大と近代化が進められたが、トナカイ肉は地域内消費であった。ソ連体制は市場原理に関係なく、食料の配給といった消費拡大を図ることは、輸送システムさえ整備されれば可能であったであろう。何故、トナカイ肉を地域内消費にとどめたのであろうか。中央統制型経済はトナカイ肉を移出し、各地に強制的に配分することは可能であった。当初提唱された方策を講じなかったことは、どんな理由であれ〝政治的な配慮〟であったのであろう。国家は少なからぬ投資を行ってきたにもかかわらず、トナカイ飼育を存続させ、地域内消費にとどめたことは、国家の意思と考えなければならない。

そもそも、どのような見通しからソ連当局はトナカイ飼育をもって先住民の経済活動とすることにしたのであろうか。トナカイの生息環境として申し分ないチュコトカであれば極めて自然なことである。一つはシェルダン・ジャクソンの提唱によって始まったアラスカにおけるトナカイ飼育(岡田　一九七三を参照)を参考にしたと思われる可能性である。一九三〇年代にアラスカのトナカイ飼育に注目し、その動向や問題点を分析の上、「社会主義的計画的開発とソ連共産党の民族政策の実施によりソ連トナカイ飼育の前途はあかるい」と結論づけている。トナカイ飼育にとって処女地であったアラスカにおける成功(一時は飼育頭数七〇万頭まで増加)は、シベリアにおける飼育地域の拡大の可能性を示すものであり、資本主義による弊害はソ連の計画経済では問題にならないとしたわけである。

そして、なにより注目すべき点は、軍事的観点からアラスカのトナカイ飼育の意義を捉えようとしていることである(セルゲーフ　一九三七：五二四—五二五)。すなわち、戦時における食料備蓄としての意義である。もし、そうだとすれば、あまりにも恐ろしい〝政治的配慮〟であろう。

五　資源をめぐる対立

ロシアの侵攻後、カムチャツカでは資源をめぐる〝対立〟は顕在化しなかったと言ってよいであろう。「毛皮交易時代」からペレストロイカの前後まで、資源をめぐる不満は圧殺されてきた。「北洋漁業時代」における自由主義的経済の体験も一九三〇年代の粛清をもって消滅させられた。現在、サケをめぐる対立が表面化しつつある。自家用食料として捕獲を認められた先住民とそうではない非先住民との関係がその一つである。また、地域社会が低所得に甘んじる中で、商業資本が収奪的な原魚捕獲を行っている。つまり、サケをめぐっては、対立はあり得るし、今後はその対立が顕在化すると予測される。

しかし、トナカイについてはどうか。トナカイ飼育そのものは極めてプロフェッショナルな仕事である。サケと違ってだれでもが手を出せるものではない。〝政治的配慮〟によって加工・流通システムの整備がなされなかった結果、低廉な輸送手段の利用可能な地域を除いて、トナカイ飼育は経済的に成り立っていない。一九九〇年代初頭、各地のトナカイ飼育組織はこぞってトナカイ角を漢方薬の原料として販売しようとした。そして出荷したが、収入にはならなかった。トナカイ飼育組織は遠隔地へ製品を出荷した経験がなかったため、代金を回収できなかったのである。市場が限られていることから生産意欲も低く、トナカイをめぐる対立は現状では見えてこない。現在、トナカイ肉は州都ペトロパブロフスク市内でキログラム当りおよそ九〇ルーブル（約二四〇円）で販売されている。あまりにも高い肉は都会の人間にしか買うことができなくなるであろう。つまり、珍しい肉をたまに食べようとする人たちによるわずかの需要しか存在しなくなるのである。

さて、ここでトナカイ飼育産業の将来が見えてきたようである。恐らく、カムチャツカにおけるトナカイの飼育頭数がどこまで減少するかの問題である。供給が極端に減り、輸送コストの安いブイストル地区など限られた地域のトナカイ飼育だけが生き残る可能性があろう。

※本稿にかかわる研究の一部は笹川科学研究助成による。

（引用・参考文献）

岡田宏明　一九七六　「アラスカにおける馴鹿飼育」『北方文化研究』一〇、一一九—一三二頁。
岡本信男（編）　一九七一　『日魯漁業経営史』第一巻　水産社。
竹村浩吉　一九四二　「カムチヤトカ現況」『ベーリング海周航記—浦潮よりノームまで』（付録）　二八九—三三四頁。文政同志社。
セルゲーフ、エム・ア　一九三七　『堪察加経済事情』露領水産組合。
渡部　裕　一九九九　「カムチャツカ先住民の生業活動（Ⅰ）—伝統と現代」『北海道立北方民族博物館研究紀要』八、八五—一一〇頁。
——　二〇〇〇　「カムチャツカ先住民の生業活動（Ⅱ）—伝統と現代　トナカイ飼育を中心に」『北海道立北方民族博物館研究紀要』九、六九—八四頁。
——　二〇〇一　「カムチャツカ先住民の文化接触—北洋漁業と先住民の関係」『北海道立北方民族博物館研究紀要』一〇、一七—四六頁。
Jochelson, Waldemar　1908　*The Koryak.* AMS Press, New York.
Krasheninnikov, S.P.　1972　*Explorations of Kamchatka : 1735-1741.* Oregon Historical Society, Portland.
Murashko, Olga　1994　A Demographic History of the Kamchadal/Itelmen of Kamchatka Peninsula : Modeling

the Precontact Numbers and Postcontact Depopulation. *Arctic Anthropology* 31 (2), 16-30.

———— 2000 Istoriya olenevodstova v Bystrinskom rajone Kamchatki. *MIR Korennykh Narodov : Zivaya Arktika* No. 3 : 62-67.

Sasaki, Shiro 1995 Two Types of Large-Scale Reindeer Breeding in North Eurasian Tundra : The Nenets and The Chukchi. *Proceedings of the 9th International Abashiri Symposium : People and Cultures of the Tundra*, Association for the Promotion of Northern Cultures pp. 16-22.

第三部　資源をめぐる政治と環境汚染問題

政治的資源としての鯨

——ある資源利用の葛藤——

大曲佳世

一　はじめに

二〇〇〇年秋[1]、日本鯨類研究所は日本政府の委託を受け、北西太平洋鯨類捕獲調査のための調査船団を再び出港させた。一年前に新聞紙上をにぎわしていたのは、日本の北西太平洋捕獲調査で、捕獲対象種を従来からのミンククジラに加え、ニタリクジラ、マッコウクジラに拡大したことによって生じた日米捕鯨摩擦に関する一連の記事であった。米国の経済制裁による脅しにまで発展したこの紛争は、対米貿易への制裁なしということで昨年は決着したが、今年二〇〇一年になって米国が再度反対表明を行い、対米貿易への制裁を示唆したため対立が再燃する気配[2]がある。

なぜ、捕鯨摩擦はおこるのだろうか。なぜ、欧米諸国は執拗に日本の調査をやめさせようとしているのだろうか。この対立の背景には、現在世界を二分する捕鯨論争「保護対利用」の構造がある。欧米諸国の多くは保護派であり、日本は利用派であるため、双方の立場には大きな隔たりがある。米国を筆頭とする強硬反捕鯨国の英国、オーストラリア、ニュージーランド、モナコ、オランダ、イタリア、フランス、オーストリアらは、鯨の資源量の多少にかかわらず、基本的に致死的利用（捕殺して食料資源として利用すること）を認めていない。一方、日本やノルウェーらの利用派は、鯨類を貴重な水産食料資源としてとらえ、鯨類の持続的な利用を提唱している。捕鯨摩擦にはこの価値的対立がおおきくかかわっており、今回、この鯨をめぐる資源紛争の現状に関してまとめてみたい。

二　鯨は誰が管理しているのか？

高度回遊性種である大型鯨類の管理と利用は、国際的な取り決めである国際捕鯨取締条約（ＩＣＲＷ）に基づいており、実際の鯨類管理および利用に関する決定は、その執行機関である国際捕鯨委員会（ＩＷＣ）が行っている。ＩＷＣがその管理の対象としているのは、鯨類約八〇種の内大型鯨類一三種のみで、イルカ等の小型鯨類に関しては管轄権を持たない。しかし、ＩＷＣに加盟していない国はこの国際的規制を受けることはない。言い換えれば、加盟国でなければ、ＩＷＣの保護対象種を捕獲しても、国際法上直ちに問題とはならない。不合理のようであるが、他の漁業管理条約も同様であり、海洋資源管理の課題となっている。

鯨の管理機関であるＩＷＣには、ＩＣＲＷを遵守する意志を文書で示した国であれば、内陸国であろうと、非捕鯨国であろうと、鯨類の資源管理に直接的利害をもたない国でも加盟できる。このＩＣＲＷ設立の目的には、「鯨族の適当な保存を図って、捕鯨産業の秩序ある発展を可能にする」と記してあり、日本を含め、現在（二〇〇一年）のＩＷＣ加盟国は四三カ国ある。これらの加盟国は主に三派閥に分かれている。日本やノルウェー等を含む野生生物資源の持続的利用国、鯨の捕殺は基本的に認めない反捕鯨国、そして中立国である。だが、中立国

第52回 IWC 会場（(財) 日本鯨類研究所提供）

は流動的であり、決定に関しては反捕鯨国に賛同することが多く、数の上では反捕鯨派が大多数を占めることになる。

他の国際機関と同様に、ＩＷＣにおける決定は基本的に多数決であることから、ＩＷＣは最大派閥に牛耳られたかたちとなり、資源管理機関でありながら、「水産資源として鯨を利用しない」反捕鯨の決定が多く行われる結果を生んだ。この顕著な例が、一九八二年に資源に関する知識の不確実性を理由に採択された商業捕鯨モラトリアム（一時的停止）であり、この結果、ＩＷＣの管轄下にある鯨類が資源状況にかかわらず全面的に捕獲禁止となり、現在まで資源をめぐる葛藤が続いている。

資源管理機関での紛争が、通常資源の「分配」をめぐる葛藤であることを考えれば、このＩＷＣ内での捕鯨に関する対立は従来の資源紛争とは極めて異なっている。紛争は、利用すべき資源の「分け前」ではなく、むしろ鯨を水産資源として利用すべきか否かという前提部分にある。言いかえれば、鯨を「食料資源」としてみなす日本やノルウエーのような捕鯨国と、「鑑賞用資源」とみなす米国を初めとする反捕鯨国との価値的対立がＩＷＣ内での問題解決を困難にし、その機能を麻痺させているのである。

三　捕鯨の現状——捕鯨国対反捕鯨国

鯨の利用と保護の対立の中で、捕鯨の現状はいったいどうなっているのであろうか。モラトリアムのため、世界で捕鯨が全面的に禁止されていると思われる方もいるが、現在も次の五種類の捕鯨が合法的に行われている。①原住民生存捕鯨（主に文化的理由でＩＷＣより捕獲枠を付与）、②捕獲調査（ＩＣＲＷ上の締約国の権利）、③商業捕鯨（ＩＣＲＷ上の異議申立ての下）、④ＩＷＣ加盟国及び非加盟国によるＩＷＣ管轄外鯨種の捕鯨（ツチクジラ漁、イルカ漁業等）、⑤ＩＷＣ非加盟国によるＩＷＣ対象種の捕鯨。

前述のモラトリアムは、実際には、「商業捕鯨」にのみ適用される制度のため、反捕鯨派の批判の対象となっている日本の捕獲調査や、マカーら先住民による文化的、社会経済的必要性のために認められている原住民生存捕鯨には適用されない。また、ノルウエーの商業捕鯨は、締約国の権利である異議申立て制度の下で行われている。また、先に述べたように、ＩＷＣの管轄している鯨種は限られているため、その他の種については各国の責任で捕鯨を行っている。これらの捕鯨はすべて合法である。日本の捕獲調査について言えば、科学的情報の「不確実性」がモラトリアムの根拠とされたため、鯨類に関する科学的知見を高め、より信憑性の高い科学的情報を収集、分析、提供するために行われており、ＩＣＲＷの目的、規定に照らして合法である。

日本やノルウエーらの捕鯨国は、鯨類を再生可能な水産資源と見なし、資源量の豊富な鯨種や系統群に限り、持続的な利用を行っていくことを提唱している。両国が捕獲している鯨種や系統群は資源が健全であることが、世界の鯨類学者の専門家集団であるIWC科学小委員会（IWC／SC）によって承認されており、その厳しい管理措置から、捕鯨によって資源が枯渇するようなことはない。さらに、世界の水産資源の一部は危機的状況にあり、将来の食料生産に暗い影をおとしていることから、食物連鎖の頂点である鯨類を盲目的に保護するのは得策でなく、よりよい水産資源管理のためには、鯨類を含んだ包括的な複数種一括管理が必要であるとしている。日本は、資源が適正水準以上にある鯨種に限り商業捕鯨モラトリアムを解除し、持続的な商業捕鯨を再開することをその目標にしている。

一方、米国を筆頭とする反捕鯨国からすれば、世界で五種類もの捕鯨が合法的に行われていることは、ゆゆしき問題である。反捕鯨国の表向きの最終目標は、全世界での「捕鯨の終焉」にあるため、そのための策略を巡らしている。原住民生存捕鯨に関しては、なるべく現状維持の状態に保ち、新規の要請等は認めないようにする。アラスカ・エスキモーの捕鯨に対してさしたる反対はないが、新規に七〇年ぶりに捕鯨を再開した新参者の先住民マカーに対する風当たりは大変強い。先進国による捕鯨への彼らの風当りはさらに強く、日本の捕獲調査に関しては非致死的調査のみを行うよう求め、ノルウエーの異議申立てに基づく商業捕鯨に関しては、貿易制裁等の圧力をかけ、自粛に追い込もうとしている。また、日本が求めている沿岸小型捕鯨の救済捕獲枠についても、新たな捕鯨のカテゴリーをIWC内で承認することになるので認めない。加えて小型鯨類もIWCの管轄に組み込み、その捕獲を規制したい考えである。さらに、条約外捕鯨を行っているカナダ、インドネシア、フィリッピンをIWCに（再）加盟させ、世界中でのあらゆる捕鯨を「鯨を水産資源として利用しない」IWCの規制下に置こうとして、鯨の捕殺ゼロを目標に活動している。

反捕鯨国によれば、高度回遊性の鯨類は、一部の国の身勝手な理由で捕殺されるべきでない「世界遺産」である。よって、内陸国も、非捕鯨国もその鯨類資源の未来について多大な関心と発言力を有し、IWCの議論に参加している。銛《もり》を打たれた鯨は苦しんで死ぬため、捕鯨は残虐であり、このような漁は前世代の遺物である。鯨製品には代替え品があるため、今や人類は捕鯨を必要としていない。このような時代の流れにそって、IWCは資源管理機関から保護機関へと転換すべきであり、鯨類の利用はホエール・ウオッチング等の非致死的利用、言い換えれば、鯨は鑑賞・観光資源、としてのみ用いられるべきであると主張している。このような言動にみられるように、反捕鯨国の究極の目的は全世界での捕鯨の終焉にある。

一九七〇年代から明確になった両者の対立は、このような価値観の相違に根差すものであり、IWC内の言動に明確に見られる。英国は一九九六年のIWC年次会議における開会表明で以下のように述べている、「生きている鯨類を尊ぶ英国の意志、鯨類の利用は非致死的利用のみにという意志は、鯨類を捕殺したいと考えている諸国の意志と同様に価値のあるものである」[3]。このような議論の応酬にみられるように、IWCは「価値観のトーナメント」の場と化している（Kalland 1992）。本章ではこの対立と捕鯨紛争の問題点についてさらに分析を行いたい。

四　鯨の利用と保護の言説

鯨は水産資源―利用派の言説

鯨を食物として利用している国は日本やノルウェー、アイスランド等ごく限られた国だと思われているが、つい最近まで鯨類を利用してきた国々を含めるとその利用国は三〇カ国を越える（小松　二〇〇一）。鯨肉は、かつては強硬反捕鯨国の英国やフランスの王族も食していた格の高い食べ物であり（Fosså 1997）、鯨食文化は世界の奇習でも、野蛮な風習でもない。また、現在も鯨を水産資源として利用したい国は、なにも数が少ない鯨を食べたいといっているのではない。世界に現生する約八〇種の鯨類の内、資源が健全な種に限り、再生可能な水産資源として持続的に利用していきたいと考えている。このような資源の持続的利用は、FAOやUNCEDでも合意され、持続的開発をめざす世界での新たなルールとしてすでに受け入れられている。

鯨は絶滅に瀕しているといまだに信じている人もいるが、鯨は一種類ではなく実際には約八〇種の鯨種が存在し、危機的状況にあった種はすでに手厚い保護を受けている。このような努力の成果で資源が回復している種や系統群も多い。その一方で、初めから資源量が健全で、それがさらに増えている鯨種もある。適正水準より高い資源を有する鯨は利用し、それ以下の鯨は保護していこうというのが利用派の基本的立場であり、全ての鯨種を資源状況にかかわらず全面的に保護しようとする反捕鯨派の立場と一線を画している。

鯨は鑑賞資源―保護派の言説

利用派が科学的知見にもとづき、資源状態の良好な鯨を利用しようと提唱している一方で、保護派の主要な言説は、鯨は特別な生物であるから、資源水準の良し悪しには関係なく全面保護しようという感情論である。このような背景には、反捕鯨国の多くがかつての捕鯨国であり、鯨油生産のため多くの鯨を危険なレベルにまで自らが追い込んだという過去の贖罪の気持があるかもしれない。保護派は野生動物の中で特に鯨を特別視し、「人類の友」である鯨の捕殺はモラルに反すると考えている。反捕鯨の言説には様々なバリエーションがあるが、主に科学論、倫理・動物権、国際法の三種類に分かれる。

科学論の顕著な例は、危機に瀕している一部の鯨類の状況を一般化した「絶滅論」であり、危機感を盛り上げた環境保護団体の資金集めに大変効果的であった。また、科学の「不確実性論」は、鯨類は未知の部分も多い高度回遊性の海産哺乳類であり、その生物・科学的情報には不確実性を伴う。そのため、より確実なことが解るまでの予防措置として捕鯨は禁止されるべきであるという言説である。しかしながら、これら科学論はＩＷＣ／ＳＣの活躍により、鯨を危険なレベルまで減らすことなく、安全に利用できる捕獲枠の計算を可能にした改訂管理方式（ＲＭＰ）の完成によって、一九九二年までにその意味をなくし、かつて米国の政府代表であったクナウス氏に、米国は倫理的立場から反捕鯨政策をとると言わせしめている（Marine Mammal News, 17（5）, 1991）。

倫理・動物権の言説では、鯨類は特別であり、保護されてしかるべき存在である。鯨が特別だという理由は五つあるとされる。①海洋環境で高度に進化した大型生物であり、脳も大きく賢く、生物学的に特別、②生態学的に上位の地位を占め、自然と調和して進化した大型哺乳類であり、生態学的に特別、③鯨は人類と古くから人類と交流の歴史を持つ等、文化的に特別、④高度回遊性の鯨類は世界遺産であり、政治的に特別、⑤環境保護や動物福祉運動のシンボルとして特別（Barstow 1991）。このような「特別な鯨」のイメージを生み出すために、様々な鯨種からの特徴を選び出し、いいとこどりの鯨の虚像をつくりあげ、それを人格化することによって、実際には実在しない「スーパー鯨」神話を生み出し、この言説を流布させている（Kalland 1993）。

この言説では、人類は過去の捕鯨＝鯨の搾取という悪しく野蛮な慣習は捨て、特別な動物である鯨と人との新しい関係を構築し、共存共栄すべきであるとしている。この新しい関係では、鯨の利用はモラルに反するため認められていない。なぜなら、鯨は海で人間に匹敵する「海の人類」であるからである。これは、鯨食が共食いであることを示唆する。さらに、野生動物である鯨の利用は密猟につながり、密猟は生物資源の枯渇や絶滅につながる、よって捕鯨は禁止されるべきであり、鯨の利用は非致死的利用のみに留まるべきである。この「鯨神話」にもとづく宣伝は効果的であり、つい最近も、ニュージーランド首相が日本の捕獲調査に対する非難声明の中で、捕鯨は「野蛮である」と発言している（Media Statement, Nov. 2000）。

国際法の言説は、日本の捕獲調査が国際法に違反して行われているというものである。その根拠として、商業捕鯨モラトリアムと南大洋サンクチュアリがあげられているが、日本の捕獲調査はいずれの規制にも当てはまらない。また、捕獲調査の標本の鯨肉を販売していることから「疑似商業捕鯨」にあたるとも非難しているが、生物学的情報をとった後に鯨体を加工し、有効利用することはＩＣＲＷ条約で定められている。さらには、日本がサンクチュアリ内で鯨の捕獲調査をしていることは、締約国に認められている「権利の乱用」にあたるとし、早急に鯨を殺傷しない非致死的調査に切り替えるよう日本に求めているが、自らが多数派の立場を乱用し、条約に反した決定及び決議等を採択していることにはふれていない。このように、実際には日本の捕獲調査が国際法違反であるというのは全くのいいがかりであるが、情報操作によって日本を悪者に仕立てている。加えて、反捕鯨多数派はＩＷＣで毎年のように捕獲調査自粛決議を採択し、この決議を根拠に日本の行動が「国際世論」に反すると批判しているが、このような決議に拘束力はなく、さらに、この世論も、わずか四三ヵ国のＩＷＣ加盟国の中での西欧諸国からなる多数派の意見にすぎない。

このように様々な反捕鯨の言説があるが、いずれも捕鯨の完全廃絶という立場の擁護には限界があるため、より説得力がある科学論の言説に回帰しつつある。科学的情報を選択的に用いて、新たな科学論の言説がつくりだされている。一つ目は、環境汚染から派生した鯨肉汚染に関するもので、鯨肉は過度に汚染されており、人類の消費には適さないという論議で、環境保護団体が積極的なキャンペーンを開始している。二つ目は科学の「不確実性論」に環境をからませたもので、オゾンホール等環境変化や汚染が鯨類に与える影響がわからないため、予防的対策として鯨類は保護されるべきという言説である。このような動きに見られるように、現在ＩＷＣは多数派反捕鯨国の意志で、従来の課題である資源管理から環境問題に重点をおいた調査をする方向で動きはじめ、捕鯨国と反捕鯨国の対立はさらに深刻となっている。

五　IWC内外での攻防

上記のように、鯨を水産資源としている利用派と、水産資源とは見なさない保護派の言説はまったくかみ合わず、この対立が国際資源管理組織としてのIWCを機能不全の状況に追い込んでいった。保護派はこの対立の答えを利用派との歩み寄りにではなく、IWC内の多数派工作とメディア操作に求めた。もともと、鯨類生物学者の専門家集団であるIWC／SCは、当時すべての鯨種に対し資源保全のため商業捕鯨を中止する必要は科学的にはないと勧告しており、条約で鯨類の保全措置は科学的情報に基づくべしと明言されていたため、保護派は不利な状況にあった。

この立場を逆転させたのが、反捕鯨国の多数派工作であった。一九八〇年から一九八二年までに新規に一八ヵ国が加盟し、保護派に組した（表1）。このようにして、反捕鯨国は大派閥へと成長し、IWCの附表修正を伴う決定を制することができる四分の三の票を確保した。この結果が、科学的勧告を無視した一九八二年の商業捕鯨モラトリアム強硬採決であった。さらに、一九九〇年にIWC／SCは、南氷洋のミンククジラの資源量が約七六万頭であることに合意し、これを受けてIWCは、これまでの科学的知見を踏まえてモラトリアムを再考するはずであった。しかしながら、再び数の力で押しきられ、見直しを反捕鯨国に無視されたという経緯がある。この一連の出来事はIWCが国際資源管理機関として機能しなくなったことを意味している。

一九九二年には科学に基づいたRMPがIWC／SCで合意されたため、鯨の安全な捕獲枠が計算できるようになった。これを受けて、多数派反捕鯨国は拘束力のない決議によって表面上はRMPを承認する決議を採択した。しかし、実際は商業捕鯨の再開を恐れて、その採択を一九九四年まで見送った。この結果、科学的決定を無視されたIWC／SC議長は辞任してIWCに抗議を行った。さらにRMPの実施は、その監督・取締制度（R

40	41	42	43	44	45	46	47	48	49	50	51	52	53	年次回数
88	89	90	91	92	93	94	95	96	97	98	99	00	01	年
OAKLAND オークランド	SAN DIEGO サンディエゴ	NOORDWIJK ノルドヴェイク	REYKJAVIK レイキャビック	GRASGOW グラスゴー	KYOTO 京都	PUERTO VALLARTA ロンドン	DUBLIN ダブリン	ABERDEEN アバディーン	MONACO モナコ	MUSCAT マスカット	ST. GEORGE'S セント・ジョーンズ	ADELAIDE アデレード	LONDON ロンドン	会議開催地
×	×	×	×	×	×	×	×	×	×	×	×	×	×	オーストラリア
														カナダ
×	×	×	×	×	×	×	×	×	×	×	×	×	×	フランス
□	□	×	×										＝＊	アイスランド
×	×	×	×	×	×	×	×	×	×	×	×	×	×	オランダ
□	□	□	□	□	◇	◇	○	○	○	○	○	○	○	ノルウェー
													×	パナマ
×	×	×	×	×	×	×	×	×	×	×	×	×	×	南アフリカ
×	×	×	×	×	×	×	×	×	×	×	×	×	×	スウェーデン
×	×	×	×	×	×	×	×	×	×	×	×	×	×	英国
△	△	△	△	△	△	△	△	△	△	△	△	△	△	米国
△	△	△	△	△	△	△	△	△	△	△	△	△	△	ロシア（旧ソ連）
×	×	×	×	×	×	×	×	×	×	×	×	×	×	ブラジル
△	△	△	△	△	△	△	△	△	△	△	△	△	△	デンマーク
×	×	×	×	×	×	×	×	×	×	×	×	×	×	メキシコ
×	×	×	×	×	×	×	×	×	×	×	×	×	×	ニュージーランド
◇	□	□	□	□	□	□	□	□	□	□	□	□	□	日本
×	×	×	×	×	×	×	＝	×	×	×	×	×	×	アルゼンチン
×	×	×	×	×	×	×	×	×	×	×	×	×	×	チリ
×	×	×	×	×	×	×	×	×	×	×	×	×	×	大韓民国
＝	＝	＝	＝	＝	＝	＝	＝	＝	＝	＝	＝	＝	＝	ペルー
×	×	×	×	×	×	×	×							セイシェル
×	×	×	×	×	×	×	×	×	×	×	×	×	×	スペイン
×	×	×	×	＝	×	×	×	×	×	×	×	×	×	オマーン
×	×	×	×	×	×	×	×	×	×	×	×	×	×	スイス
×	×	×	×	×	×	×	×	×	×	×	×	×	×	中国
×	×	×	×	×	×	×	×	×	×	×	×	×	×	インド
														ジャマイカ
×	×	×	×	×	×	×	×	×	×	×	×	×	×	セントルシア
△	△	△	△	△	△	△	△	△	△	△	△	△	△	セントビンセント
＝	＝	＝												ウルグアイ
＝	＝	＝	＝	＝	＝	×	×	×	＝	＝	＝	＝	＝	コスタリカ
				×	×	×	×	×	×	×	×	×	×	ドミニカ
＝	＝	＝	×	＝	＝	×	×	＝	×	×	×	×	×	アンチグアバーブーダ
														ベリーズ
×														エジプト
×	×	×	×	×	×	×	×	×	×	×	×	×	×	ドイツ（旧西独）
＝	＝	＝	＝	＝	＝	＝	＝	＝	＝	＝	＝	＝	＝	ケニア
×	×	×	×	×	×	×	×	×	×	×	×	×	×	モナコ
														フィリピン
＝	＝	＝	＝	＝	＝	＝	＝	＝	＝	＝	＝	＝	＝	セネガル
×	×	×	×	×	×	×	×	×	×	×	×	×	×	フィンランド
														モーリシャス
×	×	×	×	×	×	×	×	×	×	×	×	×	×	アイルランド
×	×				×	×	×	×	×	×	×	×	×	ソロモン
			×	＝	＝									エクアドル
				×	×	×	×	×	＝	＝	×	×	×	セントキッツ
				＝	＝	＝	＝	＝	＝	×	＝			ヴェネズエラ
					×	×	×	×	×	×	×	×	×	グレナダ
						×	×	×	×	×	×	×	×	オーストリア
										×	×	×	×	イタリア
												×	×	ギニア
													×	モロッコ

＊　アイスランドは分担金を支払ったが、留保つき加盟問題からIWC 53の議長采配でオブザーバーとされた。

16	17	18	19	20	21	22	23	24	25	26	27	28	29	30	31	32	33	34	35	36	37	38	39
64	65	66	67	68	69	70	71	72	73	74	75	76	77	78	79	80	81	82	83	84	85	86	87
SUNDE FJORD サンデフィヨルド	LONDON ロンドン	LONDON ロンドン	LONDON ロンドン	TOKYO 東京	LONDON ロンドン	LONDON ロンドン	WASHINGTON D.C ワシントン	LONDON ロンドン	LONDON ロンドン	LONDON ロンドン	LONDON ロンドン	LONDON ロンドン	CANBERRA キャンベラ	LONDON ロンドン	LONDON ロンドン	BRIGHTON ブライトン	BRIGHTON ブライトン	BRIGHTON ブライトン	BRIGHTON ブライトン	BUENOS AIRES ブエノスアイレス	BOURNEMOUTH ボーンマス	MOLMO マルメ	BOURNEMOUTH ボーンマス
○	○	○	○	○	○	○	○	○	○	○	○	○	○	○	×	×	×	×	×	×	×	×	×
○	○	○	○	○	○	○	○	○	×	×	×	×	×	×	×	×	×						
×	×	×	×	×	×	×	×	×	×	×	×	×	×	×	×	×	×	×	×	×	×	×	×
○	○	○	○	○		**○**	○	○	○	○	○	○	○	○	○	○	○	○		○	○	□	□
×	×	×	×	×	**×**								×	×	×	×	×	×	×	×	×	×	×
◎	◎	◎	◎	○	○	○	○	○	○	○	○	○	○	○	○	○	○	○	○	○	○	○	○
×	**×**	**×**	**×**	**×**	**×**	×	×	×	×	×	×	**×**	×	×	×								
○	○	○	○	○	○	○	○	○	○	○	○	×	×	×	×	×	×	×	×	×	×	×	×
×															×	×	×	×	×	×	×	×	×
×	×	×	×	×	×	×	×	×	×	×	×	×	×	×	×	×	×	×	×	×	×	×	×
○	○	○	○	○	○	○	○	△	△	△	△	△	△	△	△	△	△	△	△	△	△	△	△
◎	◎	●	●	●	●	●	●	●	●	●	●	●	●	●	●	●	●	●	●	●	●	●	△
○	**○**	**○**								○	○	○	○	○	○	○	○	○	○	○	○	×	×
○	○	○	○	○	○	○	○	○	○	○	○	○	○	△	△	△	△	△	△	△	△	△	△
×	×	**×**	×	**×**	×	**×**	×	×	×	×	×	×	×	×	×	×	×	×	×	×	×	×	×
○	×	×	×	×	×							×	×	×	×	×	×	×	×	×	×	×	×
◎	◎	◎	◎	◎	◎	◎	◎	◎	◎	◎	◎	◎	◎	◎	◎	◎	◎	◎	◎	◎	◎	◎	◎
×	×	×	×	×	×	×	×	×	×	×	×	×	×	×	×	×	×	×	×	×	×	×	×
														○	○	○	×	○		×	×	×	×
														○	○	○	○	○		○	○	□	×
														○	○	○	○	○		×	×	**=**	=
														×	×	×	×	×		×	×	×	×
															○	○	○	○	○	○	○	×	×
																×	×	×	×	×	×	×	×
																×	×	×	×	×	×	×	×
																	×	×	×	×	×	×	×
																	×	×	×	×	×	×	×
																	×	**×**	**×**				
																	×	×	×	×	×	×	×
																	△	△	△	△	△	△	△
																	×	×	**×**	×	**×**	**=**	**=**
																	×	×	×	**×**	×	**=**	**=**
																	×	**×**					
																		×	×	×	×	**=**	×
																		×	×	×	×	**=**	**=**
																		×	×	×	×	×	×
																		×	×	×	×	×	×
																		×	**×**	×	×	**=**	**=**
																		×	×	×	×	×	×
																		×	○	○	○	×	**×**
																		×	×	×	**×**	**=**	**=**
																			×	×	×	×	×
																			×	**×**	**×**	**=**	**=**
																					×	**×**	**×**
																					×	×	×

商業捕鯨モラトリアム採択→（34）

表Ⅰ　IWC 年次会議参加国推移

年次回数			1	2	3	4	5	6	7	8	9	10	11	12	13	14	15
年			'49	50	51	52	53	54	55	56	57	58	59	60	61	62	63
会議開催地		SIGNATORIES 原署名国	LONDON ロンドン	OSLO オスロ国	CAPE TOWN ケープタウン	LONDON ロンドン	TOKYO 東京	MOSCOW モスクワ	LONDON ロンドン	LONDON ロンドン	DEN HAAG ハーグ	LONDON ロンドン	LONDON ロンドン	LONDON ロンドン	LONDON ロンドン	LONDON ロンドン	LONDON ロンドン
オーストラリア＊	Australia	○	○	○	○	○	○	○	○	○	○	○	○	○	○	○	○
カナダ	Canada	○	○	○	○	○	○	○	○	○	○	○	○	○	○	○	○
フランス＊	France	◎	◎	◎	◎	●	×	×	×	×	×	×	○	×	×	×	×
アイスランド＊	Iceland		○	○	○▒	○	○	○▒	○	○	○	○	○	○	○	○	○
オランダ＊	Netherlands	●	●	●	●	●	●	●	●	●	●	●	●			●	●
ノルウェー＊	Norway	◎	◎	◎	◎	◎	◎	◎	◎	◎	◎	◎	◎		◎	◎	◎
パナマ	Panama		●▒	●▒	●	●	×	●	●	×	×▒	×▒	×▒	×▒	×▒	×▒	×▒
南アフリカ＊	S Africa	◎	◎	◎	◎	◎	◎	◎	◎	◎	○	○	○	○	○	○	○
スウェーデン＊	Sweden		×	×	×	×	×	×	×	×	×	×	×	×	×	×	×
英国＊	UK	◎	◎	◎	◎	◎	◎	◎	◎	◎	◎	◎	◎		◎	◎	◎
米国＊	USA	○	○	○	○	○	○	○	○	○	○	○	○	○	○	○	○
ロシア(旧ソ連)＊	Russia	●	◎	◎	◎	◎	◎	◎	◎	◎	◎	◎	◎		◎	◎	◎
ブラジル＊	Brazil	○		○	○▒	○	○	○	○▒	○▒	○	○▒	○▒	○▒	○▒	○▒	○▒
デンマーク＊	Denmark	○		○	○	○	○	○	○	○	○	○	○	○	○	○	○
メキシコ＊	Mexico			×	×▒	×▒	×▒	×	×	×	×	×▒	×	×▒	×	×	×
ニュージーランド	＊New Zeeland	○		○▒	○▒	○	○	○	○	○	○	○	○	○	○	○	○
日本＊	Japan				◎	◎	◎	◎	◎	◎	◎	◎	◎		◎	◎	◎
アルゼンチン＊	Argentine	○												○	×	×	×
チリ＊	Chile	○															
大韓民国＊	S Korea																
ペルー＊	Pere																
セイシェル	Seychelles																
スペイン＊	Spain																
オーマン＊	Oman																
スイス＊	Switzerland																
中国＊	China																
インド＊	India																
ジャマイカ	Jamaica																
セントルシア＊	St. Lucia																
セントビンセント＊	St. Vincent																
ウルグァイ	Uruguai																
コスタリカ＊	Costa Rica																
ドミニカ＊	Dominica																
アンチグアバーブーダ	Antigua B																
ベリーズ	Belize																
エジプト	Egypt																
ドイツ(旧西独)＊	Germany																
ケニア＊	Kenya																
モナコ＊	Monaco																
フィリピン	Philippines																
セネガル	Senegal																
フィンランド＊	Finland																
モーリシャス	Mauritias																
アイルランド＊	Ireland																
ソロモン＊	Solomon																
エクアドル	Ecuador																
セントキッツ＊	St. Kitts-Nevis																
ヴェネズエラ	Venezuela																
グレナダ＊	Grenada																
オーストリア＊	Austria																
イタリア＊	Italy																
ギニア＊	Guinea																
モロッコ＊	Morocco																

●：母船式捕鯨国	Mother boat whaling nation
○：沿岸捕鯨国	Coastal whaling nation
◎：母船・沿岸捕鯨国	Mother boat & coastal whaling nation
△：原住民生存捕鯨国	Aboriginal subsistence whaling nation
□：調査捕鯨国	Research whaling nation
◇：調査・沿岸捕鯨国	Research & coastal whaling nation
×：非捕鯨国	Non-whaling nation
▒：年次会議欠席国	Absentee
＝：投票権停止国（会費未納のため）	Vote-suspended nation (Due of failure of payment of member fee)
ブランク（Blank）：非加盟国	Nonmember nation
＊：2001年6月現在の加盟国	Member nation as of 6/2001

（2001年6月作成：日本鯨類研究所・日本捕鯨協会）

第52回 IWC 会議場前の NGO のデモ（(財) 日本鯨類研究所提供）

MS）完成まで見送られたことから、商業捕鯨再開への道は当分閉ざされることとなった。このため、IWCに誠意のかけらもないとして、アイスランドは一九九二年にIWCを脱退[4]、同年ノルウェーは異議申立てにもとづく商業捕鯨を再開すると宣言した。鯨類捕獲調査によって、誠実に科学的知見を蓄積し、モラトリアム解除に備えてきた日本は、門前払いされる結果となった。その後、ノルウェーは一九九三年に商業捕鯨を再開し、日本はさらに生物学的情報を蓄積し、科学的見地からモラトリアム解除をめざす戦略をとり、引き続き鯨類捕獲調査を行い現在に至っている。

一方、反捕鯨国はIWCで多数派の勢力を引き続き保ち、IWCを鯨類保護機関に変容させようと運動している。オーストリアは一九九八年以来IWC年次会議の開催声明で、「モラトリアム解除のいかなる動きにも反対する」[5]と表明し続けており、反捕鯨国は暫定措置であったはずの商業捕鯨モラトリアムを恒久的なものとすべく、モラトリアム死守の構えを見せている。さらには、仮に商業捕鯨モラトリアムが解除された場合にも、実質的に捕鯨を行わせないための「保険」としての意味を持つサンクチュアリ作戦（世界全海域を鯨類のサンクチュアリとし、捕鯨廃絶を目標とする）を展開している。反捕鯨国は、一九七九年にインド洋サンクチュアリの採択にまず成功し、一九九四年には、「南大洋（南氷洋）サンクチュアリ」[6]を制定し、南氷洋での日本の調査海域に商業捕鯨禁止海区を設けることで日本を牽制した。さらに、反捕鯨国は、一九九九年以来南太平洋サンクチュアリを、二〇〇一年には南大西洋サンクチュアリをも提案して、グローバル・サンクチュアリを目指した活動を反捕鯨環境保護団体と足並みをそろえて展開しており、二〇〇一年IWC第五三回年次会議の焦点の一つである。

このモラトリアム―サンクチュアリ作戦は、宣伝と策略には大きな意味を持っていた。南大洋サンクチュアリは、実際には商業捕鯨モラトリアムがいまだ効力をもつため、単に重複規制措置であり、さらにこの規制に捕獲調査は適用されない。しかし、IWCでは一九九九年までマスコミが会議を直接に取材することができなかったため、反捕鯨団体とマスコミは特殊な共生関係にあった。会議にNGOとして参加していた反捕鯨団体とニュースが必要であったマスコミは長期にわたり相互に依存し、反捕鯨団体が独善的に解釈した会議の要点をマスコミに提供し、これがセンセーショナリズムと共に世界へと配信された。反捕鯨派はモラトリアムを根拠に「鯨絶滅論」を、また、サンクチュアリを楯に日本の国際法違反を宣伝し続けた。この結果、日本は宣伝戦に敗れ、捕鯨問題で世界の悪者となったのである（三崎　一九八六）。

六　対立の構造――政治的資源としての鯨

世界には様々な文化や価値観をもつ国々が存在する。したがって、国際社会では、立場に違いがあっても、相互の違いを認めながら、誠意を持って互いに歩み寄り妥協を図って問題を解決していくのが通例である。この立場をとれば、鯨を利用したい国も保護したい国もお互いの考え方を認め、互いに妥協しながら、鯨の利用を考えることが得策である。先に利用派と保護派の言説を紹介したが、なぜ他の国際機関とは対照的にＩＷＣでは深刻な対立に陥り、相互の歩み寄りが見られないのであろうか。これには、反捕鯨国にとって捕鯨問題が未解決のままであることに政治的価値があることが大きく関わっている。

鯨は海で人類に匹敵するような特別な動物、だから数にはかかわらず一頭たりとも殺してはならないという言説は、特殊な価値観を反映している。このような価値観が特定団体のものではなく、なぜ世界の欧米諸大国に受け入れられ、その政策に反映されるようになったのだろうか。これには、捕鯨問題を複雑にしている政治的問題が大きく関っている。

捕鯨問題が世界の注目を急遽集めたのは、一九七二年六月の国連人間環境会議で、鯨が環境問題のシンボルとして華々しくデビューしたことによる。当時、先進国は従来の工業政策の重視から生まれた公害・環境問題等にさいなまれ、一般大衆は破壊されつつあった環境や、数が激減していた野生生物への関心を大変高めていた。世界の大国であった米国も様々な問題を抱え、政府は一九六〇年代後半から盛んになったベトナム反戦運動、公民権運動、女性解放運動、環境保護運動等の政府に対する大衆抗議運動への対処を余儀なくされていた（小松　二〇〇一)。このような中で米軍が海に投棄していた核廃棄物の処理問題が国連会議で取り上げられれば、さらなる問題へと発展することは必須の状況にあった。(デービットソン　一九七五)。さらにベトナム戦争で使用されていた枯葉剤の問題に関しても、問題の拡大を避けたかったといわれている(板橋　一九八七)。

このような背景から、抗議運動の矛先を変える必要があった米国政府は、「鯨を救え」キャンペーンを展開するようになった環境保護団体に対して、積極的支援を与え、「鯨は絶滅に瀕した地球最大の哺乳動物である。この鯨一頭守れずに、どうして地球と人類を守れようか」というキャッチフレーズの下に会議の話題を鯨に集中させ、商業捕鯨モラトリアムの決議採択に成功した。

同年一〇月、米国は「海産哺乳動物保護法」を制定し、国内で海産哺乳動物の資源としての利用を禁じ、全面保護する政策を打ち出した。米国は水産資源として用なしであった鯨、また産業としての価値がなくなっていた捕鯨を政治的に表舞台に持ち出し、関心を集めることに成功した。一九六四年から一九六七年まで放映されていたNBCの人気TVシリーズ「わんぱくフリッパー」による影響からか、大衆は鯨類を賢くかわいい動物としてとらえ、環境保護団体の大規模なキャンペーンは、大変な盛り上がりを見せた。これらの団体は、絶滅論を巧みに使い、危機感を募らせることによるダイレクトメール作戦によって多額の寄付金を募ることに成功し、これら組織は飛躍的な成長をとげることとなった。この結果、これら団体にとって、鯨は重要な資金集めのネタとなったのである(小松　二〇〇一)。

この成功によって、鯨は政府と環境保護団体にとって特別に価値ある存在となった。さらに、反捕鯨運動では鯨を殺す捕鯨者が悪役としてその攻撃対象となったが、自国内に敵はほぼゼロであり、大々的な活動で問題を盛り上げることが可能であった(Kalland 1992)。日本は主要捕鯨国であった上、アイスランドやノルウエーら他の捕鯨国からも鯨肉を輸入していたため、その格好の標的であった。日本を攻撃目標にできることは、米国にとってはさらに好都合であった。当時日本は驚異的な経済的発展を遂げ、一九六五年以来対米貿易が黒字となり、米国を脅かす経済大国に成長していた。貿易摩擦から日本をうとましく思っていた米国は、捕鯨問題を排日運動の道具として用いたのである（Kalland and Moeran 1992 ; Stoett 1997 ; Totten III 1978）。

さらに、政府は急速に圧力「産業」へと成長した環境保護団体との政治的取引にも捕鯨問題を利用した。自らの環境政策の不備を国内外でカモフラージュする見返りに、環境保護団体と協調して捕鯨廃止を訴える戦略をとったのである。この取引によって、鯨は政府にとって環境問題に対する「免罪符」としての役割をもつ、貴重な「政治的資源」となったのである。環境保護団体にとっての利益は、政府の庇護の下にある捕鯨問題をエスカレートさせて、自らの名を高め、鯨の絶滅等の演出で危機感を作り出し、大衆にアピールすることで寄付運動を展開し、鯨からより多くの資金を回収することであった。加えて、鯨は政治家個人にとっても、貴重な資源となった。鯨は環境保護を訴え、クリーンなイメージで票や選挙資金を集めるのに格好の材料であり、政府や政治家にとって、反捕鯨政策は自ら何のコストを払わずにして、多くの利益を生む戦略資源となったのである。

この鯨に与えられた新しい役割に他の国も次々と追従しはじめた。オーストラリア(7)は当初鯨油生産を目的としていた捕鯨国であり、一九七四年にはＩＷＣで科学的情報に基づく資源管理を提唱していた。しかし、一九七九年に捕鯨から撤退すると同時に反捕鯨政策へ急遽転向し、捕鯨全面禁止案を提出し反捕鯨国への仲間入りを果たした。その背景には、一九七七年にグリーンピースがアザラシキャンペーンで成功を収めた後にオーストラリア支部を設け、反捕鯨キャンペーンを開始したことに関連があるように思われる。政府はさっそく捕鯨査問委員会を発足させ、委員会は一九七八年、政府に捕鯨からの撤退と反捕鯨政策を勧告した。政府はそれを受け、一九七九年に捕鯨から撤退、翌一九八〇年には鯨保護法を導入し、反捕鯨政策の基盤とし、環境問題への積極的な対処をアピールした。

一方、同じ頃ウラン鉱山開発もオーストラリア国内の懸案事項であった。そのため政府は一九七五年にウラン鉱山開発査問委員会を発足させ、その二年後の一九七七年、委員会は鉱山開発を勧告した。しかし、鉱山が先住民居留地域にあり、彼らの意志に反し移住を迫られたことから、環境や人権団体による反対運動がおこった。しかし、政府は強硬に鉱山開発を始め、その生産は一九八一年から開始され、現在に至っている。さらに、政府はユネスコの世界遺産に認定されたカカドゥ国立公園内で新たなウラン鉱山開発を行おうとしている。このように同じ「環境」問題でも、政府はこのウラン鉱山開発と捕鯨に対照的な対処を行ったのである。

また、一九九二年に提案され二年後の一九九四年に採択された南大洋サンクチュアリの提案国である強硬反捕鯨国のフランスは、一九九一年と一九九五年に南太平洋で国際世論を無視して核実験を断行した経歴の持ち主である。IWCでの重要課題は、「鯨の保護を強く要望しているフランス国民の意思を反映させること」にある（Stoett 1997 : 91）と発言しているフランスは、核の問題とは対照的に鯨類の全面保護路線をたどり、世界で海洋環境保護の立場を強調している。一九九三年には、イタリア、モナコと共に地中海海産哺乳類サンクチュアリを宣言し、この宣言は一九九九年には正式な国際リグリア海鯨類サンクチュアリとして実現した。フランスは国益がかかっている核開発では、環境保護団体を敵に廻したが、捕鯨問題では保護団体と手を組み、共に活動している(8)。

これらの例にみられるように、鯨の利用・非利用という対立の影には、政治的資源としての鯨の役割があることに注目すべきである。捕鯨問題が、長期にわたり解決し得なかった理由のひとつには、政治的資源としての鯨の役割が絶大になったことにあるのではないだろうか。反捕鯨国の視点にたてば、捕鯨問題は解決してしまわずに、現状維持にしておくほうがずっと有益なのである。捕鯨問題があるかぎり、鯨は全面保護することで環境問題の「免罪符」となりうるし、さらには経済大国である日本への圧力（だが実際は、どの国もIWCの外で日本との関係を真に損ないたいとは考えていない）にもなりうるのである。一方、環境保護団体は、資金集めの大スターを失う。捕鯨問題が「捕鯨禁止」によって解決されてしまえば、政府も環境保護団体も鯨から得るものはホエール・ウオッチング産業以外には何もない。保護派の真のゴールは「捕鯨問題の継続」にあるのである。

七　おわりに——鯨の未来

残念なことに、政治的資源としての鯨の役割は当分続きそうであり、鯨をめぐる資源紛争の早期解決は難しいと考えられる。近年、世界の人々は環境への関心をさらに高めており、アメリカにおいては好景気からか、一九九九年の環境団体への寄付は三五億ドル市場となり、環境団体の間でその分け前をめぐる紛争は激しさをみせている。またグリーンピースやWWFなど環境保護団体の多くは、世界に支部を持つ巨大企業と化しており、前にも増して運営資金を必要としている。そのため、善意の寄付金の多くは環境保護のためではなく、さらなる資金調達のためのキャンペーン費用として消えているという。米国の非営利団体のお目付け機関である米国慈善事業研究所によれば、著名な反捕鯨団体であるグリーンピースは一〇〇ドルの資金調達のために、二六—五六ドルも経費を使い(9)、年間八〇〇万通のダイレクトメール作戦を展開している。米国慈善事業研究所は最低でも収入の約六割を本来の活動に利用するべきとの指標を設けているが、その指標に満たないグリーンピースは格付けでDの成績をつけられている（Knudson 2001）。

このような厳しい状況の中で環境保護のブランドとして育てられ定着しているスーパースターである鯨を、保護団体がやすやすと手放すことはとうてい考えられない。近年反漁業キャンペーンを展開している環境保護団体のオーデュボン協会の代表は、一九九一年から九二年にかけてのクロマグロ保護運動の真の狙いが、鯨に代わる新たな環境保護のシンボル捜しの一環であったと告白している（米澤 一九九八）。環境保護団体はその財源の多くを個人や企業の寄付に頼っており、公共教育の名の下にダイレクトメール作戦で問題を真に迫ったものにし、危機感を演出することによって、新たなドル箱となるシンボルを探すまで試行錯誤を繰り返しているのである（Knudson 2001; Spencer *et al.* 1991）。

捕鯨問題にとって不運だったのは、捕鯨が反環境として宣伝され、一般へ定着したことにある。IWCの反捕鯨国代表は、反捕鯨政策の根拠を国内世論であるとしているが、これは反捕鯨団体が一九七〇年代から様々な運動を行って、「反捕鯨、捕鯨イコール反環境」のメッセージを送り続け、世論操作をしてきたことによる。また、反捕鯨団体のプロパガンダを、事実関係を確認することなく真実のように報道し続けたマスコミの責任も重い。[10]反捕鯨国の日本の在外公館ではいまだに、子供たちから「シロナガスクジラを殺すのはやめてください」等の陳情書がとどいている。これは、反捕鯨メッセージを聞いて育った世代が既に教師となり、[11]学校で誤った知識をもとに次世代を指導しているためだと考えられる。また、反捕鯨団体は学校教材として、副読本などを提供するというような活動を長年続けてきており、このようにしてつちかわれた教義を打ち砕くにはその数倍の努力が必要と考えられる。

国際法上何の違反もせず、地道に科学的情報を収集・分析してきた日本は、いつかはきっと理解してもらえるとの期待感からか、従来広報活動を重視してこなかった。また、仮に行ったとしても、莫大な資金源を持つ環境保護団体との宣伝戦には勝ち目がなかったのかもしれない。このような過去の教訓から、日本が行うべきは、正確な情報の発信をして、地道ながら真の公共教育を行い、世論を変えていくことではないだろうか。

環境保護団体の資金源もまた一般市民である。一九九八年に米国のレスポンシブ・マネジメント社が、強硬反捕鯨国である、アメリカ、英国、フランス、オーストラリアで行った世論調査によると、国民の多くが鯨類の状況について無知であり、多くがいまだに「絶滅論」を信じていた。だが、ミンククジラのような資源量の豊富な鯨種を食料資源として利用するという条件下では、約半数が捕鯨に賛成であった（Responsive Management 1998）。このように、正確な知識があたえられれば、感情論ではなく、より合理的な考えにかわる場合もあるのである。鯨をめぐる資源紛争は、一般的には水産資源とみなす利用派と鑑賞資源とみなす反捕鯨派の対立と思われているが、実際は、水産資源と政治的資源の対立なのである。

（注）

（1）新たに誕生したブッシュ政権は、産業界の意向を反映させて、二〇〇一年三月二八日、地球温暖化防止の国際的削減目標を義務化した京都議定書を遵守しないと明言した。この行動によって、環境保護団体から批難をあびている新政権が捕鯨問題を再度「免罪符」として持ち出し、日本の捕獲調査に制裁を仕掛ける可能性は十分あると考えられる。

（2）米国は、一九九三年のノルウエーの商業捕鯨再開に関して、ペリー修正法で証明したが、制裁は行わなかった。この他にも、一九八八年と一九九二年にノルウエーの捕獲調査に関して証明がおこなわれたが、実際の制裁は行なわれなかった。しかし、ノルウエーが意欲を示している日本への鯨肉輸出が開始されれば、再度制裁の脅威にさらされる可能性はあると考えられる。

（3）英国開会声明。IWC／48／OS UK

（4）アイスランドは、二〇〇一年六月IWCに再加盟した。

（5）オーストリア開会声明。IWC／50―52／OS Austria

（6）セイシェルによって提案されたインド洋サンクチュアリは当初一〇年の期限付きであり、五年後にレビューされる予定であった。提案時には生態系が保護されることによって科学的研究が促進されるとされていたが、IWC加盟国の関心は低く、さしたる研究成果は見られなかった。このような背景から、科学的見地からの必要性に疑問の声も上がったが、一九八九年以来期間延長が認められ続けてきた。二〇〇二年には、再度延長期限が切れるため、見直しが予定されているが、反捕鯨多数派によって再び延長されることが予想される。

（7）オーストラリアはIWCにおいては、反捕鯨パーフォーマンスで環境重視政策をアピールしているが、ハーグで開催された地球温暖化防止会議（COP6）では産業界の意向を支持してその決裂へと貢献し、環境保護とは矛盾した政策をとっている。ブッシュ政権が正式に京都議定書に不参加の表明を行った後、危機感をつのらせた環境保護団体の働きかけによってオーストラリア上院は、ブッシュ・ハワード政権批難決議を採択した。環境保護団体は、ハワード政権がブッシュ政権と同様に京都議定書に参加しないことを恐れている。

（8）フランスは一九八五年核実験反対活動を行っていたグリーンピースのキャンペーン船であったレインボー・ウォリアー号を爆破、沈没させたが、当団体の日本の捕獲調査船団に対するエコ・テロリズムに対し、一九九九年よりIWCに日本が提案しているグリーンピースのNGO参加資格取消提案に関しては、他の強硬反捕鯨国と足並みをそろえてグリーンピースの立場を擁護している。

（9）経費に幅があるのは、評価する側と評価される側との間に見解の相違がみられるためで、低い数字はグリーンピース側が主張するもので、高い数字は米国慈善事業研究所が自らの基準によって再計算して経費を算出したものである。研究所によれば、一般的に環境保護団体は、経費を押さえるために、資金集めキャンペーンなども、草の根運動や公共教育と称して実際の活動として報告していることが多い（Knudson 2001）。

（10）一九六六年より全世界で禁漁となり、全面的に保護されている鯨種。日本も規制に従い捕獲は行っていないが、このように誤った情報がいまだ信じられ、流布されている。

（11）生物学者になる者もおり、彼らが学術ジャーナルのエディターとして、日本の鯨類捕獲調査で得られたデータを用いた学術論文の査読に関わった場合、致死的調査から得たデータに基づいた論文であるという理由から、出版を拒否する例も数件おきている。

（文献）
小松正之（編著） 二〇〇一 『くじら紛争の真実』地球社。
板橋守邦 一九八七 『南氷洋捕鯨史』中公新書。
デービットソン、M・C 一九七五 「捕鯨―その禁止運動の光と陰」『マイファミリー』二九、四四―五一頁。
三崎滋子 一九八六 「宣伝戦に完敗した日本の鯨」『諸君』二〇六―二一六頁。
米澤邦男 一九九八 「欧米マスコミに燃えさかる漁業非難キャンペーンとその真の狙い」『GGTニュースレター』二八、一―六頁。
Barstow, Robbins 1991 Whales are uniquely special. In N. Davies, A. M. Smith, S. R. Whyte, and V. Williams (eds.) *Why Whales*, pp. 4-7. Bath, U. K.: The Whale and Dolphin Conservation Society.
Fosså, Ova 1995 A Whale of Dish: Whalemeat as Food. In H. Walker(ed.), *Disappearing Foods*, pp. 78-102. Devon, Prospect Books.
Kalland, Arne 1993 Management by Totemization: Whale Symbolism and the Anti-Whaling Campaign. *Arctic* 46 (2), 124-133.
———— 1992 Whose Whale is That? Diverting the Commodity Path. *MAST* (5) 2, 16-45.
Kalland, Arne and Brian Moeran 1992 *Japanese Whaling*. London, Curzon Press.
Knudson, Tom 2001 Environment Inc. *Sacrament Bee*, Special Report, April 22-26.
Marine Mammal News 17 (5), May 1991, pp. 4.
Media Statement, Hon. Helen Clark, Prime Minister of New Zealand, Nov. 17, 2000.
Responsive Management 1998 "Knowledge of Whales and Whaling and Opinion of Minke Whale Harvest among Residents of Australia, France, the United Kingdom and the United States." Harrisonburg, VA., Responsive Management.
Spencer, L., J. Bollwek and R. C. Morais 1991 The not so peaceful world of Greenpeace. *Forbes* (Nov. 11), 174

-180.
Stoett, Peter J.　1997　*The International Politics of Whaling.*　Vancouver : UBC Press.
Totten III, George O.　1978　Nature of Whaling Issue in U. S. and Japan.　In J. R. Schmidhauser and G. O. Totten III(eds.), *The Whaling Issue in U. S.-Japan Relations*, pp. 1-16.　Colorado : Westview Press.

内分泌攪乱物質による海棲哺乳動物の汚染

田辺信介

一　はじめに

人類が作り出した化学物質の総数は、一八〇〇万種類を超えたといわれている。その生産と利用は近年急速な展開をみせ、世界の年流通額は一九九〇年代になって三〇〇〇億ドルを突破した（Anderson 1993）。この金額がわが国の年間国家予算のおよそ半分に相当することを考えると、物質文明の急進にあらためて驚かざるをえない。無数ともいえる化学物質の安全性について、個別に対応し対策を立てることは不可能に近いが、こうした化学物質を環境汚染の観点から整理分類する作業はいくつかの研究機関によって試みられてきた。ヒトの健康を問題にしたもの、生物蓄積性に注目したもの、海洋汚染を取り上げたものなど視点は様々であるが、共通していえることは、いずれも有機塩素化合物が高い位置にランクされていることである。なかでも代表的な内分泌攪乱物質として知られるPCB（ポリ塩化ビフェニール）やダイオキシンなどは、毒性が強く、生体内に容易に侵入し、そこに長期間とどまる性質があるため最も厄介な化学物質として関心を集めてきた。また、DDT（ジクロロジフェニルトリクロロエタン）、HCH（ヘキサクロロシクロヘキサン：商品名BHC）、CHL（クロルデン）など悪名高い農薬も有機塩素化合物の仲間である（図1）。

　生態系への蓄積や影響を懸念し、ほとんどの先進諸国では有機塩素化合物の生産を禁止したが、その環境汚染は今なお続いており、学術的・社会的関心は依然として高い。とくに、この種の物質による海洋汚染の問題は、一九九五年一一月に約一〇〇カ国の政府代表が参加してワシントンで開催された「海洋汚染防止政府間会合」でもとりあげられ、汚染の拡大を防ぐ具体策の検討が行動計画に盛り込まれた。また、国連環境計画（UNEP）は、有機塩素化合物による汚染が地球規模で広がったことに対処するため、西暦二〇〇四年をめどに環境汚染を防止する国際条約の批准を目指している。有機塩素化合物は、地球規模の環境汚染が深刻化し、その防止対策の強化が国際レベルで求められている最も厄介なホルモン様化学物質といってよい。

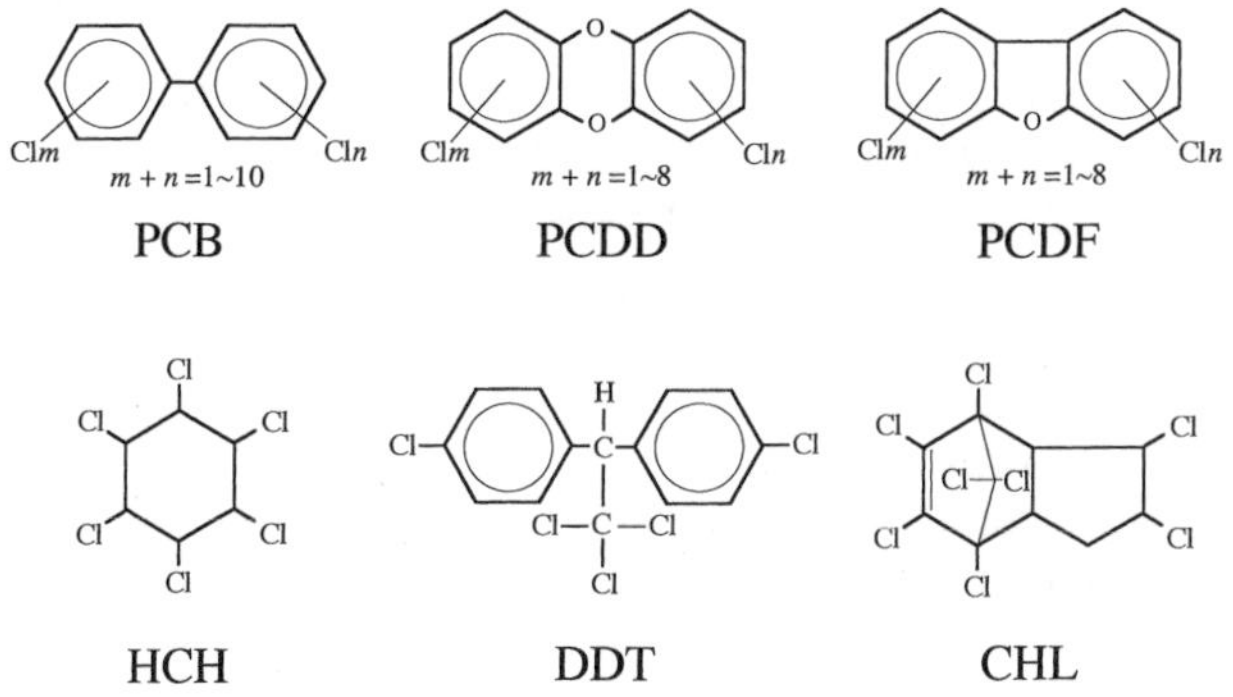

図1　有機塩素化合物

　有機塩素化合物による海洋汚染が注目されはじめたきっかけは、その毒性影響が高等動物にあらわれているという示唆であろう。イギリスの生態学者シモンズ（Simmonds 1991）は、記録として残されている海棲哺乳動物の大量変死事件が二〇世紀になって一一件あることを報告しているが、このうちの九件は一九七〇年以降に集中している。しかも大量変死事件のほとんどは先進工業国の沿岸域で発生しており、このことはこうした異常が物質文明の進展と無縁ではないことを匂わせている。また『奪われし未来』（翔泳社）の著者コルボーン（Colborn）は、海棲哺乳動物の異常（個体数の減少、内分泌系の疾病、免疫機能の失調や腫瘍など）を総説として

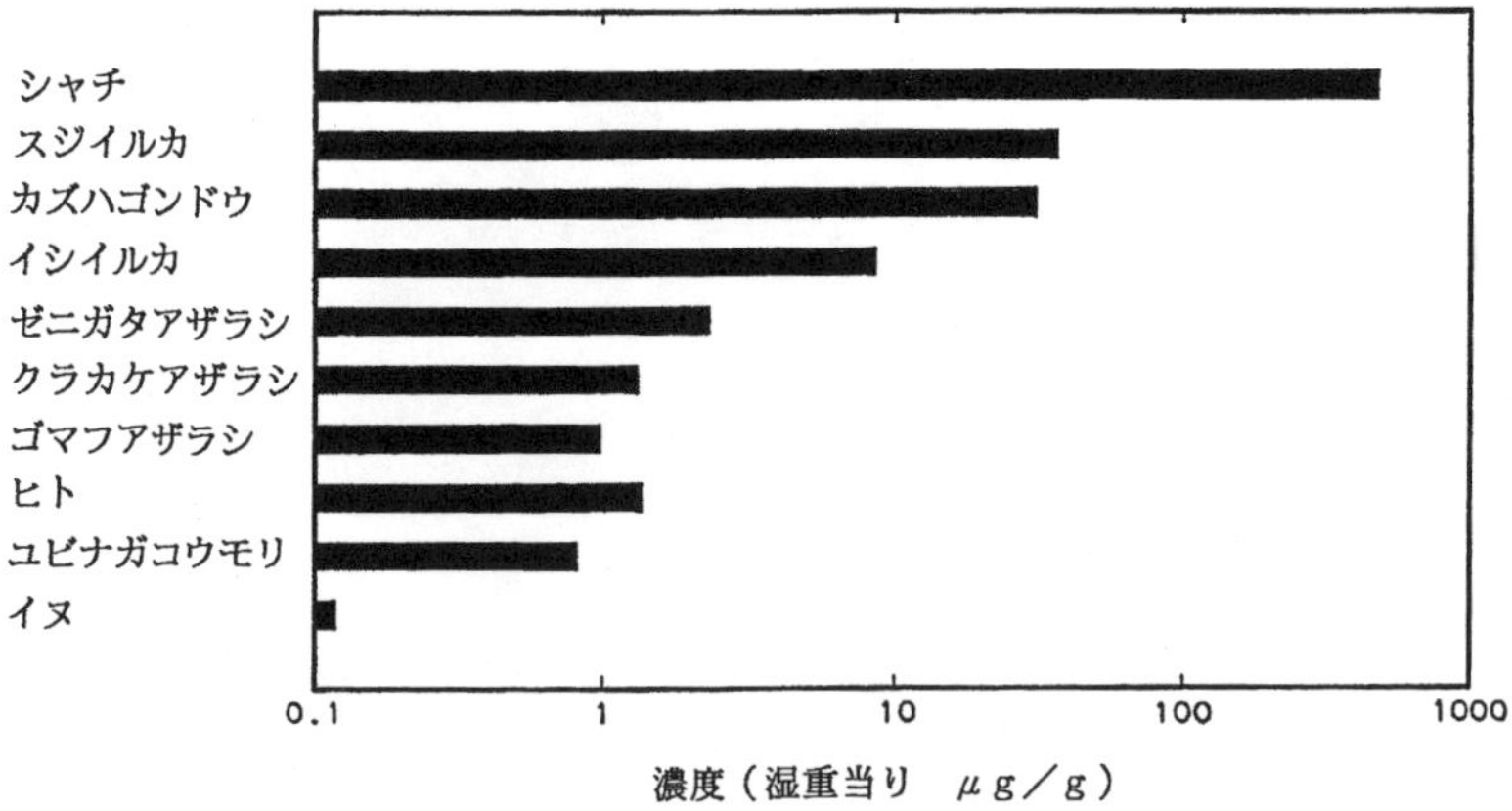

図２　日本産および北西太平洋産の哺乳動物から検出された PCB の残留濃度

まとめ、一九六八年以降六五例にのぼる報告があり、その原因として生物蓄積性の内分泌撹乱化学物質、すなわち有機塩素化合物が関与していることを示唆している（Colborn and Smolen 1996）。事実、海棲哺乳動物として知られるイルカや鯨は、有機塩素化合物を驚くほど高濃縮している。たとえば西部北太平洋のスジイルカは、海水中の一千万倍もの高濃度でＰＣＢを体内に蓄積している（Tanabe *et al.* 1984）。

不思議な現象はこれだけではない。一般に化学物質の濃度は、陸上の汚染源から遠ざかるにつれて低減するのが普通であるが、本来清浄なはずの外洋に棲息しているイルカや鯨は、陸上や沿岸の高等動物よりはるかに高濃度のＰＣＢを蓄積している（図２）（Tanabe *et al.* 1994a）。

なぜ、イルカや鯨の仲間が有害物質を高濃縮し異常なほど体内に貯めるのか、海棲哺乳動物の行動の異常や疾病に有機塩素化合物がどこまで関わっているのか、汚染や影響の将来はどのように推移するのか、わたくしたちの研究室ではこの特異な汚染と影響の謎に迫ってみた。

二　地球規模の海洋汚染

南化した汚染源

有機塩素化合物による北極域の汚染の進行が、世界的な話題となっている。人間活動や産業活動がほとんど行われていない極域は、汚染とは無縁な世界と考えられてきたが、最近になって北極圏の高等動物から高濃度の有機塩素化合物が検出されるようになり、南の国々から長距離輸送によって運ばれ北極域に沈積しているのではないかということが指摘されはじめた。

工業用材料や農薬として多用された有機塩素化合物の汚染源は陸上にあり、大気や水を媒体として広域輸送される。かつてこの種の物質の生産と利用は先進工業国に集中したため、北半球中緯度域で最高の汚染が認められた。ところが先進諸国における規制の強化と途上国における産業活動の拡大にともない、汚染の南北分布は最近変化した。図3に示すように、アジア・オセアニアの沿岸域で調査を実施したところ、有機塩素系農薬のＨＣＨやＤＤＴによる水質汚染は、熱帯・亜熱帯で顕在化していることが判明した。意外なことに、先進国型の汚染物質として注目を集めてきたＰＣＢやＣＨＬも低緯度地域の汚染が進んでいた（Iwata *et al.* 1994）。

地図を開いてみればわかるように、途上国の多くは熱帯・亜熱帯地域にある。南インドの水田地帯で有機塩素系殺虫剤ＨＣＨの散布試験を行ったところ、その九〇％以上はすみやかに大気に揮散し、低緯度地域における化学物質の残留期間は短いことが判明した（Tanabe *et al.* 1991）。こうした大気への活発な揮散は、熱帯・亜熱帯環境の化学汚染を軽減する効果はあるが、そこでの無秩序な利用は地球規模の汚染に大きな負荷をもたらすこと

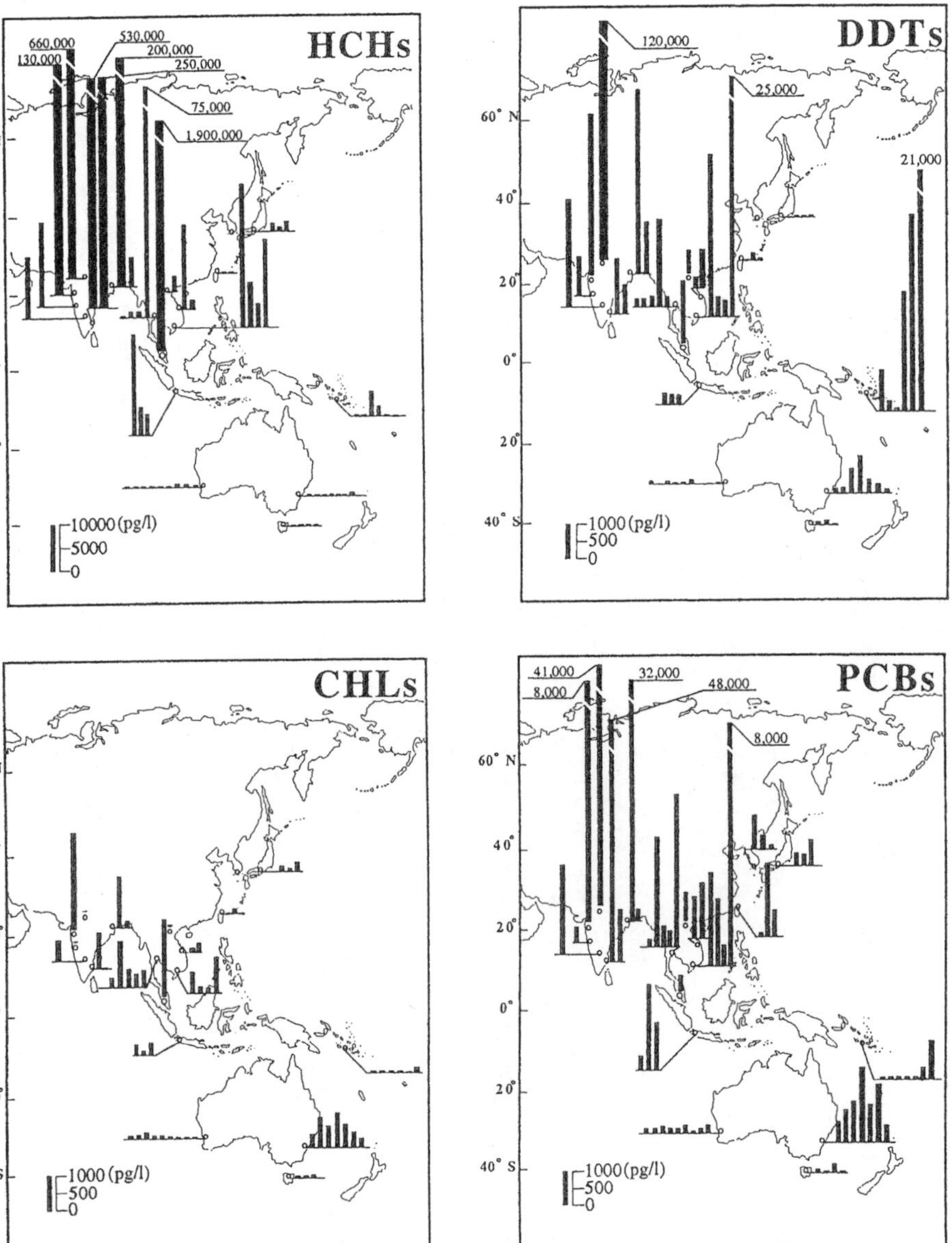

図3　アジア・オセアニアの沿岸・河口域における有機塩素化合物の水質汚染

になる。

海洋は地球の面積の七割を占めており、熱帯・亜熱帯から放出された化学物質の大半は世界の海に拡がることになる。つまり、汚染源の南下は、世界の海洋に分布している海棲哺乳動物にとって最も厄介な場で化学物質の利用がはじまったことを意味する。イルカや鯨が有機塩素化合物を高濃度で蓄積している遠因として、地球の蒸発皿すなわち熱帯・亜熱帯地域における化学物質利用の増大があげられる。

北海で大量死したアザラシの個体

有害物質のはきだめ

熱帯地域で利用された有機塩素化合物がどのように広がり、最終的にどこに到達するのか、残念ながらこうした疑問に応えられる研究は少ないが、その分布やゆくえを示唆した例はある。有機塩素化合物による外洋大気および表層海水の汚染を地球規模で調査した例は、農薬ＨＣＨの残留濃度が最も高く、とくに北半球の汚染が顕在化していることを明らかにしている（Iwata *et al.* 1993）。興味深いことにＨＣＨの高濃度分布は、この殺虫剤の使用が指摘されている熱帯・亜熱帯周辺海域で認められるばかりでなく、北極周辺海域でも観察され、この傾向は大気よりも表層海水で顕著であった。対照的にＤＤＴの残留濃度は全体的に低く、熱帯海域周辺のみで高濃度分布がみられ、ＨＣＨに比べれば大気により輸送されにくく汚染源周辺にとどまりやすいことが示唆されている。ところが、ＰＣＢやＣＨＬは均質な濃度分布を示し、南北差も小さいことが明らかにされている。ＰＣＢやＣＨＬの汚染が全世界に広がり一様な分布を示すことは、依然として中緯度先進諸国からの放出が続いていることに加え、第三世界を中心に有機塩素化合物の汚染源が今なお拡大していることを暗示している。

外洋環境では、有機塩素化合物の汚染分布と併せて大気・海水間での物質交換の研究も行われ、その地球規模でのゆくえが解析されている（Iwata *et al.* 1993）。大気・海水間における有機塩素化合物のフラックスを求めた研究では、ほとんどの海域で負の値が得られており、大気から海水へ活発に移行していることが明らかにされている。ＨＣＨのような農薬の場合、汚染源に近い熱帯海域で大きなフラックスが認められることは当然であるが、北極のような汚染源から離れた海域でも大気から海水へ活発に流入している。北極域の海水が大きな負のフラックスを示す傾向はＰＣＢでも認められ、この事実は外洋の海水がこの種の物質の最終的な到達点として機能していることを示しており、とくに北極周辺の海水は有機塩素化合物のたまり場として重要な役割を果たしていることが推察される。

このような海洋の特性は海棲哺乳動物が有害物質のはきだめに生息していることを意味し、この種の動物で有機塩素化合物の異常な蓄積がみられる一要因でもある。

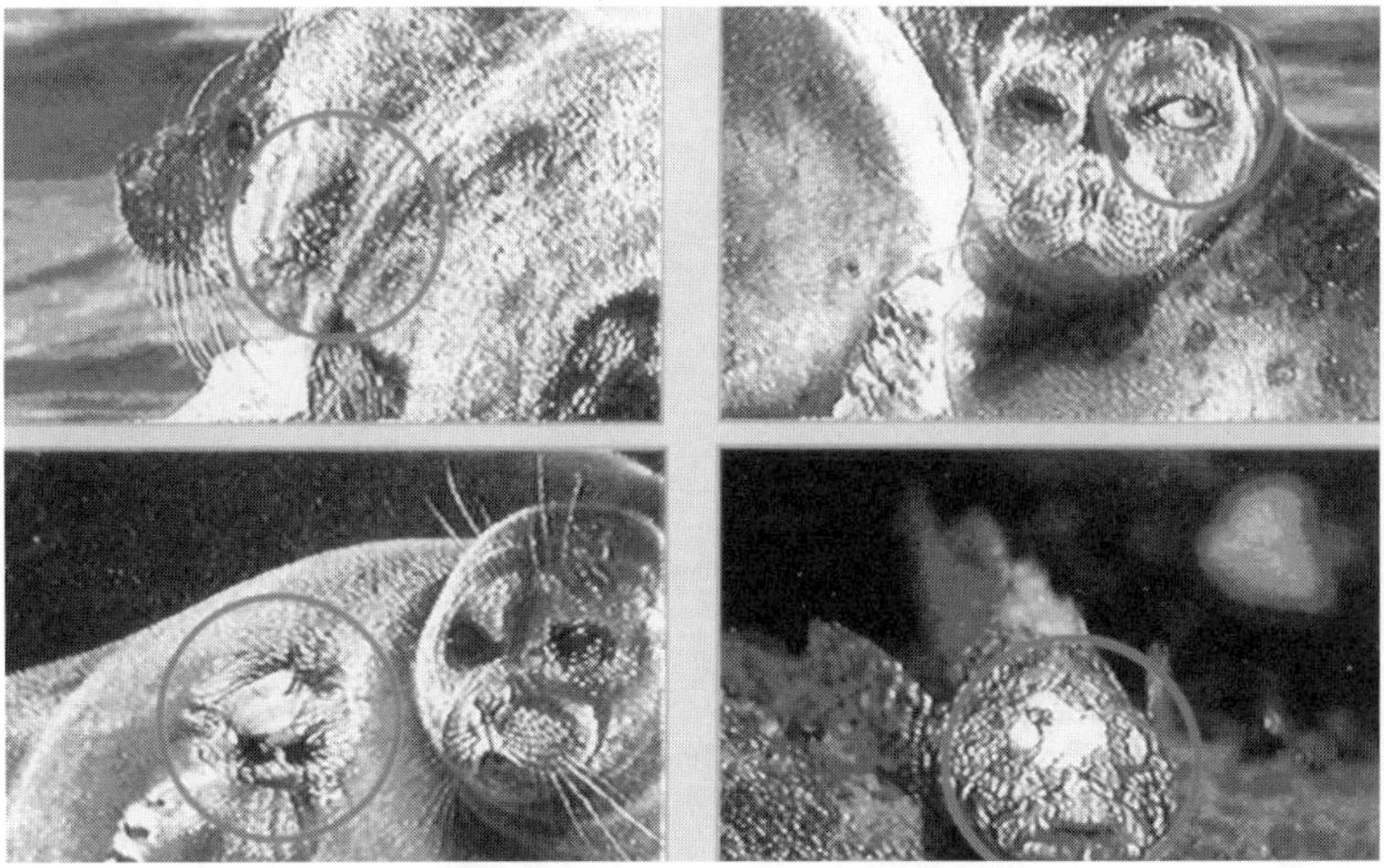

バイカル湖でみつかったアザラシの異常

三　特異な生体機能と汚染

体内の貯蔵庫

海棲哺乳動物の化学汚染が顕在化しているのは、汚染源の南下や海洋が有害物質のたまり場となっていることばかりでなく、この種の動物の特異な生体機能も関与している。

その特異な機能の第一点は、海棲哺乳動物の皮下に厚い脂肪組織があり、ここが有害物質の貯蔵庫として働いていることである。この脂肪組織はブラバーと呼ばれ、海棲哺乳動物の種類によって変動するが、アザラシの乳仔では体重の五〇%を越え、体内の有機塩素化合物のほとんどがここに残留している。イルカの場合、体重のおよそ二〇～三〇%がブラバーで、有機塩素化合物の体内総負荷量の約九五%が蓄積している（Tanabe *et al.* 1981）。有機塩素化合物は脂溶性が高いため、一旦脂肪組織に蓄積すると簡単に出ていかない。したがって、長期間そこに残留することになる。寿命の長いイルカや鯨では、餌から取り込んだ有害物質が徐々にブラバーに蓄積し、ここが大きな貯蔵場所として働くため高濃度汚染に結びついている。

母子間移行

第二点目は、海棲哺乳動物の場合、世代を越えた有害物質の移行量がばかにならないことである。有害物質が親から子に移るルートとしては、胎盤を経由する場合と生後授乳により移行する場合がある。哺乳動物の場合、一般に胎盤経由での有機塩素化合物の移行量は少なく、せいぜい母親体内の五%程度であるが、鯨類や鰭脚類の乳は脂肪含量が高いため、授乳によって多量の有機塩素化合物が母親から乳仔に移行する。スジイルカでは、体内に残留するＰＣＢ総量のおよそ六〇%が授乳により乳仔に移行している（Tanabe *et al.* 1994a）。バイカルアザラシの成熟雌の場合、授乳によってＰＣＢおよびＤＤＴ負荷量の約二〇%が排泄されている（Nakata *et al.* 1995）。したがって鯨類や鰭脚類の成熟個体では、有機塩素化合物の蓄積濃度に顕著な雌雄差がみられる。このような大量の有機塩素化合物の母子間移行は、たとえ環境の汚染濃度が低下しても、海棲哺乳動物体内の有害物質は、そのまま世代を越えて引き継がれ、簡単に低減しないことを意味しており、高濃度蓄積や長期汚染の一要因となっている。また、乳仔の体重は母親の一〇分の一程度であるため、有機塩素化合物の体内濃度は授乳期間中に一気に上昇する。このことは体内蓄積量の問題だけでなく、毒性影響も深刻化することを暗示している。

弱い分解力

第三点目は、海棲哺乳動物とくにイルカや鯨の仲間は、肝ミクロソームに局在するチトクロームＰ－４５０系の薬物代謝酵素が発達していないため、有害物質をほとんど分解できないことである。一般に、有機塩素化合物を分解する薬物代謝酵素系は、フェノバルビタール（ＰＢ）型とメチルコラントレン（ＭＣ）型に大別されるが、

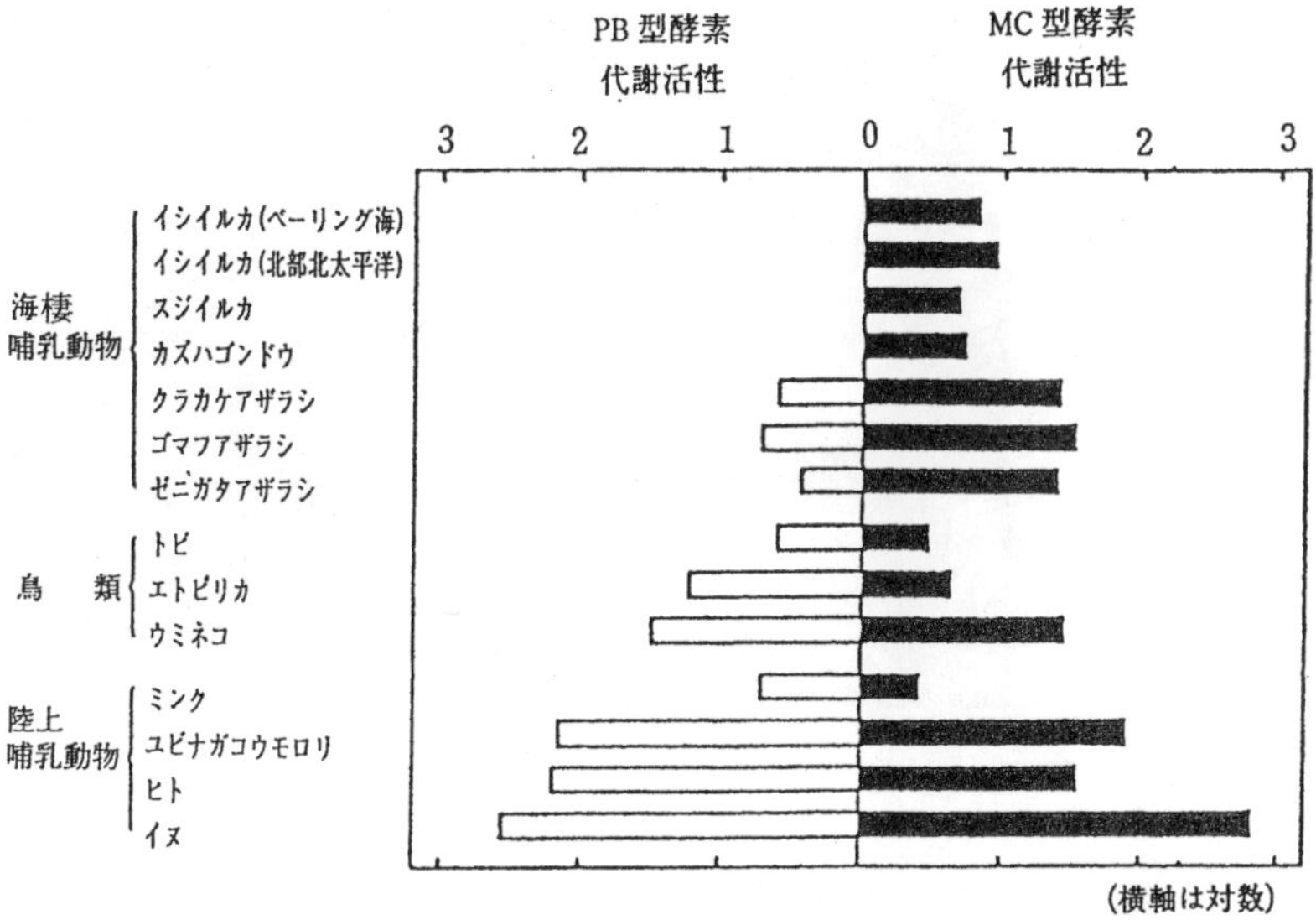

図４　有機塩素化合物を分解する薬物代謝酵素系の相対活性の動物種間比較

鯨類はＰＢ型の酵素系が欠落しており、陸上の哺乳動物や鳥類に比べると格段に有害物質の分解能力が劣る（図４）（Tanabe *et al.* 1988）。一方アザラシなど沿岸性の鰭脚類では、ＰＢ型およびＭＣ型両方の酵素系が機能しているが、陸上の高等動物に比べるとその分解能力は弱い。陸上、沿岸、外洋の方向で高等動物の有害物質分解能力が低下しているのは、進化の過程で陸上に比べ海洋の動物ほど、また沿岸に比べ外洋の動物ほど、陸起源の天然の毒物に曝される機会が少なかったためと推察される。したがって、海棲哺乳動物とくにイルカや鯨の仲間は、分解酵素の機能を発達させる必要がなかったとも考えられ、このことが高濃度の有機塩素化合物蓄積をもたらしたのであろう。

　有害物質の貯蔵庫としての皮下脂肪、授乳による世代を越えた移行、弱い分解能力など、これらの要因はいずれも海棲哺乳動物の高濃度汚染に関与しているが、とくに注目すべき点は、薬物代謝酵素系の特異性であろう。高等動物の場合、酵素系による分解は有害物質の主要な排泄ルートであり、この機能が未発達であるということは餌から取り込んだ毒物が生涯にわたり体内に残存することになる。イルカや鯨など長寿命の海棲哺乳動物で有機塩素化合物の異常な蓄積が認められる最大の要因は、この弱い分解能力、すなわち酵素系の特異性にあると思われる。

ベーリング海のプリビロフ島でのオットセイの流産

毒性影響の検知

環境ホルモンの毒作用のメカニズムは、ホルモンレセプターと結合し、ホルモン擬似の作用を介して内分泌系を攪乱すると説明されているが、環境汚染物質によって誘導される薬物代謝酵素系もホルモンを攪乱する。有害物質が蓄積すると、肝臓のチトクロームP−450酸化酵素系が誘導され、この酵素系が化学物質を活性化してガンや奇形を引き起こしたり、ステロイドホルモンを代謝し生殖機能を攪乱する。また、胸腺に作用して、免疫機能の失調をもたらすこともある。

したがって野生の高等動物では、化学物質の蓄積量、薬物代謝酵素の活性やホルモンの濃度、病的症状の三者の関係を明らかにし、有害な影響を検証する研究が求められている。しかし、この種の研究ははじまったばかりであり、情報は大幅に欠落しているが、有機塩素化合物の影響を匂わせる結果がないわけではない。例えば、北部北太平洋の冷水域に生息するイシイルカでは、ＰＣＢおよびＤＤＥ（ＤＤＴの安定代謝物）の残留濃度と雄の性ホルモン・テストステロン濃度との間に負の関係が認められ、この

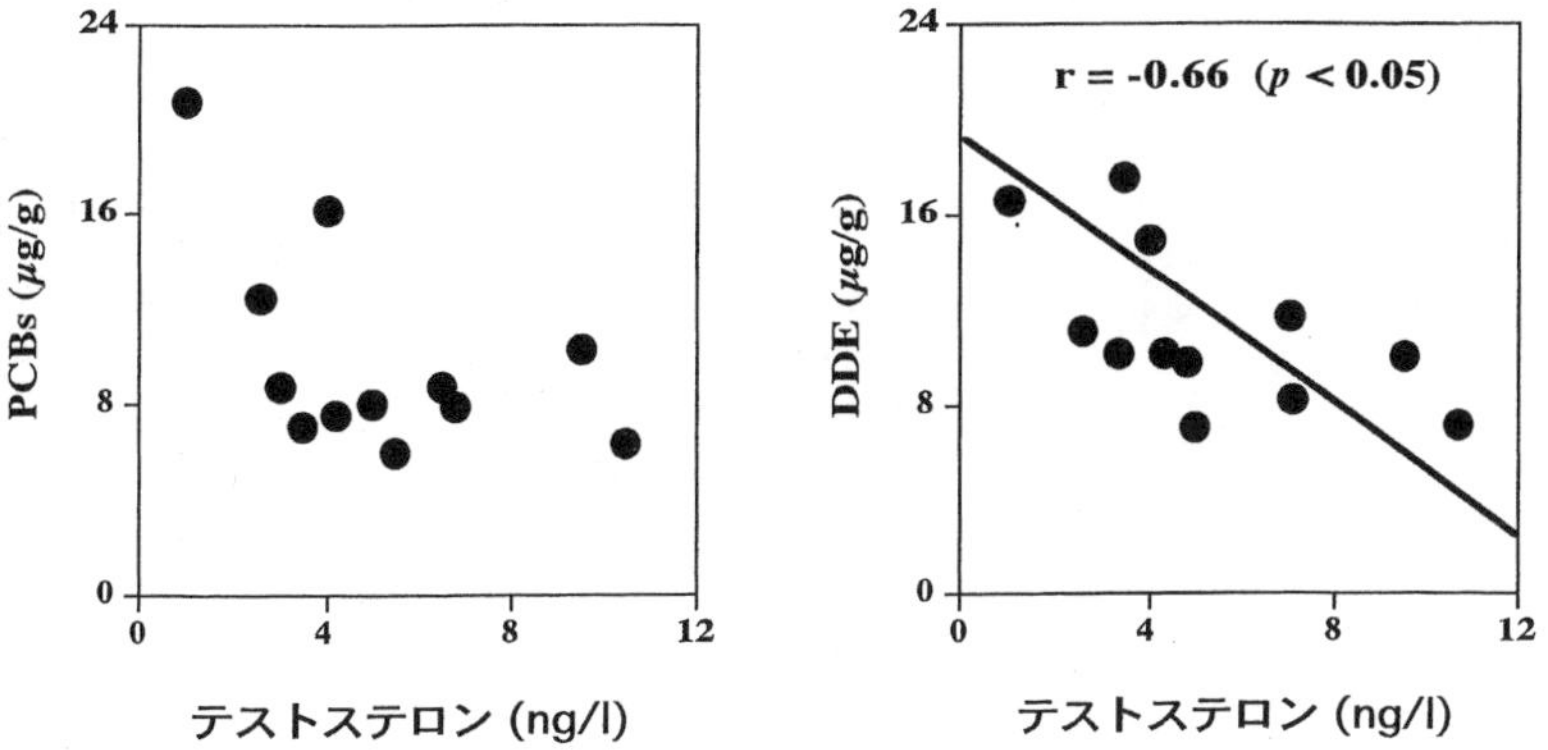

図５　北太平洋で捕獲された成熟雄イシイルカの脂皮に残留する PCB・DDE 濃度と血清中テストステロン濃度の関係

種の物質の濃度が高いとテストステロンの濃度は低いという傾向がみられる（図５）（Subramanian *et al.* 1987）。また、三陸沖のオットセイ調査では、ＰＣＢの残留濃度と薬物代謝酵素活性の間に明瞭な正の相関がみられている（Tanabe *et al.* 1994a）。因果関係を裏付ける知見の集積は今後の課題であるが、こうした結果は、現実の有機塩素化合物蓄積濃度で薬物代謝酵素系が誘導されたりホルモンの阻害がおこっていることを窺わせ、内分泌系の攪乱など化学物質の長期的・慢性的な毒性影響が、野生の海棲哺乳動物で起こりうることを暗示している。

汚染と影響の消長

有機塩素化合物の長期的な影響を予測するには、汚染の消長を理解することが必要となる。この場合、保存試料を用いて過去の汚染を復元し将来を予測することが望ましいが、海棲哺乳動物の場合、有用な試料は少ない。断片的ではあるが、三陸沖で捕獲したオットセイの保存試料では、一九七〇年代の中頃ＰＣＢやＤＤＴ汚染の極大がみられ、その後濃度は低減したが一九八〇年代のＰＣＢ汚染は定常状態を示し、ＨＣＨの汚染には明瞭な低減傾向が認められていない（Tanabe *et al.* 1994b）。南氷洋で捕獲したミンククジラの調査では、最近一〇年間有機塩素化合物の濃度はほとんど変化しておらず、ＰＣＢはむしろ増大

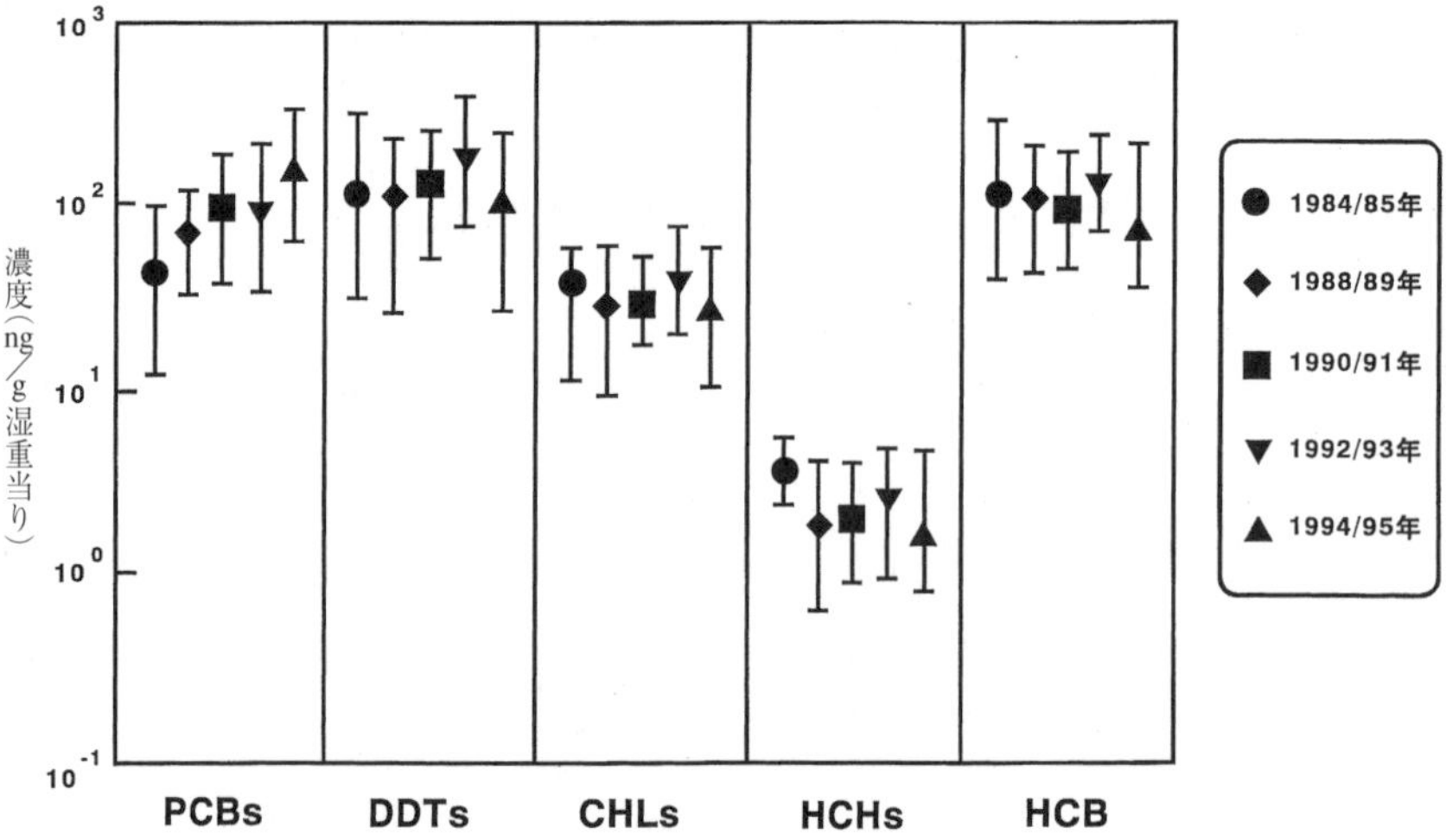

図６　南氷洋産ミンククジラにおける有機塩素化合物汚染の経年的推移

傾向にあることが判明している（図６）（Aono *et al.* 1997）。こうした過去の汚染の復元は、海棲哺乳動物における有機塩素化合物の暴露と影響が、今後しばらく続くことを暗示している。とくにＰＣＢによる汚染とその毒性影響は深刻で、モニタリング調査の継続が望まれる。

四　おわりに

これまでの研究で得られた知見をもとに、有害物質による地球規模の海洋汚染と生態影響について今後の課題を整理してみた。

まず、重要な論点の一つに途上国問題がある。環境ホルモンによる汚染が先進諸国だけでなく途上国にまで及んでいることは、有機塩素化合物の事例で明白である。有害物質による地球汚染の今後の動向は、途上国の環境改善に負うところが大きい。途上国における化学物質の生産と利用は急速に拡大しており、たとえば先進諸国における化学物質流通額の年成長率は一％程度にとどまっているのに対し、途上国では一三％を越えている

(Anderson 1993)。とくに、低緯度途上国における化学物質使用量の増大は海洋汚染を加速するため、海棲哺乳動物に対するインパクトはさらに深刻化する怖れがある。有機塩素化合物の例でわかるように、化学物質の発生源と到達点は異なっており、このことは環境ホルモンの蓄積や影響を考える場合、地球的視点が求められることを教えている。途上国における化学物質の安全な利用と海洋環境保全のための対策や国際協力の拡大を、早急に検討しなければならない。

研究が期待されるもう一つの課題は、毒性影響の検知とくに次世代へのインパクトを予知することであろう。ホルモン様作用を示す化学物質の種類は多く、最近では相乗効果や拮抗作用も示唆され、その毒作用のメカニズムは複雑な様相を呈している。また、この種の物質の影響は、通常の疾病や発癌のように作用の積み重ねで発現するのでなく、繁殖期など生物側の生理機能が活発化した時に作用する、すなわち微量の毒物が「一発ヒット」で影響を生起し、しかもその症状が数十年後あるいは次の世代にあらわれることもあるといわれている。こうした毒作用の検知は従来の環境調査やリスク・アセスメントでは太刀打ちできないものであり、新たな方法の開発が必要であろう。薬物代謝酵素系が発達していない海棲哺乳動物は、有害物質の分解能力が弱いため多様な環境ホルモンを蓄積している可能性がある。安定性が乏しいため高等動物には蓄積しないと考えられていた有機スズ化合物が、海棲哺乳動物から高濃度で検出された事例(Kannan *et al.* 1997; Tanabe *et al.* 1998)はこのことを暗示しており、環境ホルモンの影響は、イルカや鯨で最も顕在化する怖れがある。

最後にこの問題にどのように対処すべきか、すなわち政策課題について述べたい。上述したように、海棲哺乳動物には、他の高等動物ではみられない特異な汚染があり、このことはヒト中心の環境観では生態系は守れないことを教えている。イルカや鯨の化学汚染がヒトとは無縁であるとする考え方は、もはや地球環境時代に馴染まない。国際社会がわが国の専門家や行政に求めているのは、化学物質の脅威から生態系を守ることはヒトに対する安全性の確保にも繋がるという基本理念、すなわち生態系本位の環境観を根幹にした社会システムの構築であろう。しかし、他の地球環境問題同様、化学汚染の課題も不確実性が大きく、明快な回答はほとんど期待できない。化学汚染の問題は社会的・政治的課題であり、科学絶対論では対応できない性格のものであり、むしろ不確実性が中心的役割を果たす新しい思考様式が求められている。環境の科学は政策に対して無力と思われがちであるが、それは元来性格の違うものであり、真理の数倍不確実性を生むところに発展性や継続性があり、価値もある。その不確実性を形にする作業、すなわち政策的価値判断は行政の役割であり、その手腕に社会は期待している。

〔文　献〕

Anderson, E. 1993. *Developing nation's chemical exports surge.* Chemical & Engineering News, Aug. 2, pp. 14-15.

Aono S, Tanabe S., Fujise, Y., Kato, H. and Tatsukawa, R. 1997. Persistent organochlorines in minke whale (*Balaenoptera acutrostrata*) and their prey species from the Antarctic and the North Pacific. *Environmental Pollution*, 98, 81-89.

Colborn, T. and Smolen, M. J. 1996. Epidemiological analysis of persistent organochlorine contaminants in cetaceans. *Reviews of Environmental Contamination and Toxicology*, 146, 91-172.

Iwata, H., Tanabe, S., Sakai, N. and Tatsukawa, R. 1993. Distribution of persistent organochlorines in the oceanic air and surface seawater and role of the ocean on their global transport and fate. *Environmental Science and Technology*, 27, 1080-1098.

Iwata, H., Tanabe, S., Sakai, N., Nishimura, A. and Tatsukawa, A. 1994. Geographical distribution of persistent organochlorines in air, water and sediments from Asia and Oceania, and their implications for global redistribution from lower latitudes. *Environmental Pollution*, 85, 15-33.

Kannan, K., Senthilkumar, K., Loganathane, B. G., Takahashi, S., Odell, D. K., Tanabe, S. 1997. Elevated accumulation of tributyltin and its breakdown products in bottlenose dolphins（*Tursiops truncatus*）found stranded along the U.S. Atlantic and Gulf coasts. *Environmental Science and Technology*, 32, 296-301.

Nakata, H., Tanabe, S., Tatsukawa, R., Amano, M., Miyazaki, N. and Petrov, E. A. 1995. Persistent organochlorine residues and their accumulation kinetics in Baikal seal（*Phoca sibirica*）from Lake Baikal, Russia. *Environmental Science and Technology*, 29, 2877-2885.

Simmonds, M. 1991. Marine mammal epizootics worldwide. In X. Pastor and M. Simmonds(eds.) Proceeding of the Mediterranean Striped Dolphins Mortality International Workshop, pp. 9-19, Greenpeace International Mediterranean Sea Project, Madrid, Spain.

Subramanian, A. N., Tanabe. S., Tatsukawa, R., Saito, S. and Miyazaki, N. 1987. Reduction in the testosterone levels by PCBs and DDE in Dall's porpoise of northwestern North Pacific. *Marine Pollution Bulletin*, 18, 643-649.

Tanabe, S., Tatsukawa, R., Tanaka, H., Maruyama, K., Miyazaki, N. and Fujiyama, T. 1981. Distribution and total burdens of chlorinated hydrocarbons in bodies of striped dolphins（*Stenella coeruleoalba*）. *Agricultural and Biological Chemistry*, 45, 2569-2578.

Tanabe, S., Tanaka, H. and Tatsukawa, R. 1984. Polychlorinated biphenyls, DDT, and hexachlorocyclohexane isomers in the western North Pacific ecosystem. *Archives of Environmental Contamination and Toxicology*, 13, 731-738.

Tanabe, S., Watanabe, S., Kan, H. and Tatsukawa, R. 1988. Capacity and mode of PCB metabolism in small cetaceans. *Marine Mammal Science*, 4, 103-124.

Tanabe, S., Ramesh, A., Sakashita, D., Iwata, H. and Tatsukawa, R. 1991 Fate of HCH（BHC）in tropical paddy field : application test in South India. *International Journal of Environmental Analytical Chemistry*, 45, 45–53.

Tanabe, S., Iwata, H. and Tatsukawa, R. 1994a. Global contamination by persistent organochlorines and their ecotoxicological impact on marine mammals. *The Science of the Total Environment*, 154, 163–177.

Tanabe, S., Sung, J., Choi, D. Y., Baba, N., Kiyota, M., Yoshida, K. and Tatsukawa, R. 1994b. Persistent organochlorine residues in northern fur seal from the Pacific coast of Japan since 1971. *Environmental Pollution*, 85, 305–314.

Tanabe, S., Prudente, M., Mizuno, T., Hasegawa, J., Iwata, H. and Miyazaki, N. 1998. Butyltin contamination in marine mammals from North Pacific and Asian coastal waters. *Environmental Science and Technology*, 32, 193–198.

シベリア・テチャ川流域の放射能汚染と生業

——「川の病気」にどのように対処するか——

ガリーナ・A・コマロバ

一　はじめに

軍事用プルトニウムを生産するためにソ連最大の工場「マヤク」（Mayak）が南ウラル地域に建設された。その工場は、一九四九年から一九五六年にかけての間、地元のテチャ川（Techa river）に核の廃棄を行った[1]。その結果、テチャ川流域に住む住民は二、三〇年以上に亘って放射能汚染の被害を被ってきた。同様な悲惨な被害をうけたビキニ環礁の人々やアメリカ合衆国のコロンビア河の先住民たち（Jurgy 1992; Dalton *et al.* 1999; Bikini Atoll 2001）は移動させられてしまったが、その結果彼らは生活様式を変更し、伝統的な食習慣を失ったことで有名である。対照的に、テチャ川流域の住民は、もとの村で生活を続け、健康に害を与えるこの環境に適応しなければならなかった。これら三つの集団の運命は異なっていたが、広島、長崎、ネバダ、パサの人々とも同じく、彼ら全員が核兵器の実験のための犠牲となったという点において共通している（Jurgy 1992; Steel 1993; Takayama 2000）。

一九九〇年代の初めになってから、テチャ川流域の住民はかつての環境災害の情報を得ることができるようになった（Komarova 1997）。今日では彼らは、誰が加害者であるのかをかなり知っているが、しかし、どうすればよいか、放射能汚染下でどのようにして生き残るか、汚染された川によって引き起こされた恐ろしい惨事を避けるために生活をいかに変化させるかについて、いまだにわからない状態である。

所与の状況を知っている者にとっては、地元の人々は、快適な住宅やヘルスケアー、福祉が提供されるべき、汚染されていない地域へと移住させられなければならないことは明らかである。そして伝統的な生活スタイルはそこで営まれるべきである。しかしながらこの災害責任を持つ国家は崩壊してしまっており、新生ロシアは他の問題処理に多忙を極めている（Garb, Komarova 1999, 2000）。

つい最近まで、この件は極秘扱いであったため、放射能汚染下での人間の生き残りの問題についてオープンに議論することすら不可能であった。ロシア人の人類学者は、多様な民族集団がそのような厳しい環境にどのように対処したか、生きのびるために食習慣をどのように変えたかについて研究を行うことはなかった。一九九二年から一九九八年にかけて、私は汚染が進んでいるテチャ川地域において九回のフィールド調査を実施した。私の研究はその地域でいまだに生活を営んでいるいろいろな民族集団（ロシア人、タタール人、バシュキル人）の生活様式に焦点をあわせたものであった。私は、彼らの生業行為における文化伝統や信念が、放射能汚染下の人間の健康にいかなる影響を及ぼしたか、そしてどのようにすれば彼らの知識を、地元の住民が生き残るのを助けるために利用することができるかに関心を持った。私の目的は、民俗知識と経験（ＴＥＫ）と科学的アプローチ（ＳＥＫ）の比較分析を行うことであった。このゴールを達成するために、私は、内科医、栄養学者、生物物理学者、その他の科学者とこれらの問題について話し合った。その上で、一九九三年と一九九八年に二回の社会学的調査を実施した。この調査の目的は、関係する情報が公開されて以降、地元の環境、生業行動、状況の知識と、人間関係の中で特に何が変化しているかを明らかにすることであった（Komarova 1994, 1995a, 1997a, 1997c,

1999a, 2000)。

二　テチャ川災害の概況

テチャ川はイセット川の支流であり、西シベリア全域から北極海までを網羅する巨大な水系（長さ六〇〇〇キロメートル以上）の一部である（地図）。一九四〇年代後半まではテチャ川流域に三八の村があった。人口は二万八一〇〇人にのぼり、人々は伝統的にその川を唯一の水源として利用した。汚水は薄められ安全になって海へ運ばれることを専門家は期待していた。これは誤算であった。放射性核物質は沈泥にとどまり、水中植物の中に蓄積され、地下水へと流れ込んだ。地元の人々は水や流域を生業活動のために積極的に利用していた。流れが非常に遅いテチャ川は、命の川から恐ろしい汚染源へと変貌した。

テチャ川の住民の八％以上が一〇〇ベル（放射能による症状の限界値）以上に相当する放射能露出の放射線量を受けた[2]。放射能をあびた者の七三％はいわゆる「少量の放射線量[3]」を受けてきた（Materialy 1991. T. 1: 11; T. 2: 50）。一五歳未満の子供達は放射能をあびた者の中の九三〇二人（約三分の一）であった。ロシア人がテチャ川流域の中心的な人口であったが（七六％）、タタール人とバシュキル人は川の上流の最も影響を受けた村々の人口の大半（八二％）を占めていた（Problemy 1997: 10）。

一九五三年から一九六一年にかけて、全流域人口の約四分の一が、汚染された地域の外へ再定住化させられた。従って上流地域の人口が少なくなった。しかし、中流域のムスリウモボという名の最大の村の一つは、移動させられなかった。ブロドカルマク、ロシアン・テチャ、ニジネペトロパブロフスコエの村々も同じ運命だった。高

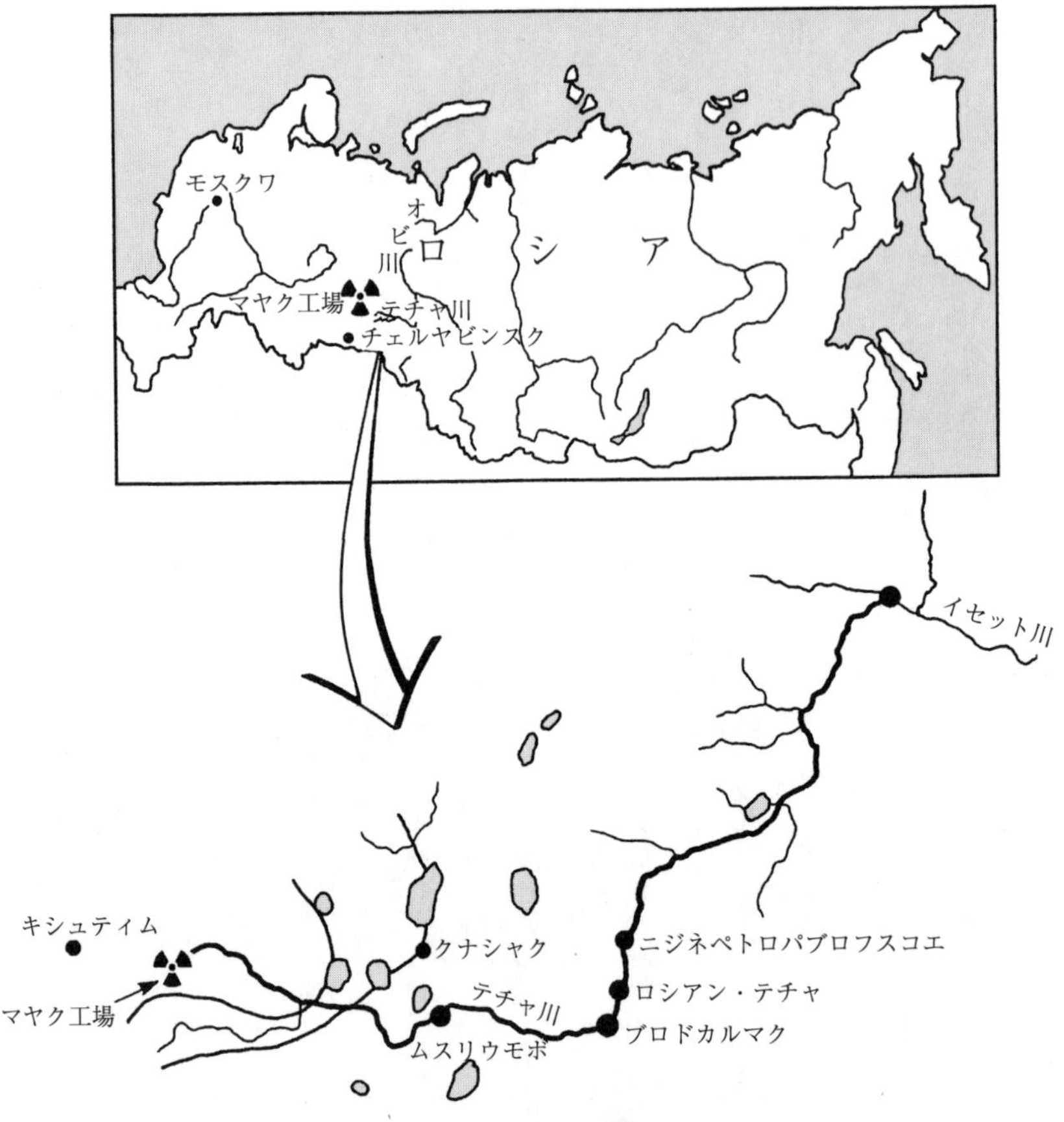

テチャ川流域概念図

い放射能汚染にもかかわらず、これらの村は移動させられなかったのである。川への接近は、有刺鉄線によってブロックされ、人々が川の資源を利用しないように警察によってガードされた。しかしながら、住民は規則を破り、川の資源を違法に利用した。今日、これらすべての村が、放射能災害ゾーンを形成している。

三　テチャ川流域の現状

一九九〇年代の諸研究が示しているように、テチャ川流域における露出のレイト（gamma emission）は、通常五〇〇 mR/hour、そして川水の近くでは八二〇 mR/hour にものぼる。ムスリウモボ村内の洪水で土砂が堆積した平野では、中心的な人工的放射性核物質の活動レベルは、現在、一三七C三—二五四・七キュリー、九〇Sr—三九〇・九キュリー、二三九Pt、二四〇Pt—〇・三キュリーである（Komarova 1994, 1996; Solovieva 1994: 11）。

放射性核物質が食物連鎖を通して人間集団へといたるルートが少なくとも三つ知られている。①汚染された川土—草—水鳥—食物—人体、②汚染された川土—草—牛—乳—人体、③汚染された川土—草—家畜—肉—人体である。その上にもうひとつのルートがある。家畜や動物がテチャ川の土砂が堆積した上を移動する時に、汚染物質を含むほこりが風によって農村地域に運ばれる。さらに、川床の上を家畜や動物、人間が頻繁に通過する。それらによって汚染物質は結果としてかなり広域へとばらまかれることになる。

テチャ川の洪水の土砂が堆積した平野における生業活動の実態を知るために、一九九二—一九九三年に五八二の研究が実施された。放射能汚染のレベルが測定され、住民達にインタビューが行われた（Chechetkin *et al.* 1993: 6）。彼らがテチャ川の平野を牧草地としてや牧草を貯蔵するために利用している事例は一二一（二〇%以上）であった。結果として、ほとんどの農場は非常に汚染されていた。このことは（住人は生業のためにテチャ川の平野の利用を避けていたにもかかわらず）放射性核物質のひろがり方が複数存在していることを意味していた。地元の住民はいまだに放射能の被害をたいへん受けやすい状態にある。

私の調査によれば、テチャ川の平野は、一九九〇年代半ばおよび後半にもっと集約的に利用されていた。人々はそのことについて次のような理由を挙げた。第一に、川の流域について地元当局側からの管理がなくなった。第二に、貧困のゆえに人々は漁労、家畜の飼育、牧草の貯蔵を強化せざるをえなかった。テチャ川流域の悲惨な生態学的状況は、その境界をこえて広がった。というのは、とくにタタール人とバシュキル人は強い親族関係を維持しており、テチャ川地域でとれる食料を都会に住む親族に供給しているからである。さらに、最近では、テチャ川流域の住民が、汚染された生産物（肉、牛乳、野菜、魚）を汚染されていない地域で売っているのである。

ムスリウモボ・シンドローム

「マヤク災害の健康への影響について最初に耳にしたのはいつか」という私の質問に対して、九〇％以上の住民が一九八九—一九九〇年と答えた。しかしそれよりはるか以前から、人々は知らぬまま被曝していたのである。生活が完全に川に密着している人々がとりわけ被害を被った。テチャ川の住人が、身体の麻痺、関節痛、慢性頭痛、鼻血、虚弱体質などを意味する「川の病気」に彼らがかかってしまったと言っていたことは偶然ではなかった（Komarova 1994, 1999b）

遺伝学者であるN・A・ソロビエバ（Solovieva 1994, 1994a, 1994b）によれば、住民の二五％は遺伝子細胞の奇形を示していたという。何人かの子供は父母のどちらの遺伝子でもない染色体のパターンを持っていた。それは突然変異を示唆している。子供達はかつて大人に特徴的であった病気にかかっている。これらの病気の大半は遺伝する。高いレベルの放射線病は、地元の住人の間に蔓延した。一九九四年の医学調査によれば、相対的に健康な人は、全人口の七％にすぎなかった。この地元民の特殊な健康問題は「ムスリウモボ・シンドローム」と呼ばれていた。その症候はチェルノブイリ・シンドロームやカイナール・シンドロームにかなり似ていた。

民族的および宗教的構成

今日、テチャ川流域には一万一三六〇人が住んでいる。三分の一が子供である。タタール人とバシュキル人が、人口の半分を少し超えるくらいである（五一・三％）。ロシア人は地元住民の四六％である。

私の調査によれば、一九九三年と一九九八年の間に宗教の役割が地元住民の生活の中で明らかに重要性を増してきていた。イスラム教徒は大半で（七六・二％）、キリスト教徒は一四・六％である（Komarova 1998a, 1998b, 1999a）。

伝統的生業

半移動牧畜民バシュキル人が南部ウラルの最初の定住者であった。後になってロシア内からロシア人とタタール人がおしよせてきた。タタール人は、家畜飼育と穀物農業とを組み合わせていた。一方、ロシア人は野菜作りと果実作りを行った。

一九二〇年代以降、すべての住民は集団農場で働いた。彼らは農業や畜産に従事した。そしてすぐに、民族的な生業の伝統に関係しない仕事であるトラクター乗り、車の運転手、電気技師、農業の専門家、建築労働者などいろいろな専門家になる者が出てきた。しかしながら彼らの個人的な世帯経済においては、いくつかの民族的な特徴を持ち続けていた。最近までイスラム教徒は庭にジャガイモのみを栽培していた。一方、ロシア人は多種の野菜と、野いちごと果実を育てた。ほぼすべての村人が家畜（牛、羊、山羊）と家禽（カモ、ニワトリ、ガン）を飼っているが、ロシア人のみがブタを所有している。

私は、すべての種類の生業行動の分析を行ったが、紙数の関係で次に漁業についてのみ述べたい。

漁業

川の上流の人口が減少してから、川中の混合物が消えた。しかし、地元住民は「川には放射能以外の汚物はない」という辛口のジョークをつくりだした。テチャ川の漁業資源は非常に多様である。そこではフナ、コイ、スズキ、セイヨウカマツカ、カワメンタイ、カワカマス、ナマズ、ハゼ、キタノウグイなどを獲ることができる。ベテランの漁師は昔と比べて今日は、より多くのそしてより大きな魚がいると主張している。突然変異の魚、白目の魚、鳥を襲う巨大なカワマスの伝説が広がっている。実際にこの地域には別の漁場（湖）がある。しかしそれらは村から遠く離れており、漁業資源にも乏しい。従って人々はテチャ川で漁労に従事する方を好んでいる。

漁労は、地元の男性が一年中行う伝統的な仕事の一つである。川面の氷にドリルで穴を開ける必要はない。というのもマヤク工場から熱い排水が流れ込んで氷の割れ目をつくるため、漁師は淡水にアクセスすることができるという。そしてこれらの自然の割れ目には多数の魚がおり、手と網で獲ることができる。通常、冬には漁民は釣り竿と氷用斧を持参している。暖かい時期には彼らは何本もの釣り竿を利用する。

同時に、大半の漁獲は、銛、網、引き網、その他の罠のような禁止された道具や、爆破を利用する密漁者によるものである。密漁者は漁業だけで生活を立てている。一九九八年の調査によれば、地元住民は魚を地元の漁師から購入し、多くの魚を消費しているという。魚は特にロシア人の間で、食事の重要な部分を占めている。しかし、煮たり、塩漬けにしたり、パイに焼いたり、油で軽く揚げ、少量の水を加えてとろ火で煮たり、塩漬けにしたり、干乾したり、焼いたり、燻製にすることとは、地元の環境下ではとくに危険である。煮魚と生の魚を比べると、セシウム197は一〇分の一に、ストロンチウム90は二分の一になるが、焼いたり燻製にすると発ガン物質の量が増加する。魚のスープはロシア人の間で人気があるが、かなりの分量の放射性核物質はスープに流れ出ている。魚の頭やえらも同様に放射性核物質を吸収している。もっともよくスープに利用されるのが頭であり、ロシア人の好物の一つである。しかし、魚の頭は「放射能が集中」していて危険な部位と考え、利用を拒絶しているのはほんの一握りの人々である。

イスラム教徒は、鱗のない魚を利用しないが、ロシア人は、他の魚と同じようにテチャ川のナマズを喜んで食べている。しかしながら、ナマズは川底に生息している魚であるため、多量の放射性核物質を体内に吸収している。

魚は食べ物を通してとともに、部分的にはえらを通して放射性核物質を体内に取り込んでいることは注目に値する。放射性核物質はおもに魚の肝臓や骨の中に蓄積するのである（Komarova 1997b）。

四　食習慣

テチャ川流域の人々は地元から得られる食料を利用している。地元の店や食料市場は決して食料が不足しているわけではないが、大半の人々は主食を購入するくらいしか金銭を持っていないので、店や市場をあまり利用していない。

地元住民が関わっている最も深刻な争点は、如何に汚染されていない食材を入手するかということであり、その問題と関わりのないのは交通手段と十分な経済力を持つほんの数名の富裕な人だけである。残りの地元住民は彼らの生産物を売り、彼らの目から見て安全に見える食物を購入することに全力をあげている。食材の交換はこの地域ではよくみかけられる。例えば、狩猟や漁の獲物と、野菜や牛乳を交換する。

一九九三年と一九九八年の調査の結果、過去五年間に肉と牛乳の消費は減少し、野菜とジャガイモの消費は増加した。

地元の食事は、栄養素の欠如と低いカロリーによって特徴づけられる。バランスの取れた栄養は健康、労働能力、子供の成長の主要因であり、放射性核物質に対する免疫力の主要因となることがよく知られている。しかしこのことは食材が放射能源でない場合にのみ妥当する。

地元の人々は、牛乳や肉は放射能源であることをよく知っている。肉を煮ると最大源七〇%の核物質がスープに残り、一五%が肉や骨の内に残ることが知られている。この理由からスープ、肉ジェリー、ローストビーフ、シチューなど、ロシア料理の中で人気のある料理をつくることを避けなければならない。ロシア人の重要な食の部分である動物の内臓も、多量の放射性核物質を蓄積している。対照的にイスラム教徒の間では内臓を利用することは禁じられている。これはかれらにとって「ハラム（タブー）」なのである。

イスラム教の生活スタイルには、二つの食の規則、すなわち「ハラム（禁止されていること）」と「ハラル（許されていること）」がかなり影響を及ぼしている。豚肉はイスラム教徒にとって完全に「ハラム」であり、交易することすら許されていない。一方、豚肉は放射能を含有することがもっとも少ないことが判明している。第一に、豚肉は牛肉に比べてより多くの肉と脂肪があり、骨が少ないので放射能の吸収は少量である。第二に、地元にいる動物の中でブタのみがテチャ川近くで草を食べていない。第三に、他の動物のエサとは対照的に、ブタの餌のみが汚染されていない。従ってこの地域では牛肉の汚染が最もひどく、次が飼育されている水鳥、羊肉、子牛の肉、豚肉の順である。

最近、イスラム教のタタール人とバシュキル人は豚肉を食べはじめた。年配のイスラム教徒はいまだに豚肉を食べることを避けているが、豚肉を食べる家族を非難はしない。年配のイスラム教徒は伝統的な食習慣を守っている。彼らの食事は肉やその他の産物、すなわち、牛肉や羊肉、水鳥、馬肉に依存している。ロシア人は豚肉、牛肉、ニワトリ肉を好んでいた。彼らは筆者とともに肉から放射性核物質を取り除こうと試みた。彼らは、数時間以上にわたって肉を油で調味したり、肉を塩と酢で調味した後、五、六時間冷凍する。後者のやり方には効力があると認める専門家も、前者のやり方は有効であるとは認めなかった（Komarova 1995b）。

最近になって地元の住民は、どの食物が健康的でどれがそうでないかという前からの考え方を変え始めた。また、人々は伝統的な食習慣にもどりはじめた。特に、彼らは二、三〇年前に捨てられた多くの発酵乳製品の食事を復活させた。例えばバシュキル人と少数のタタール人は、発酵させた馬乳（Kumys）は、放射能によって引き起こされた病気を含めあらゆる病気を治すと昔から信じている（Karnaukhov 1928; Sigrist 1984）。医者も発酵させた馬乳はかなりのビタミンCと抗生物質を含んでいるので、治療効果があると考えている。タタール人やバシュキル人も他の乳酸品の治癒力を知っている。主婦達は、乳製品にはえるカビがもうひとつの奇跡的な特性を持っていることを発見した。このカビにおおわれている食材は放射能を低減させる。あたかもカビが放射能を滅ぼすかのようである。この驚くべき発見は放射量測定器の助けを借りてなされた。この器具は近年になって地元の人々に使用されはじめたものである。

この効果は、乳を加工する過程でかなりの量の放射能が低減することを知っている専門家によって認められている。このために専門家はテチャ川流域住民に、新鮮な乳の利用をやめて発酵させるよう推奨している。しかし、真のイスラム教徒にとっては新鮮な牛乳と蜜こそが最も適した食物として、シャリアト（イスラム法）によって推奨されているのである。

人々は、所与の環境のもとで有害であると考えられる伝統の食習慣を避け始めた。タタール人やバシュキル人の女性は、生パンを油で焼いたり揚げたりしなくなった。彼らは、この調理技術はガンの原因となると信じている。遊牧民の間で長い間人気のあった多くの食物もすたれてしまった。

この地域の重要な特徴は多文化的な作用が強く見られることである。つまり多様な民族伝統が相互に影響しあっているのである。近年の料理の基準は健康(もしくはその逆)である。例えば、ロシア人はイスラム教徒から緑茶を借用してきた。緑茶は健康に良いと信じるからである。

この二、三年に亘ってタタール人やバシュキル人の女性達は、「塩漬け食物」を貯蔵するロシア人の習慣にならって、冬にむけて野菜を塩漬けにし始めた。テチャ川流域の人々は、この種の食物は新鮮なものよりも放射性核物質の含有量が少ないと信じている。しかし、現実にはマリネードや漬け物は大量の放射性核物質を含んでおり、食されるべきではない。

タタール人やバシュキル人は同様に、ロシア人からマッシュルームを加工する方法を借用した。過去一、二年のうちにテチャ川流域住民は、大量の放射性核物質を含んでいると信じられている多くのマッシュルームの利用をやめた。しかし、あまり汚染されていないとみられる種は利用し続けている。彼らはマッシュルームを「きれいな」ものと「きたない」ものに区別している。マッシュルームの汚染度を調べた専門家によってもこの区別の正しさは認められている。

大半の地元民は料理用に井戸や泉の水を利用しているが、その水より川の水のほうが味が良いと考えている。しかしながら今では公害のために川の水を使用しない。彼らは水を利用する前に、よりきれいにそしてより衛生的になるように水を濾す。時々彼らは、フィルターや炭(伝統的な方法)、購入した活性炭を利用する。なかには浄水器を利用する人もいる。

調査中に、筆者は放射能から身を守る食習慣を人々に教えた。これらすべての方法を専門家と検討した。一九九七年に私は、地元の女性がどの程度私のアドバイスに従っているかを見るために小規模な調査を実施した。インフォーマントの一四%は「完全に」従っていた。五二%は「ほぼ」従っていた。そして三四%は二、三項目しか従っていなかった。このことが示しているのは、人々は私のアドバイスを知っていたが、一夜にして生活スタイルを変更することができないということである。いくつかの食品はその地域ではまったく手に入らなかったし、入手するには高価すぎるのである。もうひとつの理由は、生態的な争点について適切な体系的訓練が欠如しているからである。最後に、後で見るように、多くの人々はいまだにかつてのソ連に典型的にみられた父権的態度に固執しているのである。

五　予防法と自己治療

テチャ川流域住民の大半は「川の病気」を患っている。しかし、ほとんどが専門医に診てもらっていない。特にイスラム教徒は病院に行かない。「病気だと分かっているのに、なぜ医療援助を要求しないのか」と質問したところ、大半の人は「医者の所に行く暇がない」「彼らは助けてくれない。役立たずだ」と答えた。この四〇年間、チェルヤビンスクから、医者達が、住民の血液や背髄、頭髪、健康な歯までもサンプルとして取りにやってきたが、その理由を知ったとき、自分たちは不運であると人々は感じた。医者たちは住民に、検査の理由や検査結果を知らせることもなかった。秘密が暴露された後、人々は医療実験の材料にされたのだとわかった。このことに関わった医者達は、長い間その問題を研究してきたことを認めたが、沈黙を守るように強要されたのだと言っている（Kosenko 1991）。

今や人々は、医者が助けてくれるとは信じていない。一九九八年の調査によって、約六〇%の住民が、民俗的なアプローチ、いくつかの特別な医学的知識、現代の治療方法に基づいて自己治療を行っていることが分かった。私は、村の女性から多くの予防法や治療法を記録した。一人の老女は、年をとったイスラム教徒の女性の間に広まっている婦人病の予防法と治療法の特別な技術を身につけていた。

ロシア人は、アロエやチリ(唐辛子)のような治癒力を持つと信じている室内植物を栽培している。「茶キノコ」や「日本キノコ」とロシア人の間で呼ばれているキノコが非常に人気がある。それらは放射性核物質を除去する完璧な手段であると考えられている。最近になって、これらの「キノコ」はタタール人やバシュキル人のあいだでも人気が出てきた。

植物と同様に、テチャ川流域の住人は動物からとった薬を利用している。タタール人やバシュキル人は、常に家畜飼育の文化を持ってきた。動物の器官、細胞、体液がもつ病気を治す属性は、一連の科学的実験によって実証されてきた。例えば、馬乳(Kumys)やその他の乳産物の治療効果は良く知られている。蒸し風呂は健康によいだけでなく、治療効果もあるとロシア人は信じている。一定の環境のもとでは、蒸し風呂は放射性核物質を取り除く手段となる。

自己治療に関する質問は、女性と同じく男性にも行われた。少数の男性しか、母や妻や女性の親戚から教えてもらった二、三の草の名称を覚えていなかった。大半の男性は、二番目によい普遍的な放射能治療薬であるという考えに固執していた。マヤク工場の前職員の何人かは、カゴリ(Kagor)やケバーネット(Cabernet)、コニャックのようなものは、人体から放射性核物質を駆除するのに役立つと信じていた。一九五〇年代に「汚い」部署で仕事をし、最大量の放射能を浴びていた人々は、医者によってこのようなやり方で治療されていたと主張している。真のイスラム教徒はアルコール飲料を決して使用しない。しかしアルコールの消費量は、今日、この地域において急激に増大しつつある。

これらの対症療法は実際はどのように有効であろうか。放射能汚染の下で人間の生存について研究している腫瘍学者、予防医学者、婦人病学者その他の専門家によれば、これらの病気の初期段階であればいくつかの民俗的な方法を利用すれば免疫力が高まると言う。それらの方法とは、治療食、金属イオンを大量に含んだ水の摂取、特別な運動などである。

テチャ川流域住民は自己治療を行っている一方、すべてのアドバイス、つまり健康管理を促進すると思われる地元で手に入るすべての薬を高く評価していた。それが免疫力向上剤であろうが、浄水手段であろうが、フッ素とカルシウムにとむ軽焼きパンであろうが、海藻（コンブ：*Laminaria japonica*）の粉末であろうが、手に入るものはすべて彼ら自身で試している。彼らは海産食品、特に海藻の治療特性に気づいており、海藻は人体から放射性核物質を取り除くと信じている。そして、もし広島や長崎で被曝者が大量の海産物を食べていなかったならば死者はもっと多かったであろうと考えている。

「モモタロー」という名の驚くべき薬の伝説が存在している。モモタローとは、一九七八年に京都のパスツール研究所で、M・オガキ教授によって、海藻クロレラ（Vulgaris E-25）から製造された食品である。徹底的な研究をへて、その薬は、医療放射線科のロシア人専門家によって高く評価された。この地方の住民はその食品を使用したことはないし、情報がどこから来たのかも覚えていない。しかし、彼らは「モモタロー」の力によって重病から立ち直った何人かの隣人について語り続けている。「モモタロー」は日本から来たといわれているため、これらの話は地元の住民に説得力をもって聞こえる。日本製品の威信はロシア人の間で非常に高いのである。テチャ川流域の住民は、広島や長崎における恐ろしい災害について知っており、日本人の医者は彼らを助けるだろうと信じている。

六　結論

私のフィールド調査の期間、テチャ川流域の環境は改善されたというよりも悪化してきた。今日、ここは、ロシア連邦の中で最も放射能汚染が進んでいる地域である（Obzor 1998 : 5）。一〇億キュリー以上の放射能の廃棄物が、テチャ川とミシェリアク川地域に集中的に貯蔵されている（一方、チェルノブイリ地域では約五〇〇〇万キュリーの放射能がみられる）[4]（Galimova, Solovieva 1994 : 11 ; Litovsky 1992 : 67）。

環境災害のデータが公開されて、大量の情報が地元住民にもたらされ、彼らの間にかなりの情緒的な反動を生み出した。大半の人々は放射能をあびたことによる病気以外に、苦しみや心身の病気の増大を訴えた。

一般に、人々の行動の中には、環境に積極的に適応しようとする人々とそうでない人々の二つがみられた。大半の住民は、大きな変化がなく、伝統的な生活スタイルを保ち続けた。これらの人々は彼らの不運を、不可避の悪、不可避の自然災害、天罰とみなしている。依存的態度をとる人々は、放射能をあびることから身を守ったり、専門家の教えに従うことはない。そのうえ、大半のテチャ川流域住民は、生態学的な事実に関してほとんど訓練をうけていない。彼らの意見によれば、八〇から八五パーセントの地元住民には、地域の放射能の実態は知らされていなかった。「環境災害」や「生態破壊」のような用語があまりにも一般化したので、人々は不幸にも、危険性や汚染のおそろしさに麻痺しているように見える。というのは、犯罪の元を見ることも、聞くことも、触ることもできないからである。父権主義を評価するこの態度は、住民の大半の教育程度が低く、社会的地位が低い人々の特徴である。

一方、少数の人々（一二―一五％）は、積極的な立場に立っている。災害に打ち勝とうと全力を尽くしているのである。この目的を達するために、彼らは健康と生き残りのための権利の闘争を行っている。厳しい環境への適応は人々に独特な生活スタイルを発達させ、以前の生活スタイルが急激に変わるほどに、多くの慣習を捨てた。放射能汚染下における生き残りの体験に基づいて、特殊な知識の体系がこの地域で形成されてきた。この体系は民俗および科学知識の両方にかかわり、五つのアプローチから成っている。第一は、生態災害の条件下で健康に有益であると彼ら自身が考えている民俗伝承の側面が維持されている。第二に、今の環境の下で「不健康」であるとみられる一般的な行為が中止されている。第三に、有益であると考えられる民俗慣習が活性化している。第四に、食習慣や環境一般への新しい対処のしかたが発明されている。最後に、地元住民の要求に合致するように、科学的知識を採用している。

このプロセスには、いろいろな民族集団ごとに違いがあることは言うまでもない。地元住民が一晩で伝統的な生活スタイルを変えることは不可能であるといえよう。適応のプロセスには時間がかかるのである。この地域では、人々は恐ろしい病気や苦難という被害を被り続けているのである。

テチャ川流域住民の悲劇の特殊な点は、日本人の原爆被害者の生き残りの人々とは対照的に、半世紀の間、恒常的に放射能を浴びてきたことである。それから、外的な放射能被曝のみならず、内的にも放射能被曝してきたことである。内的な被曝とは、放射能を含有する地元の水と食料を利用してきた結果である。

外的な被曝の危険性は放射能源（マヤク工場）からの距離に比例しているが、内的な被曝の研究は、より複雑な原因と結果を示している。テチャ川流域住民の健康危険度はマヤク工場からの距離だけでなく、いくつかの他の要因に密接に結びついている（Romaniukha *et al.* 1994 : 148 ; Kossenko *et al.* 1997 : 58, fig. 5）。

科学者は、これらの付加的な要因について満足のいく説明を避けている。私の研究は、内的な放射能被曝の量は、汚染された地域における人間の行動（放射能被曝の危険に対するテチャ川流域住民の二つの傾向）と同様に、この行動に影響を及ぼす宗教と文化の要因に関係していることを示しているのである。

（注）

（1）「マヤク」工場は一九五六年に廃棄物を川に捨てることを中止したと公式に表明している。しかしながら、今日でもこの工場からの汚染水は川へ垂れ流されていると考えられている。一九九〇年一一月一日以降、軍事用のプルトニウムの生産は中止された。しかし「マヤク」は今でも核産業に従事していることは注目に値する。一九五七年に発生した事故は、三〇万人以上の人口を数える二一七カ村を二〇〇〇万キュリーの放射能雲が覆ったことは、特筆すべきである。それから、一九六七年のハリケーンがカラチャイ湖から放射能を持つ地表を吹き上げた。この結果、四三カ村以上が影響を受けた。

（2）「ベル」は、放射能を吸収する人体能力を測定するために、ロシア人科学者が使用しているレントゲン生物学的等値である。

（3）放射能の「少量被曝」の問題は、地元住民にとって決定的に重要である。「少量被曝」によって影響を受けた人々は全く補償を受けていない。事実、ロシア人科学者の間ではこの問題に対して一致したアプローチは存在していない。何人かの科学者は、特に長期的には「少量被曝」は人間の健康にとっては大変に危険であると考えている。というのも、その被爆した人々の子孫が何よりも被害を受けているからである。しかしながら、ロシア人の役人は、「少量被曝」は無害であると主張している。

（4）テチャ川、イセット川、トボル川、イルティシュ川、オビ川など北極海へ流れ込む全ての河川ネットワークは、放射能廃棄物で汚染されている。一九六一年と一九九三年の間に、ストロンティウム九〇による七万三七〇〇キュリーの累積的効果を持つ汚水が、全ロシアの領土から北極海へと流されている。そのうちの四三・四％はマヤク工場の活動の結果であり、カースコエク海へ流入していた。専門家はテチャ川の水に起因する汚染は長期間続くであろうと予測している（Rovinsky 1998 : 25）。

（引用文献）

Bikini Atoll 2001. Bikini Atoll fishermen remembered//*The Japan Times*, March 2.

Chechetkin, V. A. *et al.* 1993. *Kompleksnoe radiobiologicheskoe obsledovanie poselka Muslimovo. Zakliuchenie po rezul'tatam rabot sotsial'no-ekologicheskogo soiuza.* Moscow-Krasnoyarsk.

Dalton, Russel J. *et al.* (eds.) 1999. *Critical masses : citizens, nuclear weapons production and environmental destruction in the United States and Russia. Cambridge,* Mass.: The MIT Press.

Galimova, G. Ya. 1993. Conversation with Galina Komarova. March. The author's archive.

Galimova, G. Ya. N. A. Solovieva 1994. Otchet po proiektu "Muslimovsky syndrom". Cheliabinsk. Unpublished. The author's archive.

Garb, P. G. A. Komarova 1999. A history of environmental activism in Chelyabinsk. In Russel J. Dalton *et al.* (eds.). *Critical masses : citizens, nuclear weapons production and environmental destruction in the United States and Russia.* Cambridge, Mass.: The MIT Press.

Garb, P. G. A. Komarova 2001. Victims of "friendly fire" at the Russian nuclear weapons sites. In Nancy Lee Peluso and Michael Watts (eds.), *Violent environments.* Cornell University Press.

Jurgy, Judith 1992. A reverse side of the cold war. A paper delivered at the International Conference "The Environmental consequences of nuclear weapons development in the south Urals" held in Cheliabinsk, May 20-22, 1992.

Karnaukhov, M. 1948. *Kumysolechenie v Bashkirii.* Ufa.

Komarova, G. A. 1994. *Zhenshchiny v usloviiakh povyshennoi radioatsii* (*Role of women in situation of nuclear radiation*)//Zhenshchiny i svoboda (Women and freedom). Moscow.

Komarova, G. A. 1995a. *Problema samoidentifikatsii v usloviiakh ekotsida* (*A problem of self-identity under ecocide*)//Voprosy yazykovoi i etnicheskoi identifikatsii (Ethnic and language self-identity). Moscow.

Komarova, G. A. 1995b. Yelga avreu//Tyugan yak, N 1 (47) (in Bashkir).

———— 1996. Etnicheskoe povedenie v usloviiakh povyshennoi radioaktivnosti (Ethnic behavior in zones of nuclear danger)//Ekologicheskoe soznanie-ekologicheskaia bezopasnost' (Ecological consciousness as ecological security). Kaluga.

———— 1997a. Uralsky "Chernobyl": problemy etnoekologicke adaptace//Cesky lid, vol. 84, N 1 (Prague).

———— 997b. Kak vyzhit' vozle opasnoi reki (How to survive near a dangerous river)//Vechernii Cheliabinsk, 5 September.

———— 1997c. Narodnye empiricheskie znaniia kak faktor etnoekologicheskoi adaptatsii (Folk empirical knowledge as a factor of ethno-ecological adaptation)//2nd International Congress of Ethnographers and Anthropologists. Abstracts. Ufa.

———— 1998a. Etnokonfessional'nye aspekty formirovaniia ekologicheskogo soznaniia (Ethno-confessional aspects of formation of ecological attitudes)//Ekologicheskoe soznanie-ekologiia i bezopasnost' (Ecological consciousness-ecology and security). Kaluga.

———— 1998b. Radiatsiia i religiia (Radiation and religion)//Chrezvychainoe Proisshestvie, N 11. Moscow.

———— 1999a. Liudi i radiatsiia : etnokul'turnye aspekty ekologicheskogo bedstviia na Yuzhnom Urale (Humans and radioactivity : ethnic factors of the ecological disaster in the Southern Urals). Moscow : Institute of Ethnology and Anthropology.

———— 1999b. Vliianie radionuklidnogo faktora na semeino-brachnye otnosheniia (An effect of the radioactive pollution on the family relationships)//Semiia v meniiaiushchemsia mire (Family in the changing world). Moscow.

——— 1999c. Deti i radiatsiia : problemy vospitaniia (Children and radioactivity : issues of education)// Etnoekologicheskie problemy obucheniia i vospitaniia (Ethno-pedagogical problems of education). Moscow.

——— 2000. Ethnic behavior under conditions of high radiation. *Inner Asia* 2 : 63-72.

Kosenko, M. M. 1991. Interview for the Cheliabinsk regional TV. April 6.

Kossenko, M. M. *et al.* 1997. Issues in the comparison of risk estimates for the population of the Techa River region and atomic bomb survivors. *Radiation research* 148 : 54-63.

Litovsky, V. V. 1992. Ural. Radiatsionnye katastrofy. Techa. Moscow.

Materialy 1991. Materialy zasedaniia komissii po izucheniiu ekologicheskoi situatsii v Cheliabinskoi oblasti. Moscow. T. 1-2.

Obzor 1998. Yezhegodnyi obzor zagriazneniia okruzhaiushchei prirodnoi sredy v Rossiiskoi Federetsii za 1997 god. *Zelenyi Mir* 20.

Problemy 1997. Problemy ekologii Yuzhnogo Urala. Cheliabinsk, N 2.

Romaniukha, A. A. *et al.* 1994. Retrospektivnaia otsenka vneshnei komponenty individual'noi dozy oblucheniia dlia zhitelei reki Techa. In V. N. Chukanov(ed.). Radiatsiia. Ekologiia. Zdorovie. Yekaterinburg, pp. 147-149.

Rovinsky, F. Ya. 1998. Radionuklidy : puteshestvie iz Rossii v arkticheskie moria//Energiia, N 2.

Sigrist, A. 1984. Kumys i osnovy kumysolecheniya. Moscow.

Solovieva, N. A. 1994a. Musliumovsky syndrom. A paper presented at the Second International Radiological Conference "After the cold war : Disarmament, conversion and security". Krasnoyarsk-Tomsk, Russia, September 12-18.

——— 1994b. Vyivlenie geneticheskikh narushenii u detei, prozhivaiushchikh v Cheliabinskoi oblasti na radiatsionno zagriaznennykh territoriiakh. Novosibirsk. Manuscript. The author's archive.

Steel, K. D. 1993. Zhurnalistskoe rassledovanie atomnykh sekretov : rasskaz o Hanforde. *Ekologicheskii vestnik*,

N 1-2.
Takayama, Hitoshi 2000. Hiroshima in memoriam and today.

カナダ極北地域における海洋資源をめぐる紛争

――ヌナヴィク地域のシロイルカ資源を中心に――

岸上伸啓

一　はじめに

資源とは、特定の目的に利用されるもととなる物資や人材、情報、知識を意味する（岸上　一九九九：六四）。ある地域や時代の人間集団にとって有用な資源であっても、別の地域や時代ではそうでない場合があるように、その有用性や経済的な価値は文化や時代、地域ごとに異なる（秋道　一九九七）。

カナダの極北地域に住むイヌイットは、アザラシ、ホッキョクイワナ、カリブー、シロイルカなど地元でとれる野生動物を食料資源として利用してきた。現在でもカナダ極北地域の海獣はおもにイヌイットによる自家消費用の食料資源であり、商業の対象とはなっていないため、先住民対非先住民の間で捕獲をめぐる争いはほとんど発生していない。にもかかわらず、現在のイヌイットは、海獣や魚類などの利用や管理をめぐって大きな問題に直面している。

本稿では、食料資源としての海棲回遊動物シロイルカを事例として取り上げ、カナダ・イヌイット社会における海洋資源の利用と管理をめぐる諸紛争について紹介してみたい。なお、紛争を対立や葛藤を含む広義の意味で用いる。ここでは、イヌイットとイヌイットの間、イヌイットとカナダ政府の間、イヌイットと国際社会の間にみられる対立やそれらの問題解決にむけての努力を、ケベック州極北部ヌナヴィク地域に住むイヌイットを事例として紹介し、検討を加える。最後に、それらの問題解決の中で文化人類学者が果たしうる役割を指摘する。

二　カナダ極北地域における食料資源問題

資源量の減少

カナダ・イヌイットはかつて、食料となる動物資源の季節的な分布の変化に対応しながら、周期的に移動を繰り返しながら生活を営んでいた。彼らは一九六〇年代に入り、極北地域の拠点に創り出された村落に定住し始めた。この定住化は人口の特定の場所への集中を生みだし、商品経済やヨーロッパ系カナダ人文化の浸透とともに、イヌイットの食料資源の捕獲活動や消費行動に変化をもたらした。さらに各村落における人口の急増によって、食料需要が増大した。このため村落周辺の野生動物資源が捕獲によって枯渇化してきた。

食料資源を将来にわたって持続的に利用するためには、野生動物資源量を維持するための管理を行う必要がでてきた。このため旧北西準州、ヌナヴト準州、ヌナヴィク地域では、政府指導による捕獲制限が実施された。一九七五年に「ジェームズ湾および北ケベック協定」が締結されると、イヌイットとカナダ政府による資源の共同管理が開始された。

環境汚染の食料資源への影響

一九七〇年代に入り、カナダ野生動植物局の調査によってホッキョクグマからコンデンサーやトランスなどさまざまな電気機器に使用されているＰＣＢ（ポリ塩化ビフェニール類）など汚染物質が発見された。その後、各種の動植物からＰＣＢや殺虫剤・農薬であるＤＤＴが検出された。近年、極北地域ではＰＣＢ、ＤＤＴ、水銀など残留性有機汚染物質（Persistent Organic Pollutants, 略称ＰＯＰｓ）による環境汚染が問題になっている（Nuttall 1998；マックギン 二〇〇〇：一四五―一四六）。

カナダ極北地域のような高緯度地域では日照時間が六カ月に満たず、厳寒のために分解や代謝作用が遅いので、残留性有機汚染物質の滞留期間が長い。北極海は海であるが、形状的には湖のようなものであり、一度その海域に入ったそのような物質は外に排出されにくい。そしてそれらの物質は食物連鎖を通して海棲哺乳類や魚類など海洋生物の体内に高濃縮されてしまう。例えば、マッタック（シロイルカの脂肪付き皮部）の一口分には一週間の許容を越すと考えられるＰＣＢが含まれていることがあると報告されているし、イヌイットの女性の母乳からカナダ南部に住む女性の母乳の二倍から一〇倍の高濃度のＰＣＢが検出されている（マックギン 二〇〇〇：一四六）。

一九九〇年代に入り、極北地域の環境汚染問題に関し、自然科学者によって実態調査が行われ、いくつかのことが分かってきた。第一は、汚染源と汚染物質が極北地域へ入ってくる経路についてである。南アジア、東南アジア、中南米の諸国ではＤＤＴなど殺虫剤が農薬として、あるいはマラリア防止のためにいまだに使用されている。散布された残留性有機汚染物質の一部は、大気中を上昇し、気流によって北極海まで運ばれ、沈澱すると言う。また、ＰＣＢや重金属類は極北地域にはもともと存在しないものであるが、これらはカナダやアメリカ、ロシアなどから海流や河川を通して北極海へ運ばれ、沈澱してきたと言う（Reiersen 2000）。第二は、汚染による

カナダ北極圏

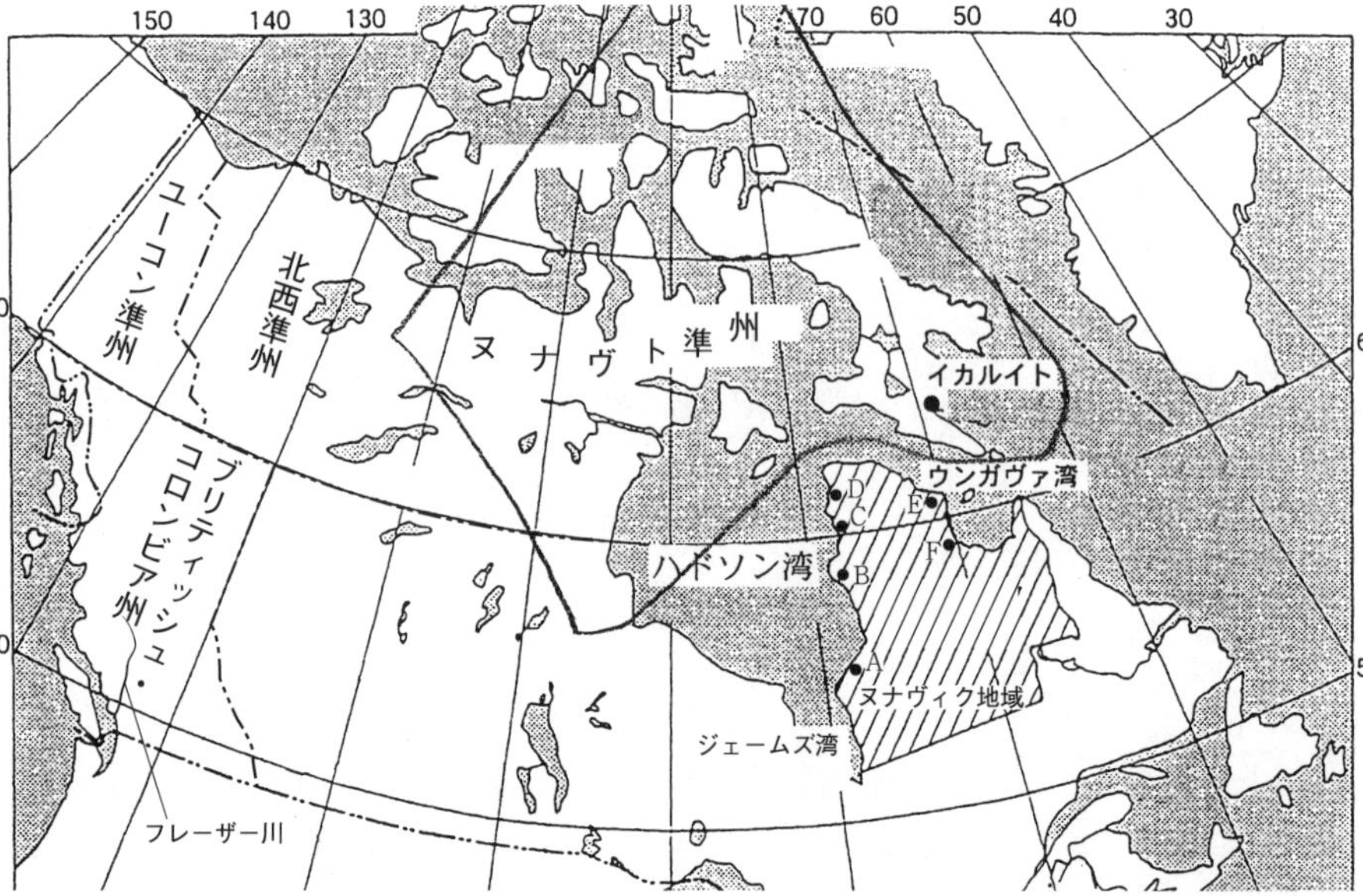

(斜線部はヌナヴィク地域)

A:クージュアラーピク　B:イヌクジュアク　C:プヴニツック　D:アクリヴィク
E:クアタック　F:クージュアック

人間の健康への影響の問題である。大気中や海中を通して運ばれてきた残留性有機汚染物質は北極海に蓄積されるが、それらが食物連鎖に入ると高次の生物体にはより高濃度で蓄積されていき、身体の生殖機能や健康に悪影響を及ぼす可能性があると言う。イヌイットは地元にある食料資源を食べることによって、健康上の問題に直面することになる(Dewailly et al. 1994; Kuhnlein and Kinloch 1988; Kuhnlein, Recevoir, Chan and Loring 2000)。

一九九七年にノルウェーのトロムソで行われた極北環境監視・調査プログラム(The Arctic Monitoring and Assessment Programme 略称AMAP)のシンポジウムで、極北地域においては①残留性有機汚染物質の状況は改善されていないこと、②水銀のような重金属類の蓄積レベルは高くなりつつあるかもしれないこと、③放射能や石油による汚染の危険性は高いままであること、④オゾン層の破壊が進行しつつあること、⑤気候変動が起こりつつあること、が指摘された（Reiersen 2000 : 595）。

海洋資源量の持続やその食料としての安全性の確保は、現在のイヌイットにとって重要な問題である。

野生動物資源を持続的に利用することの重要性

地元で捕獲される海獣や陸獣は、蛋白質と脂肪に富んでおり、伝統的な食事は、村の生協で売られているカナダ南部や米国で製造された食料よりも栄養価に富んでいる（Kuhnlein *et al.* 2000）。伝統的な食物を適度に食べている限り糖尿病や心臓病、高血圧症、肥満症にかかる率は低いが、工場で製造された大量の糖分や脂肪分を含有する食料に依存するようになるとイヌイットの健康状態が悪化すると予想される（Kuhnlein and Receveur 1995）。また、イヌイットにとって肉こそが真の食料（*niqituinnaq*）であり、それを食べることは彼らのアイデンティティの源泉である（Usher *et al.* 1995 : 117 ; O'Neil *et al.* 1997 : 34 ; Poirier and Brooke 2000 : 81）。さらに肉は食物分配の実践を通して社会関係を維持、再生産させている（Kishigami 1994, 2000）。そして、極北地域に南カナダから空輸されてくる食料品は価格が高く、地元で獲ることができる食料資源は、全般的により経済的である（Dept. of Indian Affairs and Northern Development 1994）。

このような理由からイヌイットの「伝統的な食物」は、栄養学的、文化的、社会的かつ経済的に重要である（例えば、Freeman 1996 ; Wein *et al.* 1996 ; Kuhnlein *et al.* 2000）。従って、例えばイヌイットの好物であるシロイルカのマッタックの持続的な利用は彼らの目標でもある。このような理由からケベック州極北部ヌナヴィク地域では、シロイルカについての管理が行われてきた。

三　ヌナヴィク地域におけるシロイルカ資源の利用と管理の現状

シロイルカの生態とイヌイットとのかかわり

北米の極北沿岸地域に生息しているシロイルカは小型のクジラであり、ベルガクジラ（Beluga Whale）やシロクジラ（White Whale）と一般に呼ばれている。イヌイット名はヒラルガク（*qilalugak*）で、学名は*Delphinapterus leucas*である。シロイルカの体長はオスで約四メートルから六メートル、メスで約四メートルである（Graves and Hall 1988 : 26）。その体重はオスで最大約一〇〇〇キログラム、メスで最大約七〇〇キログラムになる。シロイルカは一五頭あまりからなる群を形成し、行動をともにする習性をもち、季節的に回遊する。夏季から秋季にかけて数百頭からなる大規模な群を形成し、繁殖地と越冬地の間を移動することがある。

大型のシロイルカ一頭あたりからは約二〇〇キログラムの肉、約五〇キログラムのマッタック、約三〇〇リットルの油（脂肪）を取ることができる。カナダの極北沿岸に住むイヌイットは肉やマッタックを食料として、脂肪（油）を燃料として利用してきた。カナダのハドソン湾やウンガヴァ湾では一八五〇年から一九〇〇年頃にかけて、ハドソン湾会社（the Hudson's Bay Company）によって数千頭にもおよぶシロイルカが、鯨油を採るという商業目的で捕獲され、個体総数が激減したことが知られているが、現在では、シロイルカの商業捕獲は行われておらず、主にイヌイットによって食料資源として利用されている。

ケベック州極北地域ヌナヴィクのイヌイットはマッタックを珍味として好み、夏から秋にかけてシロイルカを捕獲している（岸上　二〇〇一）。ヌナヴィク周辺には三つのシロイルカのグループ（東部ハドソン湾グループ、

シロイルカを探すイヌイット（1999年10月、カナダ・ケベック州アクリヴィク村。以下同）

西部ハドソン湾グループ、ウンガヴァ湾グループ）が生息し、ハドソン海峡で越冬している。カナダ極北地域全体で見るとシロイルカ自体は絶滅の危機に瀕している生物種ではないが、ヌナヴィク周辺ではかつての商業捕獲のために個体数が減少しており、資源として持続的に利用するためには個体数の維持という管理が必要であると生物学者は主張している。

ヌナヴィクにおけるシロイルカの資源管理について

ヌナヴィク地域におけるシロイルカ資源の管理は、政府関係者と資源利用者である先住民との共同管理（Co-Management）である。ここではシロイルカ資源の管理の現状について報告をする。シロイルカの実態を知り、資源として適切に捕獲し、利用できるようにするために、ヌナヴィク・イヌイットの政治・経済団体マキヴィク（Makivik Corporation）とカナダの漁業海洋省（Department of Fisheries and Oceans）の職員、イヌイットのハンターは、ウンガヴァ湾とハドソン湾東岸でシロイルカの個体数、生態、移動などに関する調査を二〇年前から行ってきた。

ヌナヴィク地域では一九九六年から二〇〇一年の春まで五年間、シロイルカの捕獲頭数の制限という管理が実施された。マキヴィ

シロイルカを追跡するイヌイット

クと漁業海洋省は、同地域においては、一年間で総計約二四〇頭まで捕獲可という試算のもと、ヌナヴィクの村役場、狩猟漁労ワナ猟者協会（HFTA）、地元のハンターと話し合い、各村ごとに一五から三〇頭の年間捕獲頭数の上限を決定した。調査地アクリヴィク村への割り当て頭数は一五頭であった。なお、この捕獲割り当て頭数は地域の内規であり、州や国による法的な制裁を伴うものではない点を強調しておきたい。ハドソン湾では各村において捕獲割り当て頭数に達した後には、七月以降はイヌクジュアク村以北の沿岸海域で捕獲しなければならないとされている。

マキヴィクの調査部による調査をもとに、ヌナヴィクの沿岸地域にシロイルカの禁猟区が設定された。ウンガヴァ湾のマカリク川（Mucalic River）の河口はシロイルカの幼獣が成育する場所であるので、捕獲は全面的に禁止されている。さらに生息数が少ないウンガヴァ湾では、クアタック村より以北の海域でシロイルカを捕獲しなければならないと決められている。ハドソン湾のナスタプカ川（Nastapoka）の河口はシロイルカの幼獣が成育する場所なので、狩猟禁止期間が設定されている。

禁止事項としてシロイルカの幼獣は取ってはならないとされている。さらに海獣は年を経るごとにPCBや水銀を体内に蓄積していくので、年をとったシロイルカはなるべく食べないようにとの警告が各村へ出されている。

ここで紹介してきたように、イヌイットとカナダ政府は資源管理を行ってきたが、これらをめぐっていくつかの紛争が発生した。

四　シロイルカ資源をめぐる三つの紛争

イヌイット対イヌイット

シロイルカはカナダ連邦政府の管轄下にある生物である。ヌナヴィクの陸地は行政上、ケベック州政府の管轄下であるが、周辺の海洋や島嶼はヌナヴト準州政府や連邦政府の管轄下にある。ケベック州ヌナヴィクのクージュアラーピクの東方海上にある、ベルチャー群島のサニキロアックに住むイヌイット（ヌナヴト準州所属）も、ヌナヴィクのイヌイット同様、ハドソン湾東岸のシロイルカ資源を捕獲、利用している。現在のところ、ハドソン湾でシロイルカを捕獲している、ヌナヴト準州に属するイヌイットと、ケベック州に属するイヌイットの間には対立は生じていないが、捕獲制限など二地域では異なる規則が適用されているため、捕獲量に関して問題が生じる可能性が大きいといえる。この潜在的な対立を回避するために、マキヴィクはヌナヴト準州政府とシロイルカについて相互狩猟権について話し合いをすすめている。

イヌイット対カナダ政府

二〇〇一年春まで実施されたヌナヴィク地域におけるシロイルカ資源の管理は、形式上はイヌイットとカナダ政府による共同管理であったが、捕獲頭数制限に関して多くのイヌイットから不満の声があがった。カナダ政府の漁業海洋省はシロイルカ数が減少する傾向にあると考えているため、捕獲頭数の制限を主張するのに対し、イヌイットのハンターは、個体総数が減っておらず、制限頭数を超えて捕獲しても問題はないと主張し、両者の間に見解の対立がつねに見られた。さらに、シロイルカのマッタックを消費することは健康を害する可能性があるとする政府機関の指導に対して、不満の声があがっている。

シロイルカなど動物資源の減少や資源の汚染に関して、地元のイヌイットはマキヴィクの調査部や政府・大学の調査者の調査に協力し、情報を提供している。また、看護所や学校、イヌイットの政治団体や政府機関の広報誌、ラジオ放送を通して、環境汚染や食料資源の問題に関する情報がイヌイットに提供され、イヌイット自身も多少なりとも知識や問題意識を持ちはじめている（Poirier and Brooke 2000 : 82）。イヌイットの政治団体や政府諸機関の食料資源をめぐる活発な動きとは裏腹に、イヌイット個々人や村レベルでは、興味深い対応が見られた。

イヌイットのハンターの中には、捕獲したアザラシやカリブーに異常が見つかる頻度が高くなってきたと報告する者がおり、環境汚染の動物や大地への悪影響を懸念してはいるが、一般的にイヌイットの間では、環境汚染の問題に関して切迫した危機感はあまり見られない。[1] 村のハンターは従来どおりの狩猟・漁労活動を行ない、獲物は親族やその他の村人と分配し、食料資源として利用し続けている（岸上　一九九八 : Kishigami 2000 ; O'Neil *et al.* 1997 ; Poirier and Brooke 2000）。

食料汚染に関する単純化された科学情報が、画一的にかつ一方的にイヌイットに流されていることに由来する事件が発生した。あるイヌイットの母親が、イヌイットの母乳には多量のPCBが含まれている可能性があるという情報を聞いて、乳児に母乳を与えるのをやめ、コーヒー用の粉乳を与えた。その結果、一週間後にその乳児は栄養失調に陥り、病院に運ばれるという事件が発生した。この事例は食料資源についての情報が適切にイヌイ

シロイルカの皮部を分配するイヌイット

ットに伝わっていないことを示している。カナダ政府からの情報が適切にイヌイットに伝わらない限りは、資源量の問題や汚染問題はイヌイットによって適切に対処されることは難しいのである。

ここでみてきたように、海洋資源の管理や利用をめぐって、地元のイヌイットとカナダ政府との間には、資源の管理や問題に関して対立や見解のずれが見られるのである。

イヌイット対国際社会

カナダ政府や大学の研究者、マスコミ報道からの情報によって、残留性有機汚染物質によるシロイルカなどの海洋動物の汚染問題の発生源は、アジア、中南米、ロシアの農業・工業活動であることをイヌイットは知るようになった。そして彼らはこの問題をイヌイット全体の権益に関わる問題として受け止め、問題の改善・解決を目指して国際社会の場で政治活動を行っている。

例えば、イヌイット・ユッピックの権利と利害を擁護するために一九七七年に設立されたイヌイット環極北会議（Inuit Circum-polar Conference）は、現在、カナダ、グリーンランド、アラスカ、ロシアに事務所を持ち、四年に一度の割合で総会を開催し、環極北地域に関わる問題を話し合い、解決を図ろうとしている。

イヌイット環極北会議は非政府組織（NGO）として国連の社会経済委員会（Economic and Social Council）の正式なオブザーバーとなり、極北地域の環境の保全を目的として活発なロビー活動を展開している（Watt-Cloutier 2000）。

イヌイット環極北会議に見られるようなイヌイットの立場は、汚染源となる国々を単に非難するのではなく、問題点を世界に訴えかけ、協力しながら問題解決を図ろうというきわめて中庸なものである。しかし中南米やアジア諸国、ロシアは国益を守る立場をとり続けているため、具体的な対策を実施するには至っていない。ここではイヌイットと国際社会との間に対立が見られると言ってよいだろう。

紛争の原因と問題解決・改善

ここで紹介した三つのレベルの紛争は、①イヌイット社会における資源利用のあり方、②海洋資源管理のあり方、③海洋汚染問題の解決・改善のやり方に関する問題と言い換えることができる。

資源利用の問題とは、資源をいかに公平に利用するかという問題である。すでに述べたように、イヌイット社会内ではシロイルカは重要な食料資源ではあるが、資源獲得や利用にかかわる紛争は顕在化していない。さらに、現在では、異なる地方政府に属するイヌイットの間では同一資源の捕獲・利用をめぐる話し合いが行われている。

筆者は、地域社会内や村内でシロイルカの捕獲と利用をめぐって潜在的な紛争が存在すること、その紛争を回避するための対策が必要であることを指摘しておきたい。極北地域の村々ではイヌイットの人口が急増する一方、ハンターと非ハンターへの社会内分化が進んでいる。シロイルカの年間捕獲頭数に制限が加えられる場合、非ハンターやその親族の人々が、マッタックを入手することは困難になることが予想され、希少資源の入手をめぐって紛争が起こる恐れがある。筆者は地域内や村内でイヌイットが望む資源を適正に分配しうる制度を作り出す必要性を唱えたい。現在、ヌナヴィク・イヌイットのいくつかの村で実施されている、ハンター・サポート・プログラム(2)を利用した村によるシロイルカ猟の実施と、獲物の村の全世帯への公平な分配などがひとつのモデルとなろう（Kishigami 2000）。

さらにヌナヴィク地域のイヴイヴィク村の周辺では、毎年一〇月頃になるとイヌクジュアク村をはじめ四村のハンターが出猟し、シロイルカを捕獲している。イヴイヴィク村のイヌイットは、村の周辺で他村の者がシロイルカを捕獲していることについて不満を表明し始めている。この事例から分かるように、特定の海洋資源の捕獲について同一地域内の村々で、捕獲に関する合意が形成される必要がある。

ヌナヴィク地域では五年間、シロイルカの捕獲頭数を村ごとに制限するという、イヌイットとカナダ政府による共同管理が実施されたが、この試みが成功したとは言い難い。さらに食料資源の汚染状況に関しても誤解を招くような情報伝達が政府によって行われていた。

では、資源管理の望ましいやり方とは、いかなるものか。筆者は、資源管理にとって最も重要な点は、効率的な管理体制を作りあげることよりも、管理のやり方について当事者である二つのグループがいかに相互に理解を深め、合意の形成を行うかであると思う。

「資源管理」が特定の資源を対象とし、意図的に手を加え、管理を試みることであるとすれば、それはきわめて欧米的な考え方である（大村　一九九九）。イヌイットの世界観には、人間であるイヌイットが動植物を意図的に管理するという発想はなかった。アラスカのユッピック・エスキモーを研究してきたフィエナップ＝リオルダンは、動物はハンターに獲られるためにやってくるのであり、ハンターが動物をしとめ、その魂を正しいやり方で取り扱えば、再び動物は獲物としてハンターの前にもどってくる、という考えをユッピックは持っていると指摘している（Fienup-Riordan 1983）。ユッピックが動物とそのような関係を保つ限りは、動物は再生し、減少しないと考えている。このため動物の捕獲数を制限するという考えはなく、むしろ必要な限りは捕獲し続けるという立場にたつ。このことは欧米流の見方をすれば、動物を獲るが、管理はしないということになる[3]。このように資源管理は、欧米的な考えであり、イヌイットが容易に理解できるものではない。

大村は、イヌイットの体験や個別性を重視する伝統的生態知識（TEK）と、欧米人科学者の一般化を重視する科学的知識（SEK）は、異なる論理（もしくはイデオロギー）に基づく知のあり方であり、その統合が困難であることを指摘している。筆者はTEKとSEKは理論上、統合することが不可能であっても、たとえて述べるならば、ひとつの大きな袋に包括することができると主張したい。両方の知識ともに体験や観察の繰り返しを通して追認されたり消去されている点に注目し、二つの知識体系に属する部分的な個々の知識が資源の保全や管理に利用しうると、イヌイットと政府関係者が合意できる限りは、管理を実践するために活用すべきであると主張したい。残された問題は、二つの知識を統合することではなく、いかにしてイヌイットと非イヌイットが相互に理解し合い、どのような管理を具体的に行うべきかについて合意を形成することである。このことは、まさに異文化間の相互理解の問題であると言えよう。

同様に、汚染された食料の危険性に関する科学的な情報は、イヌイットにとって理解可能な、文化的に適切な情報に翻訳されることが必要である。カナダ政府や科学者の情報はイヌイットが理解できるようなものにすべきであるし、政府関係者や科学者にはイヌイットら先住民の文化や考え方を教育する必要があろう。このような試みがなければ、決定の場においてイヌイット側と政府・科学者側の政治的力関係を形の上で平等にしたとしても、共同管理は有効に機能しないと考えられる。共同管理とは二者間による政治的な合意に基づく、資源管理のための実践による試行錯誤である。

海洋資源の汚染問題

カナダ極北地域における海洋資源の汚染のおもな原因は、極北地域の外にあるため、カナダ国内においてできることは、科学者による食料資源の安全性の検査やイヌイットの健康診断、そしてそれらの結果をイヌイットに理解可能な形で公開し、イヌイットに判断の材料を提供することぐらいである。

イヌイットは、すでに国連の場でロビー活動を行っているが、問題の所在を明確にし、極北地域の資源・環境問題は地球全体の問題であり、その解決についても世界全体で取り組まなければならない点を世界に投げかけ、問題解決のための合意形成にむけて積極的に活動すべきである。現在のイヌイットは、環境問題をめぐるエコ・ポリティクスの中心的なアクターのひとりである。彼らはカナダをはじめとする環極北地域の諸国家の政府と協力するとともに、グリーンピースや世界野生動植物基金（ＷＷＦ）など国家を横断する非政府組織や市民団体とともに連携し、社会運動を展開して行くことも重要な課題であろう(4)。ここで見てきたような紛争の原因と問題解決・改善に関して、イヌイットの住む環境や社会・文化に通暁した文化人類学者は、イヌイットと彼らの外にある社会とをつなぐ文化的な仲介者として重要な役割を果たすべきではないかと考えられる。

五　結び

カナダ・イヌイットの定住化と急激な人口増化にともない、村落周辺の動植物資源が減少し始め、食料となる資源量の維持が一九六〇年代後半より深刻な問題になった。当初は、カナダ政府が主導する資源量維持を目的とした管理が実施された。その後、残留性有機汚染物質の問題が大きな波紋を投げかけ、食料資源の安全性をめぐる資源管理が必要とされるようになった。一九七〇年代から二〇〇一年にかけてのカナダ極北地域の食料資源に関しては、資源量の維持に力点を置く管理から、資源量の維持と資源の安全性という量と質に関わる管理へと変化してきた。さらに、管理を行う主体としての先住民側の立場や決定権が、土地権請求問題（Land Claims）以降、強化され、政府による一方的な資源管理から、イヌイットと政府による共同管理（コミュニティーに基盤をおいた資源管理を含む）へと変化が見られた。

カナダ極北地域に住むイヌイットが直面している海洋資源問題は、日本の漁民間や、太平洋地域で見られる国と国との漁業紛争とは性質を異にしている。現時点では、極北地域の海洋資源はおもにイヌイットの自家消費用食料として捕獲され、利用されているだけなので、イヌイットとそれ以外の人々との間で資源の商業捕獲をめぐる紛争はほとんど発生していない。

一方、カナダ・イヌイットが直面している資源・環境問題は、彼らの食生活に直結する身近な問題であるとともに、多数の要因が複雑かつ重層的に関わっているグローバルな問題である。残留性有機汚染物質の汚染問題を解決することは、その原因がカナダ国外にあるためにイヌイットだけでは不可能であり、政府や他の国民、国家を超えた国際的な協力が必要である。現代のカナダ・イヌイットは国連においてもロビー活動を行い、国際・国内政治の場で積極的な運動を展開している。

資源・環境問題というグローバルな問題の解決には、イヌイットのみならず、政治家や自然科学者の活動が不可欠であることは言うまでもない。しかし、また、カナダ極北地域における食料資源の管理が、資源量の維持、安全性の確保、社会的に公平な利用・分配という三要素から成り立っているものならば、イヌイットの生活に精通した文化人類学者が地元のイヌイットとそれ以外の人々との間の情報伝達の仲介者として重要な役割を果たすことが期待されるであろう。また、文化人類学者は自然科学者や政治家に、イヌイットの伝統食の多面的な重要性を提示できる。さらに本来イヌイットの考えにはない資源管理を、イヌイットが主体的に行うことができるような制度を作り出すうえで、イヌイット文化に即した建設的な提言ができると考えられる（岸上　一九九九：七三）。

（注）

（1）イヌイットが気にしている汚染はもっと身近なものである。彼らは村の周辺ではゴミや汚物の廃棄が行われているため、それらを食べることがある動物は汚染されており、食用には適していないと考えている。したがって村の周辺では意図的に狩猟や漁労はしない（O'Neil *et al.* 1997：35；Poirier and Brooke 2000：83）。

（2）ハンター・サポート・プログラムは、「ジェームズ湾および北ケベック協定」によって、ケベック州政府によって一九八一年に創出された。このプログラムの目的は、生活様式としてのイヌイットの狩猟や漁労、ワナ猟を促進させ、かつそのような活動によって得られる産物の供給をイヌイットに対して保障することであった。例えば、アクリヴィク村ではこのプログラムを利用してハンターを雇用し、シロイルカやセイウチ、ホッキョクイワナを捕獲させ、村人に無償で提供している（岸上　一九九八：一五五―一七三）。

（3）従来の世界観に変化が見られていることも事実である。フィエナップ＝リオルダンは動物資源量の減少を人為的な影響と考え、捕獲制限を設けるべきだと考えるユッピックの若者が出現していると報告している（Fienup-Riordan 1990：175-188）。

（4）国家には国益を守るという義務があり、国際問題を公平に検討し、対処するためには限界がある。一方、国々を横切る市民団体や非政府組織は国家を越えた国際運動を展開できる。毛皮獣の保護や毛皮の取り扱いをめぐって、イヌイットとグリーンピースやＷＷＦは対立関係にあるが、環境問題については協調関係にある。

（引用文献）

秋道智彌　一九九七　「共有資源をめぐる相克と打開」福井勝義編『環境の人類史』（岩波講座文化人類学第二巻）一六五―一八七頁、岩波書店。

大村敬一　一九九九　「カナダ・イヌイトの環境認識から見た〝資源〟と〝開発〟」北海道立北方民族博物館編『北方の開発と環境』（第一三回北方民族文化シンポジウム報告書）一三―二八頁、北海道立北方民族博物館。

岸上伸啓　一九九八　『極北の民カナダ・イヌイット』弘文堂。

――――　一九九九　「先住民資源論序説―資源をめぐる人類学的研究の可能性について」『人文論究』六八、六三―八〇頁。

――――　二〇〇一　「カナダ・イヌイット社会における海洋資源の利用と管理―ヌナヴィクのシロイルカ資源の場合」『人文論究』七〇、二九―五二頁。

マックギン、A・P　二〇〇〇　「残留性有機汚染物質と闘う」レスター・R・ブラウン編著『地球白書二〇〇〇―二〇〇一』（浜中裕監訳）一三一―一六七頁、ダイヤモンド社。

Dept. of Indian Affairs and Northern Development　1994　*Food security in northern Canada : A discussion paper on the future of the northern air stage program*. Ottawa : Dept. of Indian Affairs and Northern Development, Canada.

Dewailly E., A. Nantal, J. Webber and F. Meyer　1994　High levels of PCBs in breast milk of Inuit women from arctic Quebec. *Bulletin of environmental contamination and toxicology* 43, 641-646.

Fienup-Riordan, A　1983　*The Nelson Island Eskimo : Social structure and ritual distribution*. Anchorage : Alaska Pacific University Press.

――――　1990　*Eskimo essays : Yupi'k lives and how we see them*. New Brunswick and London : Rutgers University Press.

Freeman, M. M. R.　1995　Identity, health and social order : Inuit dietary traditions in a changing world. In Foller,

M. and Lars O. Hansson(eds) *Human ecology and health : Adaptation to a changing world*, pp. 57-71 Goteborg : Dept. of Interdisciplinary Studies of the Human Condition, Goteborg Univeristy.

Graves, J. and E. Hall　1997　*Arctic animals*. Yellowknife, NWT : Northwest Territories Renewable Resources.

Kishigami, N.　1994　Extended family and food sharing practices among the contemporary Netsilik Inuit : A case study of Pelly Bay, NWT, Canada. *Journal of Hokkaido University of Education* (*Social Sciences* 1 (B)) 45 (2), 1-9.

――――　2000　Contemporary Inuit food sharing and hunter support program of Nunavik, Canada. In G. Wenzel, G. Hovelsrud-Broda and N. Kishigami(eds) *The social economy of sharing : Resource allocation and modern hunter-gatherers* (*Senri ethnological studies No. 53*), pp. 171-192. Osaka, Japan : National Museum of Ethnology.

Kuhnlein, H. V. and D. Kinloch　1988　PCBs and nutrients in Baffin Island Inuit foods and diets. *Arctic medical research* 47 (suppl no. 1), 155-158.

Kuhnlein, H. V., O. Receveur, H. M. Chan, and E. Loring　2000　*Assessment of dietary benefit/risk in Inuit communities*. Ste-Anne-de-Bellevue, PQ : Centre for Indgineous Peoples' Nutrition and Environment (CINE).

Kuhnlein, H. V. and O. Receveur　1995　Dietary change and traditional food systems of indigenous peoples. *Annual review of nutrition*. 16, 417-422.

Nuttall, M.　1998　*Protecting the Arcitic : Indigenous peoples and cultural survival*.　Amsterdam : Harwood Academic Publishers.

O'Neil, J. D., B. Elias and A. Yassi　1996　Poisoned food : Cultural resistance to the contaminants discourse in Nunavik. *Arctic anthropology* 34 (1), 29-40.

Poirier, S. and L. Brooke　1999　Inuit perceptions of contaminants and environmental knowledge in Salluit, Nunavik. *Arctic anthropology* 37 (2), 78-91.

Reiersen, Lars O. 2000 Local and transboundary pollution. In M. Nuttall and T. V. Callaghan(eds) *The Arctic : Environment, people, policy*. pp. 575-599, Amsterdam : Harwood Academic Publishers

Usher, P. J. *et al.* 1996 *Communicating about contaminants in country food : The experience in aboriginal communities*. Ottawa : Inuit Tapirisat of Canada.

Watt-Cloutier, S. 2001 Speech given By Ms. Sheila Watt-Cloutier, President of Inuit circumpolar conference (Canada) and vice-president of Inuit circumpolar conference to the 12th Inuit studies conference at the University of Aberdeen, Scotland. August 23, 2000. *Silarjualiriniq* 5, 2-5.

Wein, E. E., M. M. R. Freeman and J. C. Makus 1997 Use of and preference for traditional foods among the Belcher Island Inuit. *Arctic* 49, 259-264.

あとがき

世界中で勃発している紛争は、地域の局地戦争からとうとう第三次世界大戦を誘発する危険性をもつまでに至った。だから、従来からの紛争が取るに足らないとか、その紛争が孕んでいる問題を軽視してもよいことには決してならない。

ニューヨークの摩天楼がもつ人工性からすれば、地球の七割を占める海は、まだしも自然性の残された領域とうつる。しかも、海には本来、陸地におけるような人間の領土主義や支配が及ばないと考えられてきた節《ふし》がある。

しかし、本書がいみじくも語りかけているのは、海でも陸とおなじ根の問題が存することの確認と、摩天楼の破壊よりも数倍あるいはそれ以上の規模と確率で起こるであろう「人類の危機」への警鐘である。海の紛争は、陸上とは異なり、モデルなき領域における人間同士の衝突と摩擦を意味する。北極海の残留性有機物質による汚染や放射性物質のタレ流しは、局地的な破壊や汚染だけで片づけられないことがいまや明白になりつつある。しかも、人間以外の動物や植物は、声なき声を人間に突きつけているのである。

自分とは縁のないと思われていた世界と自己とが否応なく対峙させられる。日常性に埋没した暮らしから、目を覚ますのは正直いって難しい。だが、意外と身近なところから、問題の発見と行動への指針が得られる場合だってある。アラスカや沖縄、インドネシアの海に生きる人びとの生の声に耳を傾けるなら、おのずと議論の輪ができるのではないか。そのような想いを強くする論文に目を通していただけたこととおもう。

本書は、国立民族学博物館の重点研究「トランス・ボーダー・コンフリクトの研究」の成果の一部であり、海の資源管理や紛争、海洋汚染など、努めて現代的な課題を中心にすえた諸問題を人類学の観点から取りあげた論文集である。本書は、同重点研究プロジェクトの第二回国際シンポジウム（平成一三年一月二一日―二四日）で発表された論文を中心に収録した。編者の属する国立民族学博物館は、民族学（人類学）の研究者集団から構成される組織である。組織としても、現代の課題に取りくんでいることをくみ取っていただきたい。

人類学はいまこのようなことを考えている。そのメッセージ性を是非ともご理解いただければ編者はもとより、シンポジウムに参加した全員の総意として喜びに耐えない。シンポジウム開催にあたりさまざまなご尽力を賜った国立民族学博物館の管理部研究協力課をはじめ、本書出版にさいして格段のご理解とご配慮をいただいた会計課、出版委員会各位ほか、さまざまな助言やご援助をいただいた皆様方に深く感謝申し上げる。最後に、人文書院編集部の落合祥堯氏には多大のご支援とお骨折りをいただいた。ここに深謝の意を表明したい。

二〇〇二年二月三日

（編者）
秋道智彌
岸上伸啓

執筆者紹介

秋道智彌（あきみち・ともや）　一九四六年生まれ。東京大学理学系大学院人類学博士課程修了。理学博士。国立民族学博物館民族文化研究部教授。『なわばりの文化史』（小学館）、『海洋民族学』（東京大学出版会）、『クジラとヒトの民族誌』（東京大学出版会）、『海人の世界』（編著、同文舘出版）、『海人たちの自然誌』（共著、関西学院大学出版会）、『イルカとナマコと海人たち』（編著、ＮＨＫブックス）、『自然はだれのものか』（編著、昭和堂）ほか。

岸上伸啓（きしがみ・のぶひろ）　一九五八年生まれ。マクギル大学大学院人類学部博士課程修了。文学修士。国立民族学博物館先端民族学研究部助教授。『極北の民カナダ・イヌイット』（弘文堂）、「カナダにおける都市居住イヌイットの社会・経済状況」『国立民族学博物館研究報告』24巻2号、"Contemporary Inuit Food Sharing and Hunter Support Program of Nunavik, Canada" Senri Ethnological Studies No. 53.、「北米北方地域における先住民による諸資源の交易について」『国立民族学博物館研究報告』25巻3号ほか。

鹿熊信一郎（かくま・しんいちろう）　一九五七年生まれ。東京水産大学海洋環境工学科卒業。学士。沖縄県水産試験場漁業室長。「南太平洋諸国と沖縄の水産技術交流に関する研究」『国内・国外派遣研究員研究報告書』8号、"Synthesis on moored FADs in the North West Pacific region"（*Proceedings : Tuna Fishing and Fish Aggregating Devices*, Martinique. Ifremer 所収）、"Current, catch and weight composition of yellowfin tuna with FADs off Okinawa Island, Japan"（*Proceedings : Tuna Fishing and Fish Aggregating Devices*, Martinique 所収）ほか。

田和正孝（たわ・まさたか）
一九五四年生まれ。関西学院大学大学院文学研究科博士課程修了。博士（地理学）。関西学院大学文学部教授。『変わりゆくパプアニューギニア』（丸善ブックス）、『漁場利用の生態』（九州大学出版会）、『海人たちの自然誌』（共著、関西学院大学出版会）、「マレー半島西海岸の商業的漁業地区における漁場利用形態」『人文地理』44巻4号ほか。

赤嶺淳（あかみね・じゅん）
一九六七年生まれ。フィリピン大学大学院人文科学研究科博士課程修了。Ph. D. 名古屋市立大学人文社会学部講師。"Holothurian exploitation in the Philippines : Continuities and discontinuities", *TROPICS* 10（4）、「ダイナマイト漁に関する一視点—タカサゴ塩干魚の生産と流通をめぐって」『地域漁業研究』40巻2号、「熱帯産ナマコ資源利用の多様化—フロンティア空間における特殊海産物利用の一事例」『国立民族学博物館研究報告』25巻1号ほか。

飯田卓（いいだ・たく）
一九六九年生まれ。京都大学大学院人間・環境学研究科博士課程修了。博士（人間・環境学）、国立民族学博物館民族文化研究部助手。「旗持ちとコンブ漁師」『講座・生態人類学6　核としての周辺』京都大学学術出版会、「マダガスカル南西部ヴェズにおける漁撈活動と漁家経済」『国立民族学博物館研究報告』26巻1号、「インド洋のカヌー文化」『海のアジア2　モンスーン文化圏』（岩波書店）ほか。

スチュアート ヘンリ（すちゅあーと・へんり）
一九四一年生まれ。早稲田大学大学院文学研究科博士課程修了。文学博士。昭和女子大学大学院教授。『採集狩猟民の現在』（編著、言叢社）、『世界の農耕起源』（編著、雄山閣）、「民族呼称とイメージ」『民族学研究』63巻2号、「先住民運動」『岩波講座文化人類学6　紛争と文化』ほか。

大村敬一（おおむら・けいいち）
一九六六年生まれ。早稲田大学大学院文学研究科博士課程修了。博士（文学）。大阪大学言語文化部助教授。「"再生産"と"変化"の蝶番としての芸術」『採集狩猟民の現在』言叢社、「食・時間・空間」『食と健康の文化人類学』学術図書、「環境を読む鍵としての色彩」『北海道立北方民族学博物館紀要』5巻、「カナダ・イヌイトの日常生活における自己イメージ」『民族学研究』63巻2号、「カナダ・イヌイトの環境認識からみた「資源」と「開発」」『北方の開発と環境』北海道立北方民族博物館ほか。

岩崎・グッドマン まさみ（いわさき・まさみ）

一九五一年生まれ。カナダ・アルバータ大学大学院人類学部博士課程修了。Ph. D. 北海学園大学人文学部教授。『自然はだれのものか』（共著、昭和堂）、*Endangered Peoples of Southeast & East Asia*（共著、Greenwood Press）、*Studies in Japanese Bilingualism*（共著、Multilingual Matters LTD）ほか。

大島 稔（おおしま・みのる）

一九五一年生まれ。北海道大学大学院文学研究科修士課程修了。文学修士。小樽商科大学言語センター教授。『カムチャッカ半島諸民族の生業・社会・芸能』（編著、小樽商科大学言語センター）、「アイヌとカムチャツカ先住民の漁撈文化に見る共通性」『アジア遊学』№17、"Historical Typological Study of Ainu Language and Culture" *Selected Papers from AILA 1999*、「カムチャツカ先住民によるサケ資源の利用と管理」『民博通信』№91ほか

渡部 裕（わたなべ・ゆたか）

一九四九年生まれ。北海道大学大学院農学研究科修士課程修了。農学修士。北海道立北方民族博物館学芸課学芸課長。「カムチャツカ先住民の生業活動（I）」『北海道立北方民族博物館研究紀要』8号、「カムチャツカ先住民の生業活動（II）」『北海道立北方民族博物館研究紀要』9号、「カムチャツカ先住民の文化接触―北洋漁業と先住民の関係」『北海道立北方民族博物館研究紀要』10号ほか。

大曲佳世（おおまがり・かよ）

一九五九年生まれ。マニトバ大学大学院人類学部博士課程修了。Ph. D. 財団法人日本鯨類研究所情報文化部社会経済研究室主任研究員。"Transmission of Indigenous Knowledge and Bush Skills among the Western James Bay Cree Women of Subarctic" *Human Ecology* 25（2）、『くじら紛争の真実』（共著、地球社）ほか。

田辺信介（たなべ・しんすけ）　一九五一年生まれ。愛媛大学大学院農学研究科修士課程修了。農学博士。愛媛大学沿岸環境科学研究センター教授。『環境ホルモン』（岩波ブックレット）、"Global Contamination by Persistent Organochlorines and Their Ecotoxicological Impact on Marine Mammals" *The Science of the Total Environment*、"Butyltin Contamination in Marine Mammals from North Pacific and Asian Coastal Waters" *Environmental Science and Technology* ほか。

ガリーナ・コマロバ（Komarova, Galina A.）　一九四八年生まれ。ロシア科学アカデミー民族学人類学研究所博士課程修了。Ph.D. ロシア科学アカデミー民族学人類学研究所（モスクワ）研究員。"Musliumovo Syndrome : To be Alive on the Dead River"『国立民族学博物館研究報告』26巻2号ほか。

先住民（族） 18,27,31,149,151,168,171,174,175-178,181,183,185,186,191,192,196-199,201,202,204-206,208-210,214,218,221,223,295,301

た　行

ダイオキシン 256
ダイナマイト漁 84,86,89-95,97,100,101
タカサゴ 41,87
タタール人 274,275,278,279,283,284,286
WWF 250,309
DDT 31,135,256,259,261,264,267,297
テチャ川 273,275,277,280,285,287-290
TEK（「伝統的な生態学的知識」） 18,19,21,149,150-159,161-163,164,274,308
伝統的な生態学的知識 17,149,150,160（TEK を参照）
トロール漁船 66,68-73,77,78, 81

な　行

ナマコ 14,22,24,27,28,86,90,91,92,97,98,100,101,103,107-123
内分泌攪乱物質 31,256
南沙諸島 87,90,91,93,97,98,100,101
日本鯨類研究所 231
ニュージーランド 52,131,132,139,231,238.
ヌーチャーヌス 185

は　行

バシュキル人 274,275,278,279,283,284,286
ハタ類 12,41,67、95,96,97,101,103
パヤオ（浮魚礁） 27,39-54
PCB 135,256,258,259,262,264,266,267,297,302,304
フカヒレ 29,110
フード・フィッシャリー 174,176-178,181,182,
フロンティア 88,102,103
放射能汚染 137,273,274,276,277,287,289
ホエールウオッチング 25,28
北洋漁業 214,217,218,223,225

ま　行

マカー 234,235
マグロ 15,16,39,40,44-46,48,52,53
ミンククジラ 231,240,252,268

や　行

UNCED 237
有害物質 258,261,262,264-266,268,269
有機塩素化合物 256,257,259,261-269
有機スズ化合物 269
遊漁 26-28,46,51,52

ら　行

乱獲 23-25,30,66,68,87,152,155,157,216,219.
流通（機構） 22,23,45,53,82,95,103,104,120,122,171,174,225

索　引

あ　行

アラスカ・エスキモー　134,235
イテリメン　208,210,211,215,216,218,219,220,221
イヌイト、イヌイット　133,134,135,136,149,150,154,155,156,157,158,159,161,162,163,295,296,299,300,301,303,305,306,308,309
違反操業　66,68,70,78
イルカ　13,232,234,258,261,263,264,266,269
ヴェズ漁民　108,115,118,119,120,121,122
ウミンチュ　52,56
エコ・ポリティクス　16,309
エスニシティ　81
エビ漁業　109
オープンアクセス制　87

か　行

海棲哺乳類　12,297
改訂管理方式（RMP）　238,240,241
科学的な生態学的知識　18,149,160（SEKも参照）
かご漁　60,62,64,66,72-76,78
華人　60,62,64,74,81,96,97,99
カツオ　39,40,44,46,48,49,50,54
環境汚染　134,135,239,256,297,304
共同管理　20,53,108,119,123,149,154,156,157,159,162,163,164,183,184,296,301,304,307,308,310
共同体基盤型資源管理（CBRM）　19,21,183
共有資源　107,113,169,170
漁業協同組合（漁協）　20,41,44,45,46,50-52
境界（漁場境界）　20,21,24,28,29,61,62,65,107,118-120,122,129,185
競合回避　113,116
クジラ　13,15,22,28,30,133,135,154,231,232,236,240,250,258,300,
グリーンピース　134,248,250,309
クロマグロ保護運動　251
毛皮交易　212,215,216,219
原住民生存のための捕鯨　27,234,235
国際捕鯨委員会（IWC）　232-236,238-241,244-246,248,249
国際捕鯨取締条約（ICRW）　232,234,239
コマーシャル・フィッシャリー　168,174-178,181（商業的漁業も参照）
コモナー（庶民）の悲劇　120
コモンズの悲劇　87,105,107,120,169
コリヤーク　191-199,202,208,212-215,220
コルダー判決　176
コルホーズ　199,209,214,219-221

さ　行

サケ　11,15,22,25,26,133,157,168-186,208-213,217,218,221-223,225
サマ人　85,88,89,96
サメ　14,110,115
サンクチュアリ　239,245,249
残留性有機汚染物質　297,298,305,309
CM　21（共同管理も参照）
自家消費用　86,295,310
CBRM（共同体基盤型資源管理）　19,21
商業的漁業（捕獲）　27,28,81
商業捕鯨　27,233-235,239-241,244,245,247
シロイルカ　211,213,217,295,300,301,303,304
スパロー・ケース　177
スポーツ・フィッシャリー　175,176
SEK（科学的な生態学的知識）　18,19,21,149,150,154,156,159,161-163,164,274,308
ソホーズ　196-199,209,214,219-222

紛争の海
★水産資源管理の人類学

二〇〇二年二月二二日　初版第一刷印刷
二〇〇二年二月二八日　初版第一刷発行

編　者　秋道智彌
　　　　岸上伸啓

著　者　秋道智彌／鹿熊信一郎／田和正孝
　　　　赤嶺淳／飯田卓／スチュアート　ヘンリ
　　　　大村敬一／岩崎・グッドマン　まさみ
　　　　大島稔／渡部裕／大曲佳世／田辺信介
　　　　ガリーナ・A・コマロバ／岸上伸啓

発行者　渡辺睦久
発行所　人文書院
612-8447　京都市伏見区竹田西内畑町九
Tel 〇七五(六〇三)一三四四　Fax 〇七五(六〇三)一八一四　振替 〇一〇〇〇・八・一一〇三

印刷　創栄図書印刷株式会社
製本　坂井製本所

ISBN4-409-53025-9　C3039

本書の出版にあたり，その経費の一部を国立民族学博物館が負担しました。